Protonendotierung von Silizium

Johannes G. Laven

Protonendotierung von Silizium

Untersuchung und Modellierung protoneninduzierter Dotierungsprofile in Silizium

Mit einem Geleitwort von
Prof. Dr. Lothar Frey und Dr. Hans-Joachim Schulze

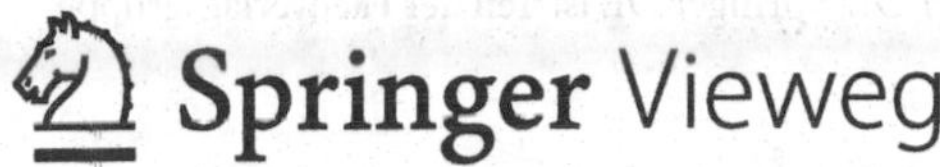

Johannes G. Laven
Erlangen, Deutschland

Die vorliegende Arbeit wurde am 11. September 2013 als Dissertation an der Technischen Fakultät der Universität Erlangen-Nürnberg verteidigt (Tag der Einreichung: 10. Dezember 2012).

Dekanin der Technischen Fakultät: Prof. Dr.-Ing. Marion Merklein
Vorsitzender des Prüfungskollegiums: Prof. Dr.-Ing. Jörn Thielecke
Berichterstatter: Prof. Dr. rer. nat. Lothar Frey und Prof. Dr. rer. nat. Reinhart Job

ISBN 978-3-658-07389-3 ISBN 978-3-658-07390-9 (eBook)
DOI 10.1007/978-3-658-07390-9

Die Deutsche Nationalbibliothek verzeichnet diese Publikation in der Deutschen Nationalbibliografie; detaillierte bibliografische Daten sind im Internet über http://dnb.d-nb.de abrufbar.

Springer Vieweg

Gedruckt auf säurefreiem und chlorfrei gebleichtem Papier

Springer Vieweg ist eine Marke von Springer DE. Springer DE ist Teil der Fachverlagsgruppe Springer Science+Business Media.
www.springer-vieweg.de

Geleitwort

In seiner Arbeit widmet sich Johannes Laven der Untersuchung und Modellierung von protoneninduzierten Dotierungsprofilen in kristallinem Silizium. Er untersucht die Einflüsse der Parameter der Protonenimplantation und der anschließenden Temperung auf die resultierenden Dotierungsprofile detailliert. Neben der Bildung der protoneninduzierten Dotierungsprofile befasst sich Johannes Laven außerdem mit tiefen Störstellen, die durch die Protonendotierung hervorgerufen werden. Er gibt überdies einen umfassenden Überblick über den aktuellen Stand der Literatur zu diesem Thema.

Die Methode, in kristallinem Silizium mittels einer hochenergetischen Protonenbestrahlung eine n-dotierte Schicht zu erzeugen, hebt sich wesentlich von konventionellen Dotierungsverfahren ab. Durch die große Eindringtiefe der Protonen erlaubt dieses Verfahren Dotierungsprofile in Tiefen jenseits von 100 µm zu erzeugen. Zugleich sind die hierfür erforderlichen Aktivierungstemperaturen mit weniger als 500 °C vergleichsweise gering. Diese Eigenheiten erlauben Prozesse, die mit konventionellen Dotierungsverfahren nicht realisierbar wären. Diese Vorteile machen die Protonendotierung insbesondere für Optimierungsprozesse von Leistungshalbleiterbauelementen, mit ihren ausgedehnten und niedrig dotierten Driftzonen, sehr interessant.

Obgleich die Protonendotierung im Grundsatz seit Dekaden bekannt ist, fehlt in der Fachwelt nach wie vor eine mikroskopische Beschreibung des der Protonendotierung zugrundeliegenden Defektes. Ferner fehlte es bislang an einem ausreichenden Verständnis, um die Protonendotierung adäquat vorherzusagen. Johannes Laven schließt die

Lücke der fehlenden Vorhersagbarkeit, in dem er ein auf einer Vielzahl eigener experimenteller Daten beruhendes Modell erarbeitet. Mit seinem Modell gelingt es ihm, trotz der weiterhin fehlenden mikroskopischen Beschreibung der Donatoren, erstmalig die Bildung von Protonen-induzierten Dotierungsprofilen wiederzugeben.

Erlangen

Prof. Dr. Lothar Frey
Dr. Hans-Joachim Schulze

Vorwort

Die vorliegende Arbeit entstand größtenteils während meiner Zeit als wissenschaftlicher Mitarbeiter am Lehrstuhl für Elektronische Bauelemente an der Technischen Fakultät der Universität Erlangen-Nürnberg. Die abschließende Ausarbeitung einiger Teile, insbesondere des Kapitels 5, erstreckte sich jedoch noch weit über meine Zeit in Erlangen hinaus. In dieser letzten Phase stellte der Abschluss meiner Dissertation für mich eine nennenswerte Doppelbelastung dar, welche zusätzlich zu verplanten Wochenenden unzählige frühe Frühschichten und späte Spätschichten (unglücklicherweise zumeist jeweils an ein und demselben Tag) bedingte. Neben der persönlichen Bereicherung, die mir die Promotion an sich schon bot, war besonders die Herausforderung dieser letzten Phase, aller Opfer zum Trotz, eine sehr lehrreiche und mitunter positive Erfahrung für mich.

Von der Probenherstellung am Hochenergieimplanter, Entwurf und Realisierung von Messstrukturen in einer CMOS-Linie, über die verschiedenen Messungen und Auswertungen, bis hin zur Modellbildung und Simulation bot mir diese Arbeit die Gelegenheit, meine Proben und Daten auf sämtlichen Schritten selbst zu begleiten. Hierunter fallen allerdings auch einige Pfade, die in (vermeintlichen) Sackgassen endeten und schließlich keinen Einzug in dieses Buch fanden. Hierzu gehört beispielsweise ein sehr interessanter und lehrreicher Ausflug in die Prozess- und Gerätesimulation. Trotz vereinzelter Fehlschläge bekam ich hierdurch unschätzbare Einblicke in eine breite Vielzahl von Arbeitsgebieten und hatte dabei die Chance, mit vielen Menschen aus unterschiedlichen Disziplinen zusammenzuarbeiten, worüber ich sehr glücklich bin.

An Motivation und Faszination an dem spannenden Thema meiner Arbeit hat es mir in der gesamten Zeit zum Glück nie (wesentlich) gemangelt. Insbesondere das Ziel, die komplexen Ergebnisse mit einem Modell beschreiben und vorhersagen zu können, hat mir selten Ruhe gelassen und mich selbst in Urlaube, auf Ausflüge und Wanderungen begleitet. Unvergessen, als durchaus schöne Erinnerung, bleibt für mich ein Sommerurlaub, in den ich einige meiner Ordner mitschleppte, alles auf dem Boden im Wohnzimmer der Ferienwohnung ausbreitete und mit geduldiger und liebenswert nachsichtiger Hilfe meiner Frau die bis dahin entstandenen Teilmodelle aneinanderreihen konnte.

Nach dem Kraftakt des Fertigstellens der Dissertation ist es eine durchaus schöne Beschäftigung mir in Erinnerung zurufen, wie viel davon ich nur durch wohlwollende Unterstützung Dritter erreichen konnte. Oder, vielleicht treffender formuliert, wo überall Hilfsbereitschaft, Aufmunterung und guter Rat zu finden waren:

Für die sehr gute Betreuung, Unterstützung und vielen Ratschläge danke ich Prof. Dr. Lothar Frey sehr. Ebenso danke ich Prof. Dr. Reinhart Job für seine große Unterstützung, Anregungen und stete Diskussionsfreude. Besonders herzlich danke ich Dr. Hans-Joachim Schulze, ohne dessen hervorragende Betreuung, seinen Wissensschatz und seine Neugierde diese Arbeit nicht zustande gekommen wäre.

Diese Arbeit ist mit Unterstützung der Infineon Technologies AG und dem ECPE e.V. entstanden. Für ihre Unterstützung und ihr Interesse danke ich Dr. Gerhard Miller und Thomas Harder.

Dr. Werner Schustereder, PD Dr. Franz-Josef Niedernostheide und Dr. Holger Schulze danke ich aufrichtig für ihr reges Interesse, ihre vielen Ideen und die tatkräftige Unterstützung meiner Arbeit. Ebenso danke ich Prof. Dr. Heiner Ryssel, Dr. Volker Häublein, Dr. Mathias Rommel sowie PD Dr. Peter Pichler für viele Diskussionen und Anregungen. Für bemerkenswert geduldige Hilfe bei der Probenerstellung, -präparation und -messung sowie für die gute Stimmung und die netten Gespräche währenddessen danke ich Guiyue Jiao, Anette Daurer und Thomas Klauser. Für ihre stete Bereitschaft Fragen zu beantworten danke ich Dr. Ludwig Cohausz und Dr. Sieghard Weiss sehr. David Schindele und Dr. Jochen Kaiser danke ich für zahllose Gespräche und Zerstreuung zwischendurch. Stefan Kirnstötter und Martin Faccinelli danke ich für viele interessante Diskussionen. Mit großer Spannung erwarte ich die noch kommenden Dissertationen von Moriz Jelinek, Stefan Kirnstötter, Max Suckert und Martin Faccinelli.

Meiner Frau Annika gilt mein herzlichster Dank für ihre unermüdliche Unterstützung, Liebe und Bestärkung. Ich entschuldige mich von Herzen für die vielen Abende, Wochenenden und Urlaubstage, die ich mit dieser Arbeit statt mit ihr verbracht habe.

Trotz der Hilfe vorgenannter Menschen wurde diese Arbeit, wie viele andere mehr, zu aller erst durch den durchaus glücklich zu nennenden Umstand einer friedlichen und stabilen Gesellschaft ermöglicht. Ich hoffe, dass uns dies noch lange erhalten bleibt.

Nach allem, was ich während meiner Arbeit gelernt habe, beeindruckt mich die beachtliche Zahl an unverstandenen Fragestellungen, die alleine das vergleichsweise einfache System eines nahezu perfekten Silizium-Einkristalls auch noch nach Dekaden ausgiebiger akademischer und industrieller Forschung birgt. Diese Erkenntnis gebietet mir vor allem Demut in Anbetracht der schier endlosen Komplexität, welche die Welt und das Leben noch bereithalten.

Möge Ihnen dieses Buch eine interessante Lektüre bieten und dazu beitragen, Ihr Wissen in diesem überaus spannenden Gebiet ein klein wenig zu erweitern.

Taufkirchen Johannes G. Laven

Inhaltsverzeichnis

Abbildungsverzeichnis

Tabellenverzeichnis

1 Einleitung

> You can't possibly be a scientist if you mind people thinking that you're a fool.
>
> *Douglas Adams*
> *So long and thanks for all the fish*

Die Bestrahlung von Silizium mit Protonen ist ein bekanntes Werkzeug bei der Herstellung von Halbleiterbauelementen. Neben der verbreiteten Anwendung zur lokalen Einstellung der Ladungsträgerlebensdauer bieten Protonenimplantationen die Möglichkeit eine Elektronendotierung zu erzeugen. Dabei wirken bis etwa 500 °C stabile strahleninduzierte Sekundärdefekte nach ihrer Dekoration mit Wasserstoff als flache Donatordefekte mit Ionisationsenergien im Bereich von einigen 10 meV bis etwa 100 meV.

In den notwendigerweise niedrig dotierten Driftregionen von Leistungshalbleiterbauelementen ist es oftmals wünschenswert ein kontrolliertes Dotierstoffprofil einzubringen. Durch eine Einstellbarkeit der vertikalen Dotierstoffverteilung in einem Bauelement ergeben sich zusätzliche Möglichkeiten zur Optimierung dessen statischen wie dynamischen Verhaltens. Zur Aufnahme hoher Sperrspannungen müssen Leistungshalbleiterbauelemente Dicken ihrer aktiven Region von, je nach Spannungsklasse, deutlich über 100 µm aufweisen. Zur gezielten Dotierung derartig dicker Substrate mit klassischen Donatoren wie Phosphor oder Arsen aus einer oberflächennahen Quelle wären sehr lange Diffusionszeiten bei hohen Temperaturen notwendig. Aufgrund der teils gravierenden Auswirkungen von Kontaminationen auf die

Herstellungsausbeute ist hingegen ein möglichst minimales thermisches Budget bei der Herstellung erwünscht. Zudem ist die vertikale Verteilung eines eindiffundierten Dopanden nur mit wenigen Freiheitsgraden kontrollierbar. Alternativ zu einer Eindiffusion kann prinzipiell eine Implantation der Dotierstoffe in das Bauelement erfolgen. Zur Implantation von Phosphor in Tiefen von über 10 µm in Silizium wären jedoch bereits Ionenenergien von etwa 30 MeV notwendig. Derartige Höchstenergieimplantationen sind in technischem Maßstab kaum zu realisieren. Mit der vergleichsweise hohen Eindringtiefe von Protonen bietet die Dotierung mittels Protonenimplantation hierbei deutliche Vorteile gegenüber der Dotierung mit klassischen Donatoren wie Phosphor oder Arsen. So erreichen Protonen mit einer Energie von 700 keV bereits eine Eindringtiefe von etwa 10 µm. Das von den Protonen induzierte Donatorenprofil weist dabei eine durch die Abbremsmechanismen im bestrahlten Silizium gegebene charakteristische Form mit einem ausgeprägten Maximum nahe der maximalen Eindringtiefe der Protonen auf. Zudem wird das zur Herstellung eines Leistungshalbleiterbauelements notwendige thermische Budget aufgrund der geringen Aktivierungstemperaturen der Wasserstoffdonatorenprofile nur minimal erhöht.

Für die Entwicklung von Bauelementen, bei deren Herstellung auf die Vorteile der Dotierung durch Protonenimplantationen zurückgegriffen werden soll, ist ein möglichst gutes Verständnis der Abhängigkeiten des Donatorenprofils von sämtlichen Einflussparametern wichtig. Obgleich die dotierende Wirkung der Protonenbestrahlung in Silizium bereits seit 40 Jahren bekannt ist [1], fehlen bislang entscheidende Informationen, um durch Protonenbestrahlung erzeugte Donatorenprofile in quantitativer Weise vorhersagen zu können. So ist aus der Literatur zwar hinreichend bekannt, dass die Wasserstoffdonatoren aus wasserstoffdekorierten Strahlendefektkomplexen bestehen, zudem ist die Entstehung von Primärdefekten während einer Protonenbestrahlung gut vorhersagbar, es fehlen jedoch Untersuchungen zur Umwandlungseffizienz der Primärschäden in Wasserstoffdonatoren. Die Abhängigkeiten dieser Umwandlungseffizienz von den relevanten

Implantations- und Ausheilparametern sind bislang nicht untersucht, aber wesentlich für eine Vorhersage der Wasserstoffdonatorenprofilen.

Die untersuchten Wasserstoffdonatorenkomplexe bestehen aus einem wasserstoffdekoriertem Komplex aus strahleninduzierten Kristalldefekten. Die Ausbildung des Dotierstoffprofils unterscheidet sich daher prinzipiell von der Aktivierung klassischer substitutioneller Dopanden. Für die Ausbildung der Wasserstoffdonatorenprofile nach einer hochenergetischen Protonenimplantation ist die Überlagerung der Defekt- und Wasserstoffprofile maßgebend. Dabei unterscheiden sich die Profile des implantierten Wasserstoffs und der bei der Implantation erzeugten Strahlenschäden nach Protonenimplantationen mit Energien im Bereich von Megaelektronenvolt deutlich. Während die Strahlenschäden von der durchstrahlten Oberfläche bis zur maximalen Eindringtiefe der Protonen reichen, liegt der Wasserstoff lokalisiert um seine projizierte Reichweite mit einer Halbwertsbreite von grob 10 % der Reichweite vor. Folglich ist zur Aktivierung des protoneninduzierten Donatorenprofils ein Diffusionsschritt notwendig, bei dem der Wasserstoff bis zur durchstrahlten Oberfläche diffundieren kann. Die Diffusion von Wasserstoff in Silizium ist ein intensiv untersuchtes Thema. Die publizierten Diffusionskonstanten unterscheiden sich dabei um mehrere Größenordnungen (siehe beispielsweise in Abbildung 4.8 auf Seite 103 enthaltene Referenzen) und weisen eine empfindliche Abhängigkeit von der Konzentration intrinsischer und extrinsischer Defekte im Silizium auf. Die bislang verfügbaren Ergebnisse lassen sich nicht auf den für die Aktivierung des Wasserstoffdonatorenprofils relevanten Fall der Diffusion des implantierten Wasserstoffs durch die strahlengeschädigte Siliziumschicht anwenden.

Als wasserstoffdekorierte Punktdefektkomplexe besitzen die Wasserstoffdonatorenkomplexe eine begrenzte thermische Stabilität und verhalten sich somit fundamental anders als substitutionelle Dopanden, die bei jeder Temperatur eine gewisse Wahrscheinlichkeit haben, einen Gitterplatz zu besetzen. Bei einer Überschreitung ihrer thermischen Stabilität dissoziieren die Wasserstoffdonatorenkomplexe, wobei die beteiligten Punktdefekte freigesetzt werden. Ein einmal dissozierter Defektkomplex zerfällt daher dauerhaft und kann nicht erneut gebildet werden. Die verfügbaren Untersuchungen zur thermischen Stabilität der ausgebildeten Wasserstoffdonatorenprofile in der Literatur beschränken sich auf die Angabe von Temperaturbereichen, innerhalb derer die Wasserstoffdonatorenkomplexe nachgewiesen werden (siehe hierzu beispielsweise Referenzen [2–7], sowie in Tabelle 2.1 auf Seite 31 genannte Quellen). Dabei basieren die Ergebnisse in den bislang publizierten Arbeiten auf isochronalen Ausheilserien, aus denen die zur Untersuchung der Dissoziation der Donatoren notwendigen Zeitkonstanten bei jeweils festen Ausheiltemperaturen nicht zugänglich sind. Zur Definition eines thermischen Budgets für die technische Anwendung der protoneninduzierten Donatorenkomplexe ist jedoch das Verständnis deren Dissoziationskinetik unumgänglich.

Neben der, durch die Ausheilparameter Zeit und Temperatur bestimmten, Aktivierung und Dissoziation der Wasserstoffdonatoren ist die Bildung der Wasserstoffdonatorenprofile aus dem implantierten Wasserstoff und den erzeugten Strahlenschäden abhängig von den Implantationsparametern Dosis und Energie. Die absolute Wandlungseffizienz der induzierten Strahlenschäden in Wasserstoffdonatorenkomplexe liegt dabei im Promillebereich [8]. Zum Einfluss der Protonendosis auf die gebildete Donatorenkonzentration gibt es in der publizierten Literatur widersprüchliche Angaben (vergleiche hierzu beispielsweise Referenzen [7, 9–11]). Dabei ist eine Konzentrationsabhängigkeit der Bildungseffizienz spezieller Defektkomplexe aufgrund der vielfältigen Reaktionsmöglichkeiten der strahleninduzierten Punktdefekte untereinander durchaus zu erwarten. Trotz einiger Untersuchungsergebnisse zu diesem Thema findet sich bislang keine Angabe der tatsächlichen Wandlungseffizienz von Strahlenschäden in Wasserstoffdonatoren oder eine Untersuchung deren Abhängigkeiten von der Absolutkonzentration der Strahlenschäden oder des Wasserstoffs.

Ziel der vorliegenden Arbeit ist es, die Lücken im Verständnis der Parameterabhängigkeiten der Protonendotierung zu schließen und eine analytische Beschreibung der Parameterabhängigkeiten des Wasserstoffdonatorenprofils zu liefern. Hierzu wurden Proben gemäß einer Versuchsmatrix, die primär die vier zentralen Prozessparameter Protonendosis und -energie sowie Ausheiltemperatur und -zeit umfasst, hergestellt. Dabei wurden auch wechselseitige Abhängigkeiten des Einflusses der Parameter auf die erzeugten Profile untereinander untersucht. In der benutzten Versuchsmatrix wurden die Parameter, je nach Komplexität der einfachen oder wechselseitigen Abhängigkeiten, in bis zu über 10 Schritten aufgelöst. Zusätzlich zu den zentralen Prozessparametern wurde auch der Einfluss der Implantationstemperatur, der Ionensorte sowie des verwendeten Grundmaterials auf das erzeugte Wasserstoffdonatorenprofil untersucht. Aus den so gewonnenen umfangreichen Daten zu den jeweiligen Einflussgrößen wird in der vorliegenden Arbeit jeweils deren Einfluss auf die erzeugte Donatorenverteilung sowie eventuell auf den Einfluss weiterer Parameter dargestellt.

Die Entwicklung moderner Halbleiterbauelemente basiert aktuell in weiten Teilen auf verlässlichen Prozesssimulationen. Hierbei wird jeder technisch relevante Einzelschritt des Herstellungsprozess eines Halbleiterbauelements mittels eines Modells abgebildet und einzeln nachvollzogen. Dabei wird als Ausgangszustand jeweils das errechnete Ergebnis des vorhergehenden Schrittes verwandt. Die so erhaltene Bauelementestruktur lässt sich im Anschluss an die Prozessimulation in einer entsprechenden Gerätesimulation auf ihr gewünschtes Verhalten hin untersuchen. Durch entsprechende Iterationen dieser simulativen Methoden lassen sich Teile einer Entwicklung neuer Halbleiterbauelemente bereits ohne langwierige reale Prozesse ausführen. Im Rahmen der vorliegenden Arbeit soll das Verständnis der einzelnen Parameterabhängigkeiten der Wasserstoffdonatorenprofile soweit vorangebracht werden, dass sich hieraus ein analytisches Modell zu deren Vorhersage erstellen lässt, womit eine valide Prozesssimulation der Protonendotierung ermöglicht werden soll.

Das nachfolgende Kapitel 2 gibt dem Leser zunächst einen Überblick über das Verhalten von Wasserstoff in kristallinem Silizium sowie über die technische Verwendung der Protonenimplantation. Anschließend fasst das Kapitel den aktuellen Stand der Litertur zu wasserstoffkorrelierten Donatoren zusammen. Das Kapitel beschreibt ferner den physikalischen Prozess der (Leicht-) Ionenimplantation, wie er zum Verständnis der Bildung des für die hier untersuchte Dotierungsmethode elementaren Kristalldefektprofils notwendig ist. Abschließend wird die Evolution des bei einer Bestrahlung erzeugten Kristallschadens und die Bildung von Sekundärdefekten hieraus dargestellt.

In Kapitel 3 werden die in der vorliegenden Arbeit eingesetzten Charakterisierungsmethoden sowie die Herstellung der verwandten Proben knapp vorgestellt.

Kapitel 4 präsentiert und diskutiert die im Rahmen der vorliegenden Arbeit gewonnenen experimentellen Ergebnisse zu den protoneninduzierten Ladungsträgerprofilen und deren Parameterabhängigkeiten. Dazu wird zunächst die Gültigkeit der hauptsächlich verwandten Ausbreitungswiderstands-Methode an den Wasserstoffdonatorenprofilen geprüft. Im Folgenden wird hier die Diffusion des implantierten Wasserstoffs durch die durchstrahlte Schicht und damit das Ausbreiten des Wasserstoffdonatorenprofils nach einer Protonenimplantation behandelt. Anschließend wird die Dissoziation der Wasserstoffdonatorenkomplexe untersucht. Dabei werden zwei Donatorenspezies mit unterschiedlicher thermischer Stabilität eingeführt. Weiterhin wird der Einfluss der Implantationsparameter Protonendosis und -energie auf die erzeugten Dotierstoffprofile untersucht. Dabei stellt sich ein prinzipieller Unterschied zwischen den Dosisabhängigkeiten der beiden Donatorenspezies heraus. Schließlich wird der Einfluss des verwandten Grundmaterials auf die erzeugten Donatorenprofile behandelt. Die Diskussion der präsentierten Ergebnisse erfolgt jeweils direkt im Anschluß an den jeweiligen Abschnitt.

Die verbreitete Verwendung der Protonenimplantation zur Einstellung der Ladungsträgerlebensdauer rührt von ihrer Fähigkeit zur Erzeugung von Rekombinationsniveaus in der bestrahlten Siliziumschicht her. Obgleich die zur Aktivierung der protoneninduzierten Ladungsträgerprofile hier verwandten Ausheiltemperaturen mit mindestens

350 °C weit über dem üblicherweise für Lebensdauereinstellungen verwandten Temperaturbereich bis etwa 200 °C liegen, bleiben neben den Wasserstoffdonatorenkomplexen eine Vielzahl elektrisch aktiver Defekte in der bestrahlten Schicht zurück. Kapitel 5 untersucht die in der oberen Bandhälfte verbliebenen Defekte mittels transienter Störstellenspektroskopie.

Kapitel 6 fasst die in Kapitel 4 gewonnenen Erkenntnisse über die Parameterabhängigkeiten der protoneninduzierten Ladungsträgerprofile in ein analytisches Modellsystem zusammen und bietet somit erstmals die Möglichkeit, die Wasserstoffdonatorenprofile mit einer guten Übereinstimmung mit dem Experiment über einen weiten Parameterbereich vorherzusagen.

Teile aus Kapitel 2, 4 und 5 der vorliegenden Arbeit wurden bereits vorab in Referenzen [330–334, 336, 338, 341] veröffentlicht.

2 Grundlagen der Protonendotierung

Wasserstoff in Silizium wird nicht nur bei der Protonenimplantation große technische Bedeutung zugemessen. Folglich gibt es eine Vielzahl an diesbezüglichen Studien in der Literatur. Abschnitt 2.1 gibt einen Überblick über den Einfluss des Wasserstoffs auf elektrische Parameter von kristallinem Silizium sowie über dessen Migrationsverhalten. Die Implantation von Protonen hat speziell für Leistungshalbleiterbauelemente einige Anwendungsgebiete. Abschnitt 2.2 stellt einige hiervon vor, wobei bevorzugt auf Anwendungen der wasserstoffkorrelierten Donatorenkomplexe eingegangen wird. Im folgenden Abschnitt 2.3 wird ein Überblick über den aktuellen Stand der Literatur bezüglich der hier untersuchten wasserstoffkorrelierten Donatorenkomplexe gegeben. Dabei werden die Eigenschaften dieser Donatoren sowie verschiedene Möglichkeiten zu deren Erzeugung dargelegt. Für die Bildung der untersuchten Donatorenkomplexe ist eine vorhergehende Schädigung des Siliziumkristalls unerlässlich. Im Rahmen der vorliegenden Arbeit wird diese Schädigung ausschließlich durch die Implantation leichter Ionen erzeugt. In Abschnitt 2.4 wird die Abbremsung der implantierten Ionen und der hierbei stattfindende Energieübertrag auf Gitteratome des Siliziumkristalls hergeleitet. Aus diesem Verständnis ergeben sich die charakteristische Tiefenverteilung der induzierten Defekte sowie die Eindringtiefe der Ionen. Im abschließenden Abschnitt 2.5 wird die Bildung von Primärdefekten aus der bei der Implantation an den Kristall übertragenen Energie und deren Weiterreaktion zu Sekundärdefekten anhand des aktuellen Standes der Literatur erläutert.

2.1 Wasserstoff in Silizium

Wasserstoff kann durch verschiedene technische Prozesse gewollt oder ungewollt in den Siliziumkristall eingebracht werden. Im Silizium vermag der Wasserstoff die elektrischen Eigenschaften des Halbleiters auf vielfältige Weise zu beeinflussen. Dabei kann der Wasserstoff Einfluss auf die Konzentration der freien Ladungsträger nehmen sowie deren Lebensdauer verändern. Bei der Migration des Wasserstoffs durch den Siliziumkristall kann dessen Ladungszustand von Bedeutung sein. Zudem ist die Löslichkeit des Wasserstoffs stark von der Ordnung des Siliziumkristallgitters abhängig.

2.1.1 Einfluss auf die elektrischen Eigenschaften

Offene Valenzbindungen an Grenzflächen, etwa zwischen kristallinem Silizium und einer aufgewachsenen amorphen Oxidschicht, können Zustände zwischen dem Leitungs- und dem Valenzband erzeugen und somit als Rekombinations- oder Generationszentren fungieren. Hierdurch können derartige Grenzflächen einen nachteiligen Einfluss auf das Verhalten eines Halbleiterbauelementes nehmen. Wasserstoff vermag derartige offene Bindungen chemisch abzusättigen und somit elektrisch inaktiv zu machen [12]. Neben Grenzflächendefekten kann der Wasserstoff auch mit einer Vielzahl von intrinsischen und extrinsischen Defekten im Siliziumkristall wechselwirken. In der Regel geht der Wasserstoff hierbei, wie bei Grenzflächendefekten, eine chemische Bindung mit nicht vollständig abgesättigten Valenzbindungen der Kristalldefekte ein. Durch die Dekoration mit Wasserstoff werden die Lagen der Energieniveaus der Kristalldefekte verschoben, wobei sie in der Regel gänzlich aus dem verbotenen Band entfernt werden [13–16]. Aufgrund seiner Fähigkeit, eine Vielzahl von elektrisch aktiven Kristalldefekten zu passivieren, kann Wasserstoff benützt werden, um etwa in multikristallinem Silizium oder in sonstigen Siliziumsubstraten mit vergleichsweise geringer Reinheit, eine bereits vom Grundmaterial vorgegebene niedrige Ladungsträgerlebensdauer zu erhöhen. Da derartige

Passivierungen durchaus wünschenswert sein können, wird Wasserstoff oftmals gezielt während einer Temperung bei etwa 400 °C bis 500 °C unter wasserstoffhaltiger Atmosphäre, in der Regel unter Formiergas, oder aus einem Wasserstoffplasma in das Substrat eingebracht.

Wasserstoff kann in Silizium amphoterisches Verhalten zeigen, kommt also neben einem neutralen Zustand auch als Proton H^+ oder Anion H^- vor. Durch die Änderung seines Ladungszustandes ist der Wasserstoff im Stande ionische Bindungen mit ionisierten Dopanden, wie dem substitutionellem Bor [17, 18], Aluminium, Gallium oder Indium [19] sowie, in geringerem Umfang, auch mit Phosphor [20], Arsen oder Antimon [21] einzugehen. Diese ionische Bindung bewirkt eine Passivierung des jeweilgen Akzeptor- oder Donatoratoms und vermindert entsprechend die Konzentration der verfügbaren Ladungsträger. Die so gebildeten ionischen Komplexe weisen allerdings nur geringe Bindungsenergien auf [22], weswegen sie bei relativ niedrigen Temperaturen, bereits unter 150 °C, instabil werden und der kompensierende Effekt des Wasserstoffs auf die Dotierung verschwindet [17, 23].

Eine weitere Eigenschaft des Wasserstoffs ist es, die Sauerstoffdiffusion in Silizium zu fördern. In Silizium mit erhöhter Sauerstoffkonzentration bilden sich während Temperungen bei moderaten Temperaturen Sauerstoffagglomerate, die Elektronen mit geringer Ionisationsenergie an das Leitungsband abgeben können [24, 25]. Durch eine effektive Erhöhung der Sauerstoffdiffusion durch einen Paardiffusionsmechanismus mit dem Wasserstoff wird die diffusionsbegrenzte Bildung dieser thermischen Sauerstoffdonatoren signifikant gefördert [26–28].[1]

2.1.2 Beweglichkeit und Vorkommen

Aufgrund des technisch relevanten Verhaltens von Wasserstoff in Silizium besteht ein begründetes Interesse, das Diffusionsverhalten

[1] Die Bildung von thermischen Sauerstoffdonatoren und der mögliche Einfluss von Wasserstoff auf deren Bildung wird in Abschnitt 4.5 ab Seite 165 der vorliegenden Arbeit ausführlicher besprochen.

von Wasserstoff in Silizium zu verstehen. Entsprechend existiert zu diesem Thema eine große Zahl an experimentellen sowie theoretischen Arbeiten.

Die im Hochtemperaturbereich oberhalb von 900 °C von van Wieringen und Warmoltz [29] bestimmte Diffusionskonstante des Wasserstoffs in kristallinem Silizium mit einer Aktivierungsenergie von 0,48 eV ist in der Literatur gut akzeptiert. Im Bereich moderater Temperaturen hingegen streuen die experimentell ermittelten Werte für die Diffusion des Wasserstoffs um etwa sechs Größenordnungen. Die ermittelten Diffusionskonstanten liegen dabei in der Regel unter oder auf der Extrapolation der Werte von van Wieringen und Warmoltz, nicht aber darüber.[2] Wenngleich in vielen Experimenten eine temperaturabhängige Diffusion des Wasserstoffes gemäß eines Arrhenius-Gesetzes bestätigt wird, weichen die Ergebnisse untereinander deutlich von einer einzigen Arrhenius-Geraden ab. In einigen Fällen weichen selbst die Werte innerhalb einer Arbeit von einer einzigen Arrhenius-Geraden ab [13].

Zur Messung der Migration von Wasserstoff in Silizium wurden in der Vergangenheit vielfältige Ansätze verfolgt. Im ersten publizierten Experiment zur Bestimmung der Wasserstoffdiffusionskonstante in Silizium maßen van Wieringen und Warmoltz 1956 den Gasdurchgang von Wasserstoff durch eine dünne Siliziumschicht [29]. Ichimiya und Furuichi bestimmten 1968 aus der Ausdiffusion von Tritium aus einer hiermit angereicherten Siliziumprobe eine Aktivierungsenergie von 0,57 eV für die Wasserstoffdiffusion im Temperaturbereich zwischen 400 °C und 500 °C [30]. Es folgten weitere Publikationen, die auf physikalische Messmethoden zur Bestimmung der Verteilung des Wasserstoffs zurückgriffen. So nutzten beispielsweise Johnson, Biegelsen und Moyer [31] sowie Wilson [32] Sekundärionen-Messungen oder Ji, Shi und Wang [33] sowie Fink *et al.* [34] resonante Kernreaktionen.

[2] In Abbildung 4.8 auf Seite 103 sind einige Diffusionskonstanten aus der Literatur übersichtlich zusammengestellt.

Die Löslichkeit von Wasserstoff in Silizium fällt bei moderaten Temperaturen jedoch rasch unter die Nachweisgrenze derartiger physikalischer Messverfahren. So extrapolieren sich die von van Wieringen und Warmoltz [29] und von Binns *et al.* [35] bestimmten Wasserstofflöslichkeiten in Silizium in dem Bereich moderater Temperaturen zwischen Raumtemperatur und 800 °C auf Werte unterhalb von $10^{10}\,\mathrm{cm}^{-3}$. Eine geringere Nachweisgrenze versprechen indirekte elektronische Messungen der Wasserstoffverteilung, die sich die zuvor besprochenen Eigenschaften des Wasserstoffs zunutze machen, die elektrischen Eigenschaften des Siliziums zu beeinflussen. Die Passivierung von flachen Dopanden etwa lässt sich unter anderem mittels Kapazitäts-Spannungsmessungen, wie sie zum Beispiel Tavendale, Alexiev und Williams [36] sowie Schmalz und Tittelbach-Helmrich [37] nutzten, oder mit Ausbreitungswiderstandsmessungen, unter anderen angewandt von Mogro-Campero, Love und Schubert [38] sowie Pankove, Magee und Wance [39], profilieren. Letztere Methode ermöglicht eine Profilmessung bis in den Bereich von Millimetern. Die verstärkte Bildung von thermischen Sauerstoffdonatoren erlaubt einen anderen, vergleichsweise neuartigen und mit wenig Aufwand verbunden Ansatz, die Wasserstoffdiffusion wiederum durch Ausbreitungswiderstandsmessungen zu bestimmen [40–42]. Hierbei liegt die Nachweisgrenze für Wasserstoff, je nach Temperaturbereich [43], bei extrem niedrigen Konzentrationen bis hinab zu $10^{8}\,\mathrm{cm}^{-3}$ [44].

Die starke Streuung der Diffusionskonstaten des Wasserstoffs über mehrere Größenordnungen in der publizierten Literatur ist auf die ausgeprägte Empfindlichkeit der Wasserstoffmigration auf das Siliziumsubstrat zurückzuführen. So tritt ein deutlicher Unterschied zwischen der Diffusion von Wasserstoff in elektronenleitendem Silizium und in löcherleitendem Silizium auf [39, 45, 46]. Dieser Unterschied ist auf das amphoterische Verhalten des Wasserstoffs zurückzuführen, nach dem der Wasserstoff in Abhängigkeit der Lage des Ferminiveaus in unterschiedlichen Ladungszuständen auftreten kann. Ein Nachweis der Beteiligung geladener Spezies an der Wasserstoffdiffusion lässt sich über den Einfluss eines elektrischen Felds führen. So zeigen beispielsweise Tavendale, Alexiev und Williams [36] einen Einfluss des elektrischen Feldes auf die Migration von H^+ in Diodenstrukturen und Huang *et al.* [47] in unstrukturiertem Silizium mittels eines externen elektrischen Feldes. Johnson und Herring [48] beobachten eine Umwandlung von relativ mobilem H^+ in H_2^0 beim Durchlaufen eines *pn*-Übergangs aufgrund der lokal veränderten Majoritätenspezies. Capizzi und Mittiga [49] erklären experimentelle Messungen von diffundiertem Wasserstoff in den Arbeiten von Johnson [50] sowie Pankove, Magee und Wance [39] mit der simultanen Beteiligung einer positiv geladenen und einer neutralen diffundierenden Spezies. Je nach Ladungszustand ist die energetisch günstigste Lage des Wasserstoffs im Siliziumkristallgitter eine andere, wodurch sich auch die Migrationsbarriere der Spezies nach theoretischen Untersuchungen unterscheidet [51–53]. Während die negative Wasserstoffspezies H^- bevorzugt zwischen zwei benachbarten Siliziumatomen vorkommt, sind für die neutrale H^0 und die positive H^+-Spezies tetraedrisch koordinierte Zwischengitterplätze energetisch günstiger [54]. Neben dem Vorkommen in verschiedenen Ladungszuständen findet sich der Wasserstoff im Silizium bevorzugt als elektrisch inaktives Dimer [55–57]. Die Wahrscheinlichkeit des Wasserstoffs als Dimer im Silizium vorzukommen ist eine starke Funktion seiner Konzentration. Dabei liegt der Wasserstoff in molekularer Form, als H_2, oder als metastabiler Komplex aus einem Wasserstoff auf einem tetraedrisch koordinierten Zwischengitterplatz und einem zweiten zwischen zwei regulären Gitterplätzen vor [22, 58]. Die Migrationsbarriere der Wasserstoffdimere liegt dabei deutlich über der der Monomere [22, 59].

Störstellen im Siliziumgitter, wie sie beispielsweise in der vorliegenden Arbeit aufgrund der induzierten Strahlenschäden auftreten, vermögen die lokale Löslichkeit des Wasserstoffs deutlich zu erhöhen [38, 60], wodurch auch die Migration des Wasserstoffs beeinflusst wird. In protonenimplantierten Proben befindet sich der Wasserstoff nach Diffusionsschritten im Temperaturbereich bis etwa 550 °C nur in der strahlengeschädigten Schicht in Konzentrationen oberhalb der Detektionsgrenze von Sekundärionen-Messungen [3, 32, 34]. Die Verteilung des Wasserstoffs ist dabei gut mit der errechneten Tiefenverteilung des Schadens korreliert [7] und die beobachtete Ausdiffusion des Wasserstoffs in mehreren Stufen lässt sich mit dem Ausheilen des Schadens in Verbindung bringen [32]. Zudem zeigen Antonova *et al.* [61] in einem Eindiffusionsexperiment, dass Wasserstoff nur in eine zuvor per Neutronenbestrahlung geschädigte Probe eindringt. Ji, Shi und Wang [33] zeigen, dass sich implantierter Wasserstoff nach einem Migrationsschritt auch in Schichten sammelt, die durch eine zusätzliche Implantation von Argonionen erzeugt wurden und vor der Temperung folglich kein Wasserstoff enthielten. Srikanth und Ashok [62], Ma *et al.* [63] sowie Huang *et al.* [64] zeigen, dass eine mit Argonionen beziehungsweise mit einem Wasserstoffplasma erzeugte, vergrabene Defektschicht durch den Wasserstoffeinfang effektiv als Diffusionsbarriere für diesen fungiert. Ulyashin *et al.* [65] allerdings weisen nach, dass eine solche Schadensschicht für die geringe Menge Wasserstoff, die zur geförderten Bildung thermischer Sauerstoffdonatoren benötigt wird, keine ausreichende Barriere darstellt. Eine vergrabene Defektsschicht mit erhöhtem Wasserstoffgehalt, wie sie durch eine Argonionenimplantation mit anschließender Wasserstoffeindiffusion aus einem Plasma erzeugt werden kann, wirkt bei einer späteren Anhebung der Substrattemperatur, bei der die Löslichkeit im ungeschädigten Teil des Kristalls zunimmt, als Wasserstoffquelle [62].

2.2 Verwendung der Protonenimplantation

Die Implantation von Protonen in Silizium findet mehrere Anwendungen, die sich nach der implantierten Dosis ordnen lassen. Niedrige Protonendosen zwischen etwa $10^{9}\,\mathrm{p^+cm^{-2}}$ und $10^{13}\,\mathrm{p^+cm^{-2}}$ gefolgt von Temperungen bis etwa 200 °C werden zur Einstellung der Ladungsträgerlebensdauer durch gezieltes Erzeugen von Rekombinationszentren eingesetzt. Im Bereich mittlerer Dosen ab etwa $10^{13}\,\mathrm{p^+cm^{-2}}$ bis hinauf zu einigen 10^{15} $\mathrm{p^+cm^{-2}}$, in dem sich auch die in der vorliegenden Arbeit verwandten Implantationsdosen bewegen, können, nach einer entsprechenden Temperung zwischen etwa 350 °C und 500 °C, zusätzliche, elektronendotierende Defekte erzeugt werden. Bei über einige 10^{16} $\mathrm{p^+cm^{-2}}$ hinausgehenden Protonendosen schließlich, kann eine Spaltung des Substrates an dem Ort der maximalen Schädigung durch die Protonen hervorgerufen werden. Im Folgenden werden diese drei Dosisbereiche einzeln ausführlicher behandelt.

2.2.1 Niedrige Dosen: Lebensdauereinstellung

Im Bereich niedriger Dosen bis etwa 10^{13} $\mathrm{p^+cm^{-2}}$ werden Protonenimplantationen genutzt, um gezielte Schädigungen in den Halbleiterkristall einzuführen. Durch die Bestrahlung werden lokalisiert Rekombinationszentren erzeugt, wodurch sich die dynamischen Eigenschaften von Bipolarbauelementen beeinflussen lassen. Dabei wirkt der durch die Protonenimplantation eingebrachte Wasserstoff zwar aufgrund der vorangehend besprochenen Passivierung der Bildung lebensdauerreduzierender Kristalldefekte entgegen, die Konzentration der durch die Bestrahlung verursachten Kristallschäden überwiegt aber diesen Effekt.

Leistungshalbleiterbauelemente müssen im Sperrbetrieb Spannungen bis zu einigen Kilovolt aufnehmen können. An beidseitig hoch dotierten Diodenübergängen treten dabei im Sperrbetrieb sehr hohe Spitzenfeldstärken auf. Um bei einer durch das Siliziumsubstrat auf einige 100 $\mathrm{kV\,cm^{-1}}$ begrenzten Durchbruchfeldstärke ausreichend hohe Sperrspannungen aufnehmen zu können, weisen Leistungshalbleiterbauelemente üblicherweise eine vergleichsweise niedrige Dotierung im Bereich einiger 10^{13} $\mathrm{cm^{-3}}$ bis zu einigen 10^{14} $\mathrm{cm^{-3}}$ in ihrer Driftregion auf. Die Ausdehnung der Raumladungszone eines sperrenden, asymmetrischen pn-Übergangs geht dabei invers proportional zur Wurzel der Dotierstoffkonzentration. Folglich muss die Weite der niedrigdotierten Driftregion entsprechend groß sein, um ein Durchstoßen der Raumladungszone zu vermeiden.[3]

Bipolarbauelemente mit einer niedrig dotierten Driftregion nutzen, orthogonal zur Stromrichtung an die Driftregion angrenzende, hoch dotierte Emitterschichten, um die niedrig dotierte Zone im Durchlassbetrieb mit freien Ladungsträgern zu überschwemmen. Hierdurch kann die Gleichgewichtskonzentration der freien Ladungsträger um mehrere Größenordnungen überschritten werden, wodurch die Leitfähigkeit der Driftregion signifikant erhöht wird. Beim Übergang in den sperrenden Betrieb müssen nun eben diese Ladungsträger wieder aus der Driftregion entfernt werden. Bei hohen Ladungsträgerlebensdauern geschieht dies zwangsläufig vornehmlich durch ein Abfließen der überschüssigen Ladungsträger. Durch die hohe Zahl verfügbarer Ladungsträger in der Driftregion ist das Bauteil hiermit im Stande, einen nennenswerten Strom in Sperrrichtung zu liefern und bis zur Erschöpfung der Überschussladungsträger aufrecht zu erhalten. Neben den hierdurch in der Diode verursachten Verlusten wird der Rückwärtsstrom einer Freilaufdiode in einer Halbbrückenschaltung zusätzlich zum Laststrom in den schaltenden IGBT[4] eingeprägt, was zu erhöhten Einschaltverlusten des IGBTs führt.

In Bauelementen mit einer geringen Ladungsträgerlebensdauer erfolgt der Abbau der Überschussladungsträger zu einem signifikanten Anteil über Rekombination der Ladungsträger untereinander, wodurch diese nicht mehr für einen Rückwärtsstrom zur Verfügung stehen. Bereits 1966 schlugen Sixtus und Gerlach [67] vor, die Ladungsträgerlebensdauer in einem Gleichrichter durch Goldeindiffusion zu reduzieren und somit dessen Schaltverhalten zu modifizieren. Gold bildet, wie das heute in der Regel an dessen Statt verwendete Platin, ein effektives Rekombinationszentrum im Silizium. 1977 erkannten Bartko und Sun [68] durch Teilchenbestrahlung eingebrachte Rekombinationszentren als weitere Möglichkeit die Schaltzeiten von Halbleiterbauelementen zu

[3] Eine ausführliche Behandlung aktueller Leistungshalbleiterbauelemente findet der geneigte Leser beispielsweise in Referenz [66].

[4] IGBT steht kurz für engl. *insulated gate bipolar transistor.*

verkürzen. Die Nutzbarkeit von eindiffundiertem Gold sowie Platin oder die Bestrahlung mit Elektronen zur Optimierung des Schaltverhaltens von Halbleiterbauelementen wurde bereits früh untersucht [69]. Die Gegenwart von Rekombinationszentren beeinflusst neben dem Ausräumen der vorhandenen Ladungsträger im dynamischen Fall allerdings auch das Verhalten des Bauelements im statischen Sperr- oder Durchlassbetrieb. Durch eine erhöhte Rekombination der Überschussladungsträger im Durchlassbetrieb werden die Durchlassverluste erhöht. Die im Sperrbetrieb als Generationszentren wirkenden Defekte erzeugen zudem einen unerwünschten Leckstrom und somit Sperrverluste im Bauelement. Für Anwendungen müssen hiernach die Einflüsse der Trägerlebensdauereinstellung auf den statischen und auf den dynamischen Betrieb gegeneinander abgewogen werden. Durch eine in Stromrichtung lokal begrenzte Verteilung der Rekombinationszentren lässt sich das dynamische Schaltverhalten verbessern bei zugleich signifikant verringertem Einfluss auf die statischen Verluste im Vergleich zu einer gleichförmigen Verteilung der Rekombinationszentren [70].

Die Implantation von leichten Ionen stellt ein alternatives Werkzeug zur Erzeugung von Rekombinationszentren dar [71] und wird in einer Vielzahl verfügbarer Leistungshalbleiterbauelemente aktuell eingesetzt [72–75]. Dabei lässt sich die Eigenschaft der Ionenimplantation zunutze machen, ein Schadensprofil mit einem ausgeprägten Maximum in einer durch die Eintrittsenergie der Ionen bestimmten Tiefe auszubilden [76, 77] (siehe hierzu auch nachfolgenden Abschnitt 2.5.1). Hierdurch lassen sich in axialer Richtung definierte Regionen mit verminderter Lebensdauer der Minoritätenladungsträger an nahezu beliebiger Position im Bauelement platzieren [78, 79]. Dabei weisen Protonen den Vorteil der größten Eindringtiefe bei einer gegebenen Energie aller Ionen auf. Das erforderliche thermische Budget zur stabilen Lebensdauereinstellung durch Strahlenschädigung ist dabei erheblich geringer, als es bei der Eindiffusion von etwa Gold oder Platin ist.

Bei erhöhten Protonendosen ab etwa einiger $10^{12}\,\mathrm{p^+cm^{-2}}$ können in Silizium die in der vorliegenden Arbeit schwerpunktmäßig untersuchten wasserstoffkorrelierten Donatorenkomplexe auftreten [2, 9]. Die hierdurch zusätzlich eingeführte Konzentration freier Elektronen stellt bei der Einstellung des Ladungsträgerlebensdauerprofils in der Regel einen unerwünschten Effekt dar und kann für die Verwendung von Heliumionen anstelle der Protonen zur Lebensdauereinstellung sprechen [80].

2.2.2 Mittlere Dosen: Dotierung

Bei gezieltem Einsatz des dotierenden Effektes von Protonenimplantationen im Dosisbereich zwischen etwa $10^{13}\ \mathrm{p^+cm^{-2}}$ bis hin zu über $10^{15}\ \mathrm{p^+cm^{-2}}$ ergeben sich weitere Optimierungsmöglichkeiten für verschiedene Leistungshalbleiterbauelemente. Dabei stellen das vergleichsweise niedrige notwendige thermische Budget zur Aktivierung der Protonendotierung sowie die große Eindringtiefe der Protonen entscheidende Vorteile gegenüber klassischen Dotiermethoden dar.

Die Driftregion von Leistungshalbleiterbauelementen besteht üblicherweise entweder aus einem hochohmigem Siliziumsubstrat, in welches vorder- wie rückseitig durch Implantations- oder Diffusionsschritte die für das jeweilige Bauelement nötigen, höher dotierten Regionen eingebracht werden, oder aus einer epitaktisch auf einem höher dotiertem Substrat aufgewachsenen Schicht. In einer epitaktisch aufgewachsenen Schicht kann die Dotierung durch die Beigabe von Dotierstoffen während des Aufwachsvorgangs variiert werden. Hierdurch lassen sich Dotierstoffprofile sehr gut an die Bedürfnisse eines Bauelements anpassen. Jedoch ist das epitaktische Wachstum von einigen 10 µm bis 100 µm dicken Schichten sehr zeitaufwändig und mit entsprechend hohen Kosten bei der Serienfertigung von Bauelementen verbunden. In Bauelementen, die auf einem niedrig dotierten Substrat als Mittelregion basieren, lässt sich das Dotierstoffprofil mit konventionellen Methoden nur mit einem in der Regel sehr großen thermischen Budget und mit entsprechend wenig Gestaltungsfreiheit modifizieren.

Die Nutzung der Protonenimplantation zur Dotierung von Silizium erweist sich bei derartigen Bauelementtopologien als vorteilhaft aufgrund der hohen Eindringtiefe der Protonen und der vergleichsweise geringen dabei verursachten Kristallschädigung. Aufgrund der üblicherweise niedrigen Substratdotierung kann die Dotierung der Driftregion, trotz der geringen Dotierungseffizienz der Protonenimplantation, hiermit maßgeblich gestaltet werden. Durch das niedrige thermische Budget, welches zur Aktivierung des protonenimplantationserzeugten Donatorenprofils notwendig ist, kann diese Dotierung erst recht spät im Herstellungsprozess erfolgen. Zugleich stellen die geringe Dotierungseffizienz im Promillebereich der implantierten Protonen sowie die bereits ab etwa 500 °C einsetzende Vernichtung der erzeugten Donatoren jedoch auch deutliche Einschränkungen für den Einsatz der Protonendotierung dar. Im Folgenden werden knapp einige mögliche Anwendungen der Protonendotierung vorgestellt.

Überspannungsschutz Das Überkopfzünden stellt einen unerwünschten Zündvorgang speziell in Leistungsthyristoren dar, der zur Zerstörung des Bauteils führen kann. Hierbei wird die Spannungsfestigkeit des Thyristors in Vorwärtsrichtung ausgereizt, ohne dass eine kontrollierte Zündung durch einen Basisstrom stattfindet. Aufgrund von Inhomogenitäten variiert die Spannungsfestigkeit über das Bauteil. Die unkontrollierte Zündung findet an dem Ort der niedrigsten Spannungsfestigkeit statt. Mangels hinreichend rascher lateraler Zündausbreitung kann es zu einer lokalen Überhöhung der Stromdichte kommen, welche zu einer Zerstörung des Thyristors führen kann.

Um einen Thyristor ohne zusätzliche externe Beschaltung vor einem unkontrolliertem Überkopfzündvorgang zu schützen, kann örtlich gezielt eine Region mit verminderter Spannungsfestigkeit in das Bauelement eingebracht werden [81]. Liegt dieser Bereich in der Nähe der Basisregion des Thyristors, so kann der aus einem Überkopfzündvorgang an dieser Stelle resultierende Kollektorstrom wie ein, den Thyristor kontrolliert schaltender, Basisstrom wirken. Wondrak und

Silber [2, 9] beschrieben 1985 die Verminderung der Durchbruchspannung einer Siliziumleistungsdiode durch die Erzeugung von Donatoren aus einer Protonenimplantation in der schwach elektronenleitenden Driftregion nahe dem Diodenübergang. Dieses Verfahren lässt sich vorteilhaft als Überspannungsschutzfunktion auf ein Thyristorbauelement auf Siliziumbasis übertragen. Dabei wird die Überkopfzündspannung an gewünschter Stelle durch eine maskierte Protonenimplantation abgesenkt [82]. Die lokale Überkopfzündspannung lässt sich dabei durch die Wahl der Protonenenergie und -dosis gezielt einstellen [82–84].

Feldstoppzone IGBT-Bauelemente besitzen eine kollektorseitige Emitterschicht, welche gegensätzlich zur meist elektronenleitenden Driftregion löcherdotiert ist. Diese Emitterschicht wirkt im Durchlassbetrieb als starker Löcheremitter, was eine starke Erhöhung der freien Ladungsträgerkonzentration in der Driftregion zur Folge hat. Hierdurch können die Durchlassverluste im Vergleich zum Leistungs-MOSFET[5] deutlich verringert werden. Im Sperrbetrieb erstreckt sich die Raumladungszone aufgrund der niedrigen Dotierung tief in die Driftregion. Reicht die Raumladungszone dabei durch die Driftregion bis zur anschließenden Emitterschicht, so geht das Bauteil durch starke Minoritäteninjektion aus der Emitterschicht in die Driftregion in einen leitenden Zustand über. Die Sperrfähigkeit des Bauelementes ist hierdurch auf diese Durchgriffspannung begrenzt.

Um ohne Verbreiterung der Driftregion dennoch hohe Spannungen aufnehmen zu können, wird zwischen der Driftregion und der anschließenden Emitterschicht eine Schicht mit erhöhter Dotierstoffkonzentration eingebracht. Durch die wesentlich höhere Dotierstoffkonzentration dieser Feldstoppzone im Vergleich zur Driftregion kann die Feldstärke hier mit einem steilen Feldstärkegradienten abfallen. Hierdurch geht die dreiecksförmige Feldverteilung einer homogen dotierten Schicht in eine annähernd trapezförmige Verteilung über. Somit kann bei gleicher Ausdehnung der Raumladungszone und gleicher maximalen Feldstärke

[5]MOSFET steht kurz für engl. *metal oxide semiconductor field-effect transistor*.

eine wesentlich höhere Spannung aufgenommen werden. Obgleich hierbei ein Durchgriff der Verarmungszone in die Emitterschicht vermieden wird, erfolgt dennoch ein für diese Topologie namensgebender Durchgriff (engl. *punch through*) der Verarmungszone durch die Driftregion in diese Feldstoppzone. Die durch eine Feldstoppzone ermöglichte Verminderung der Weite der Driftregion eines IGBT-Bauelements verringert die Durchlassverluste derartiger Bauelementtopologien deutlich gegenüber den dickeren, nicht-durchgreifenden Topologien.

Die technische Herstellung der hierfür notwendigen Schichtfolge ist mit klassischen Dotierstoffen und verbreitet zur Verfügung stehenden Prozessen nur durch einen epitaktischen Prozess sinnvoll realisierbar. Wiederum Wondrak und Silber schlugen 1985 vor, eine derartige elektronenleitende vergrabene Feldstoppzone durch Protonenimplantation in Thyristoren zu erzeugen, um deren Sperrfähigkeit zu erhöhen [2]. Ein derartiger Ansatz lässt sich auf IGBT-Bauelemente übertragen [85–87], wodurch deren Dicke deutlich vermindert werden kann und somit deren Durchlassverluste vermindert werden können.

Pufferschicht Beim Übergang einer Leistungsdiode vom leitenden in den sperrenden Zustand muss eine Raumladungszone über die niedrig dotierte Driftregion aufgebaut werden, welche die Sperrspannung aufnimmt. Hierzu müssen die im leitenden Zustand von den angrenzenden hoch dotierten Regionen injizierten Überschussladungsträger entfernt werden. Das Ausräumen der Driftregion geschieht zum einen Teil durch Rekombination, gegebenenfalls unterstützt durch vorangehend besprochene Lebensdauereinstellung, und zum anderen Teil durch Abfließen der Ladungsträger entgegen der Durchlassrichtung. Hierdurch entsteht der bereits besprochene Rückwärtsstrom in Sperrrichtung der Diode. Bis die Raumladungszone weit genug ausgebildet ist, um die vollständige Sperrspannung aufzunehmen, wird dieser Strom durch die in Sperrrichtung an die Diode angelegte Spannung getrieben. In Abhängigkeit der Induktivität der äußeren Beschaltung, führt dieser Rückwärtsstrom im Folgenden zu einer Überhöhung der über die Diode abfallenden Sperrspannung, bis der Rückwärtsstrom auf den Sperrstrom abfällt. Während der gesamten Zeit zwischen der Änderung der äußeren Spannung und dem Abklingen des Rückwärtsstromes, wird dieser Rückwärtsstrom aus der noch mit Ladungsträgern gefluteten Driftregion der Diode gespeist. Kommt es während dieser Phase zu einer vollständigen Verarmung der gesamten Driftregion, so erfolgt ein abrupter Abriss des Rückwärtsstromes. Dieser Stromabriss hat durch die Induktivitäten des Lastkreises in der Anwendung unerwünschte Spannungsoszillationen zur Folge.

Durch ein zusätzliches Dotierstoffprofil in der Driftregion einer Leistungsdiode kann ein Pufferbudget an Ladungsträgern vorgehalten werden. Hiermit kann ein Rückwärtsstrom ausreichernd lange aufrecht erhalten werden, um einen abrupten Stromabriss zu vermeiden, ohne die Dicke der Driftregion weit über die zur Aufnahme der Sperrspannung notwendigen Dicke hinaus ausdehnen zu müssen [88–90]. Dieses zusätzliche Dotierstoffprofil lässt sich, je nach erwünschter Form, sehr ähnlich dem zuvor besprochenen Feldstoppprofil durch Protonenimplantation erstellen [10, 91].

Sonstiges Neben diesen Verwendungsgebieten für wasserstoffimplantationsinduzierte Donatoren gibt es Vorschläge für weitere Einsatzmöglichkeiten der Protonendotierung.

Das Super-Junction-Prinzip in modernen Leistungs-MOSFET-Bauelementen basiert auf kompensierenden löcherleitenden Säulen in einer elektronenleitenden Driftregion [92, 93]. Während die gegendotierten Säulen im Leitungsfall selber keinen Vorwärtsstrom tragen und somit das für den Elektronenstrom zur Verfügung stehende Volumen begrenzen, erlauben sie eine deutliche Erhöhung der Dotierung der elektronenleitenden Driftregion. Die in konventionellen Topologien durch die Durchbruchfeldstärke des Substrates und die gewünschte Spannungsfestigkeit des Bauelements vorgegebene maximale Dotierung der Driftregion kann, durch den mit diesen Kompensationszonen gezielt modifizierten Feldverlauf, signifikant erhöht werden.

Die Herstellung derartiger Bauelemente erfolgt typischerweise durch ein Mehrschichtepitaxie-Verfahren. Hierbei werden sukzessive elektronenleitend dotierte Schichten epitaktisch abgeschieden und jeweils lateral strukturiert mit Akzeptoren implantiert. Nach Erreichen der gewünschten Schichtdicke werden die löcherleitend dotierten Zonen in einem Diffusionsschritt aufgeweitet, wodurch die Säulenstruktur ausgebildet wird. Um dieses aufwändige Mehrschrittverfahren zu umgehen, schlagen Rüb *et al.* [94] sowie Buzzo *et al.* [95] vor, die spätere Kompensationszone in einem durchgehenden Epitaxieschritt abzuscheiden und dabei löcherleitend zu dotieren. In einem nachfolgenden Schritt kann diese homogene Schicht durch maskierte Protonenimplantationen und entsprechende Temperung mit elektronenleitenden Säulen durchsetzt werden. Aufgrund der hohen Eindringtiefe der Protonen in Silizium müssen die Implantationen nicht mehr für mehrere dünne Schichten getrennt erfolgen. Die hohe Eindringtiefe der Protonen erschwert allerdings zugleich die Maskierung des Protonenstrahls. Ferner wären, um die geringe Aktivierung und die Profilform der erzeugten Protonendotierung auszugleichen, mehrere Implantationen mit verschiedenen Energien und jeweils verhältnismäßig hohen Dosen notwendig.

Einen weiteren Vorschlag zur Nutzung der Dotierung von Silizium durch Protonenimplantation machen Barakel *et al.* [96,97]. In löcherleitendem Silizium[6] kann durch die Implantation von relativ niedrigenergetischen Protonen mit Energien um 100 keV ein oberflächennaher Diodenübergang für Photovoltaikanwendungen erzeugt werden. Die Verwendung der Protonenimplanation zur Dotierung der oberflächennahen elektronenleitenden Schicht benötigt dabei ein signifikant niedrigeres thermisches Budget als beispielsweise eine Phosphordotierung.

[6] Die Arbeiten von Barakel *et al.* behandeln verhältnismäßig kostengünstig verfügbares polykristallines Silizium.

2.2.3 Hohe Dosen: Erzeugung dünner Schichten

Bei der Implantation von Protonendosen oberhalb einiger $10^{16}\,\mathrm{p^+cm^{-2}}$ werden nahe der projizierten Reichweite sehr hohe Wasserstoff- und Schadenskonzentrationen erreicht. Hierbei bilden sich parallel zur Oberfläche ausgerichtete, einige 10 nm große, plättchenartige Kristalldefekte [98, 99]. Durch weitere Implantation oder durch einen Ostwald-Reifungsprozess bei einer an die Implantation anschließenden Temperung zwischen 400 °C und 600 °C können die ausgedehnten Defekte weiter anwachsen. Dieser Prozess kann letztlich zu Bläschenbildung und Abblättern der durchstrahlten Schicht führen [100]. Dabei stabilisiert der Wasserstoff durch chemische Absättigung der entstehenden offenen Siliziumbindungen die gebildeten Kristalldefekte [101]. Die als *Smart-Cut* bezeichnete Methode zur Erzeugung dünner Siliziumschichten greift auf diesen Effekt zurück, ermöglicht aber die Abtrennung einer zusammenhängenden Schicht, indem die Oberfläche zwischen Implantation und Temperungsschritt auf ein Trägersubstrat aufgebracht und somit stabilisiert wird [99, 102, 103].

Die so erhaltenen sehr dünnen Siliziumschichten werden mit einer dielektrischen Trennschicht auf ein Trägersubstrat aufgebracht. Hierdurch können sehr dünne, sogenannte SOI-Schichten[7] erzeugt werden, die elektrisch vom darunterliegenden Trägermaterial entkoppelt sind. Durch die elektrische Abkopplung von aktiver Region und Trägersubstrat lassen sich oberflächennahe Schaltlogiken mit verminderten Leistungsverlusten an das Substrat und verkürzten Schaltzeiten realisieren. Die Protonenimplantation stellt somit eine Alternative zur Erzeugung von vergrabenen Oxidschichten durch die Implantation von vergleichsweise hochenergetischem Sauerstoff mit anschließendem Hochtemperaturschritt nach dem SIMOX-Verfahren[8] dar.

[7] SOI steht kurz für engl. *silicon on insulator*.

[8] SIMOX steht kurz für engl. *separation by implantation of oxygen*.

2.3 Wasserstoffimplantationsinduzierte Donatoren

1970 berichten Schwuttke *et al.* [1] erstmalig von einer Erhöhung der Elektronenleitung in protonenbestrahltem Silizium. Die Arbeit von Schwuttke *et al.* zielte dabei zunächst auf die Erzeugung und Untersuchung von isolierenden Oberflächenschichten in kristallinem Silizium durch die Implantation von Protonen mit einer Energie von 1 MeV ab. Nach der Implantation einer Protonendosis von $3–5 \cdot 10^{16}\,\mathrm{p^+cm^{-2}}$ und einer anschließenden zehnminütigen Temperung bei 300 °C beobachteten die Autoren hingegen einen Ausbreitungswiderstand am Ende der bestrahlten Schicht, der deutlich unter dem Wert der unbestrahlten Probe lag. Die beobachtete Erhöhung der Leitfähigkeit führen Schwuttke *et al.* auf die Bildung eines bis dahin unbekannten Donators zurück, welcher erst nach Temperungen oberhalb von 500 °C ausheilt.

Eine gezielte Untersuchung des elektronendotierenden Effektes von Protonenbestrahlungen auf Silizium liefern Zohta, Ohmura und Kanazawa 1971 [104]. Die Autoren implantierten bor- sowie phosphordotiertes, zonengeschmolzenes Silizium mit Protonen bei Implantationsenergien zwischen 200 keV und 400 keV mit einer Dosis von $5 \cdot 10^{15}\,\mathrm{p^+cm^{-2}}$. Nach einer an die Implantation anschließenden Temperung unter Stickstoffatmosphäre bei 300 °C für 10 min wurde in Proben mit Elektronenleitung eine Erhöhung der Elektronenkonzentration um etwa eine Größenordnung auf etwa $1 \cdot 10^{16}\,\mathrm{cm^{-3}}$ beobachtet. In löcherleitenden Proben führte die Protonenimplantation mit nachfolgender Temperung zu einer Inversion des Leitungstyps in Elektronenleitung. Dabei bestimmten die Autoren die Ladungsträgerkonzentration mittels Kapazitäts-Spannungsmessungen. Aus der Abhängigkeit der gemessenen Kapazitäten an p^+n-Dioden von der Variationsgeschwindigkeit der Sperrspannung sowie der Kleinsignalfrequenz schließen die Autoren auf ein neu eingeführtes Donatorniveau mit einem geringem Abstand zur Leitungsbandunterkante als Ursache der erhöhten Elektronenkonzentration in den bestrahlten Proben.

Mit Hilfe von temperaturabhängigen Messungen des Hallkoeffizienten können Ohmura, Zohta und Kanazawa 1972 [105] die Erzeugung eines flachen Donatorniveaus bestätigen. Nach der Implantation von Protonen mit einer Energie von 70 keV und Dosen zwischen $1 \cdot 10^{15}\,\mathrm{p^+cm^{-2}}$ und $1 \cdot 10^{16}\,\mathrm{p^+cm^{-2}}$ und einer anschließenden Temperung 300 °C für 10 min fanden die Autoren ein neu erzeugtes Donatorniveau mit einer Ionisationsenergie von (26 ± 1) meV. Die gemessene Elektronenbeweglichkeit lag dabei im Bereich um $1{,}1 \cdot 10^3\,\mathrm{cm^2V^{-1}s^{-1}}$ und fiel leicht mit steigenden Protonendosen. In nachfolgenden Versuchen können Ohmura, Zohta und Kanazawa 1973 [106] den elektronendotierenden Effekt der Wasserstoffimplantation zudem mit Deuterium- und Tritiumimplantationen reproduzieren. Die bei diesen Implantationen erzeugten Donatorenprofile traten unverändert nach einer Temperung bei 300 °C für 10 min auf. Dabei verlagerte sich das Maximum der erzeugten Donatorenverteilung, gemäß der den zunehmenden Isotopenmassen entsprechend abnehmenden projizierten Reichweite, näher zur Oberfläche. Das Auftreten der erhöhten Elektronenleitung erst ab Temperungen bei 300 °C führen die Autoren auf das Ausheilen strahlungsinduzierter Elektronenhaftstellen bei dieser Temperatur zurück, welche die erzeugte Elektronenleitung überdeckten.

Gorelkinskiĭ, Sigle und Takibaev berichten 1974 [107] ebenfalls von einer Erhöhung der Elektronenleitfähigkeit nach einer Protonenimplantation mit einer Energie von 6 MeV beziehungsweise nach einer Deuteriumimplantation mit einer Energie von 12 MeV jeweils mit einer Ionendosis von $4 \cdot 10^{17}\,\mathrm{cm^{-2}}$ und anschließenden Temperungen bei Temperaturen zwischen 350 °C und 550 °C jeweils für 15 min. Die Autoren berichten von dem Auftreten dieser zusätzlichen Elektronendotierung in bor- wie auch in phosphordotiertem, tiegelgezogenem[9] sowie zo-

[9]Häufig auch nach dem Entdecker des Einkristallziehens *Czochralski* (Cz) bezeichnet [108]. Die Entwicklung des eigentlichen Tiegelziehverfahrens von Halbleitereinkristallen technisch nutzbarer Größe geht jedoch auf Little und Teal zurück [109].

nengeschmolzenem[10] Silizium. Mit Elektronenspinresonanzmessungen maßen die Autoren eine Spitzenkonzentration der Leitungselektronen nach Implantation und Temperung von etwa $8 \cdot 10^{18}\,\mathrm{cm}^{-3}$.

2.3.1 Erzeugung von Wasserstoffdonatorenkomplexen

Die erzeugte Elektronendotierung in protonenimplantiertem Silizium ist auf einen, durch die Kristallschädigung während einer Bestrahlung hervorgerufenen Defektkomplex zurückzuführen. Zur Ausbildung des gewünschten flachen Donatorniveaus muss der gebildete Defektkomplex mit Wasserstoff dekoriert werden. Die ersten Beobachtungen dieser wasserstoffkorrelierten Donatorenkomplexe erfolgten in protonenimplantierten Silizium [1, 104, 107]. Bei der Protonenimplantation, wie sie auch im folgenden experimentellen Teil der vorliegenden Arbeit benutzt wird, werden die notwendigen Kristallschäden simultan mit dem ebenfalls notwendigen Wasserstoff eingeführt. Dabei fällt das Maximum der nach einer anschließenden Temperung ausgebildeten Donatorenverteilung mit dem Maximum des direkt nach der Bestrahlung gemessenen Profils der Doppelgitterleerstellen zusammen [110]. Die notwendigen Strahlenschäden müssen jedoch nicht unbedingt durch eine Protonenimplantation hervorgerufen werden. So kann die Schädigung des Kristalls etwa auch durch eine Neutronenbestrahlung erfolgen. Meng *et al.* [111] erzeugten eine erhöhte Elektronenleitung in wasserstoffhaltigem Silizium nach einer Neutronenbestrahlung und Temperung im Temperaturbereich zwischen 400 °C und 550 °C. Die Autoren führen die beobachtete Elektronendotierung auf die Bildung von Wasserstoffdonatorenkomplexen zurück. Hartung, Weber und Genzel [112] sowie Hartung und Weber [113–115] erzeugten ebenfalls Wasserstoffdonatorenkomplexe in neutronenbestrahltem Silizium, indem sie nach der Neutronenbestrahlung Wasserstoff aus einem Plasma an der Probenoberfläche in die Proben eindiffundierten. Weiterhin können ebenso Implantationen anderer Atome genutzt werden, um

[10] Im Englischen *float-zone* silicon (FZ).

die notwendigen Kristallschäden einzuführen. Schulze *et al.* [116] sowie Job *et al.* [117] erzeugten Wasserstoffdonatorenkomplexe in heliumimplantiertem, zonengeschmolzenem Silizium nach einer an die Bestrahlung anschließenden Eindiffusion des Wasserstoffs aus einem Plasma an der Oberfläche ähnlich den Versuchen von Hartung und Weber. Markevich *et al.* [118] erzeugten flache wasserstoffkorrelierte Donatoren in elektronenbestrahltem Silizium, in welches vor der Bestrahlung in einem Hochtemperaturschritt bei 1000 °C Wasserstoff eindiffundiert wurde. Da die von Markevich *et al.* erzeugten Donatoren im Gegensatz zu den ansonsten in diesem Kapitel abgehandelten wasserstoffkorrelierten Donatoren von den Autoren ausschließlich in tiegelgezogenem, nicht aber in zonengeschmolzenem Silizium beobachtet wurden, werden sie nachfolgend in Kapitel 4.5.3 ab Seite 173 gesondert behandelt.

Die notwendige Anwesenheit von sowohl Wasserstoff als auch Kristallschäden zur Erzeugung der Wasserstoffdonatorenkomplexe wird in der publizierten Literatur mehrfach durch Ausschlussexperimente gezeigt. So beobachten Meng, Kang und Bai [119] die Bildung von Wasserstoffdonatorenkomplexen nur in neutronenbestrahltem Silizium, welches unter einer Wasserstoffatmosphäre gezogen wird, nicht jedoch in Silizium, welches unter einer Argonatmosphäre gezogen wird. Tokmoldin *et al.* [120] beobachten ausdrücklich keine Bildung dieser wasserstoffkorrelierten Elektronendotierung in Proben, die mit hochenergetischen Protonen vollständig durchstrahlt wurden, und somit zwar Strahlenschäden jedoch keinen Wasserstoff enthielten. Schließlich berichten Hartung und Weber [113] von einer Bildung von Wasserstoffdonatorenkomplexe in neutronenbestrahltem Silizium, wenn die Proben nachfolgend einem Wasserstoff- oder Deuteriumplasma ausgesetzt wurden. Wurde bei der Plasmabehandlung nach der Neutronenbestrahlung stattdessen ein Heliumplasma benutzt, so beobachteten die Autoren keine zusätzliche Elektronendotierung. Mukashev *et al.* [6], Hartung [121], Tokmoldin *et al.* [120] und Isova *et al.* [122] weisen in verschiedenen Experimenten zudem direkt die Beteiligung von Wasserstoff an den gebildeten Donatorenkomplexen nach. Hierzu zeigen die jeweiligen Autoren signifikante Verschiebungen der den wasserstoffkorrelierten Donatorenkomplexen zugeordneten Ionisationsenergien, beziehungsweise Änderungen der zugehörigen Spektrallinien in Infrarotspektroskopiemessungen, wenn anstelle des Wasserstoffs Deuterium zur Dekoration der Defektkomplexe benutzt wurde.

Bei Implantationsenergien von einigen 10 keV bis 100 keV und Protonendosen von einigen $10^{15}\,p^+cm^{-2}$ können sowohl in tiegelgezogenem als auch in zonengeschmolzenem Silizium Elektronenkonzentrationen von einigen $10^{16}\,cm^{-3}$ erreicht werden [11, 105, 106, 123]. Barakel und Martinuzzi [97] erzeugten durch die Implantation einer Protonendosis von $2 \cdot 10^{16}\,p^+cm^{-2}$ mit Protonenenergien zwischen 20 keV und 250 keV nach einer Temperung zwischen 350 °C und 500 °C eine Donatorenkonzentration von $2\text{–}3 \cdot 10^{17}\,cm^{-3}$. Gorelkinskiĭ, Sigle und Takibaev [107] erreichten Spitzenkonzentrationen von etwa $8 \cdot 10^{18}\,cm^{-3}$ mit einer Implantationsenergie von 6 MeV und einer Protonendosis von $4 \cdot 10^{17}\,cm^{-2}$.

2.3.2 Eigenschaften der Wasserstoffdonatorenkomplexe

Nach dem Stand der Erkenntnis handelt es sich bei den durch Bestrahlung und Temperung erzeugten Wasserstoffdonatorenkomplexen nicht um einen einzigen ausgezeichneten donatorartigen Defektkomplex, sondern vielmehr um eine Gruppe ähnlicher Defekte jeweils mit relativ niedriger Ionisationsenergie. Tabelle 2.1 gibt einen Überblick über bekannte Wasserstoffdonatorenkomplexe in der Literatur.

Hartung, Weber und Genzel [112] sowie Hartung und Weber [113–115] beobachteten in zonengeschmolzenem Silizium nach Neutronenbestrahlung und anschließender Temperung unter einem Wasserstoffplasma mittels photothermischer Ionisationsspektroskopie Donatoren mit bis zu acht verschiedenen Ionisationsenergien. Die Autoren ordnen jede der identifizierten Ionisierungsenergien einem einzelnen wasserstoffkorrelierten Elektronendonator zu. Die gemessenen Ionisationsenergien liegen zwischen 31 meV und 56 meV. Zumindest einige dieser

Tabelle 2.1 – Tempertemperaturbereich T_a und Ionisationsenergien E_i von bekannten Wasserstoffdonatorenkomplexen (Bei Einträgen ohne Angabe der Ionisationsenergie (k. A.) bezieht sich der angegebene Temperaturbereich auf das Intervall mit erhöhter Elektronenleitung. Ursache hierfür mögen ein oder mehrere Donatoren mit unterschiedlicher thermischer Stabilität sein)

T_a (°C)	$E_i^{\dagger}$ (meV)	Herstellung	Substrat	Messung	Referenz
300–700	26 ± 1	p^+	FZ	Hall	[105, 106]
350–550	k. A.	p^+	FZ, Cz	EPR	[107]
300–500	60 ± 5	p^+	FZ, Cz	Hall	[6]
300–500	100 ± 10	p^+	FZ, Cz	Hall	[6]
350–500	k. A.	p^+	FZ	SRP	[2]
250–400	(31,8)	n^0, H-Plasma	FZ	PTIS	[112, 121]
250–400	(33,3)	n^0, H-Plasma	FZ	PTIS	[112, 121]
400–500	34,1	n^0, H-Plasma	FZ	PTIS	[112, 114]
300–400(500)	35,8	n^0, H-Plasma oder p^+	FZ	PTIS	[112–114]
(300)400–500	38,6	n^0, H-Plasma oder p^+	FZ	PTIS	[112–114]
300–500	44,2	n^0, H-Plasma oder p^+	FZ	PTIS	[112, 114, 115]
300–500	52,5	n^0, H-Plasma oder p^+	FZ	PTIS	[112–114]
k. A.	55,3	n^0, H-Plasma	FZ	PTIS	[112]
1000 (RTA)	110,8	Si:H, n^0	FZ	FT-IR	[124]
300–500	k. A.	p^+	Cz	CV	[3]
450	10–20	p^+	FZ	Hall	[125]
450	25	p^+	FZ	FT-IR	[125]
≤ 500	32,6	p^+	FZ	FT-IR	[120]
≤ 500	...	p^+	FZ	FT-IR	[120]
≤ 500	...	p^+	FZ	FT-IR	[120]
≤ 500	38,7	p^+	FZ	FT-IR	[120]

Donatoren können die Autoren ebenfalls in protonenimplantierten und anschließend inert getemperten Proben nachweisen. Mukashev *et al.* [6] beobachteten mittels Halleffektmessungen nach der Implantation verhältnismäßig hoher Protonendosen von über $10^{16}\,p^+cm^{-2}$ mit einer Protonenenergie von 30 MeV durch einen wenige Millimeter dicken Aluminiumabsorber und Temperungen bei bis zu über 500 °C zwei wasserstoffkorrelierte Donatoren mit Energieniveaus bei 60 meV und 100 meV unterhalb der Leitungsbandkante. Abdullin *et al.* [125] berichten in ähnlich präparierten Proben ebenfalls anhand von Halleffektmessungen von einem sehr flachen Donatorniveau zwischen 10 meV und 20 meV unterhalb der Leitungsbandkante. Tokmoldin *et al.* [120] finden nach dieser Präparationsmethode mittels Fouriertransformations-Infrarotspektroskopie ebenfalls mehrere Donatorniveaus in einer Probe, darunter vier Stück mit Ionisationsenergien zwischen 32 meV und 39 meV.

In Tabelle 2.1 sind lediglich solche Wasserstoffdonatoren aufgeführt, die nach Temperungen oberhalb von 300 °C nachgewiesen wurden. Neben diesen, durch einen Temperaturschritt nach der Bestrahlung erzeugten wasserstoffkorrelierten Elektronendonatoren, finden sich auch Berichte verschiedener Autoren von einer Erhöhung der Elektronenleitfähigkeit nach der Protonenimplantation ohne zusätzliche Temperung [5,7,126–128]. Die nachgewiesene Elektronenkonzentration nimmt nach diesen Berichten mit zunehmender Ausheiltemperatur ab und erreicht bei etwa 200 °C bis 250 °C ein Minimum. Mit weiterhin zunehmender Temperatur der Ausheilung zwischen etwa 300 °C und 500 °C steigt die Elektronenkonzentration in den Berichten nach diesem Minimum wieder an. Demnach scheint eine Familie der wasserstoffkorrelierten Donatoren bereits ohne Temperung aufzutreten, welche jedoch eine vergleichsweise geringe thermische Stabilität aufweist und bei an die Implantation anschließenden Temperungen rasch verschwindet. Aus der berichteten Zunahme der nach Temperungen bei Temperaturen oberhalb von etwa 300 °C beobachteten Donatoren lässt sich nicht auf das zu deren Bildung notwendige thermische Budget schließen. Aus den hierzu vorliegenden Messungen geht nicht eindeutig hervor, ob die gemessene Zunahme der Elektronenkonzentration auf die Bildung dieser Donatoren oder auf ein Ausheilen kompensierender Strahlendefekte zurückzuführen ist.

Die wasserstoffkorrelierten Donatoren treten nur nach Temperungen in einem begrenzten Temperaturbereich bis maximal 500–600 °C auf. Innerhalb dieses Temperaturbereiches hängt die durch die Wasserstoffdonatoren bestimmte Elektronenleitfähigkeit stark von den Temperungsparametern ab. Dabei spielt das Auftreten und Ausheilen von unterschiedlichen Wasserstoffdonatorenkomplexen zu verschiedenen Temperaturen eine maßgebliche Rolle. Hartung und Weber [114] berichten von einer Änderung der relativen Konzentrationen einiger der von ihnen beobachteten Donatoren mit der Ausheiltemperatur. So lieferte ein Donator mit einer Ionisationsenergie von 35,8 meV nach einer Temperung bei 300 °C den größten Beitrag zum gemessenen photothermischem Ionisationsspektrum, während der nach Temperungen bei 500 °C am stärksten ausgeprägte Donator eine Ionisationsenergie von 38,6 meV hatte. Die zwei von Mukashev *et al.* [6] gefundenen Donatorenniveaus weisen ebenfalls ein voneinander abweichendes Ausheilverhalten auf. Pokotilo *et al.* [11] berichten von zwei Donatoren, von denen einer bei Temperungen zwischen 350 °C und 475 °C keine Änderung der Konzentration aufwiest, während die Konzentration des zweiten Donators bei Temperungen oberhalb von 350 °C abnahm und bei 475 °C bereits unterhalb der Nachweisgrenze lag. Neben der Abhängigkeit der relativen Konzentrationen der in einer Probe beobachteten Donatorenkonzentrationen von der Ausheiltemperatur berichten Mukashev *et al.* [6] und Pokotilo *et al.* [11] von einer Abhängigkeit der relativen Konzentrationen von der implantierten Protonendosis.

Komarnitskyy und Hazdra [7] beobachten das Maximum der Elektronenkonzentration im Ausheiltemperaturbereich zwischen 300 °C und 500 °C bei etwa 350 °C. Nach Temperungen mit höheren Temperaturen nimmt die Elektronenkonzentration nach den Messungen der Autoren stetig ab. Von einem ähnlichen Verlauf der temperungsabhängigen Ladungsträgerkonzentration berichten Pokotilo, Petukh und Litvinov [5]. Gorelkinskiĭ, Sigle und Takibaev [107] berichten hingegen von einer ab Temperungen bei 350 °C, bis 475 °C stetig zunehmenden Konzentration der Leitungselektronen. Oberhalb von etwa 550 °C zerfallen die Wasserstoffdonatorenkomplexe irreversibel und die bestrahlten Proben weisen wieder ihre ursprüngliche Leitfähigkeit auf. Auch durch Nachtemperungen bei niedrigeren Temperaturen kann die erhöhte Elektronenleitung nicht wiederhergestellt werden.

Hartung und Weber [113, 114] identifizieren in Proben aus zonengeschmolzenem Silizium, nach Protonenimplantationen mit einer Energie von 2–3 MeV und einer Dosis von $10^{15}\,p^{+}cm^{-2}$ mittels photothermischer Ionisationsspektroskopie vier eng beieinander liegende Donatorenniveaus im Spektralbereich zwischen $235\,cm^{-1}$ und $410\,cm^{-1}$, die sich jeweils gut mit der Effektive-Masse-Theorie beschreiben lassen. In neutronenbestrahlten und anschließend mit einem Wasserstoffplasma behandelten Proben treten im Ionisationsspektrum zu den vorgenannten Donatordefekten vier weitere im Spektralbereich zwischen $205\,cm^{-1}$ und $260\,cm^{-1}$ sowie einer zwischen $390\,cm^{-1}$ und $440\,cm^{-1}$ auf. Dabei kann Hartung [121] bei keinem der von ihm und Weber beobachteten Donatoren reversible thermische Umwandlungen, wie dies zuvor von Gorelkinskiĭ und Nevinnyi [129, 130] berichtet wurde (siehe nachfolgend), feststellen. Der von Hartung im Spektralbereich zwischen $390\,cm^{-1}$ und $440\,cm^{-1}$ beobachtete wasserstoffkorrelierte Donator mit einer Ionisationsenergie von 55,3 meV verhält sich insofern atypisch, als dass er nur unter zusätzlicher Beleuchtung mit Photonenenergien oberhalb des Siliziumbandabstandes von 1,12 eV im photothermischem Ionisationsspektrum auftritt [112]. Dabei ist das Auftreten dieses Donators bei den Messungen ausschließlich davon abhängig, ob die Probe zur Zeit der Messung zusätzlich beleuchtet wird. Da eine Beleuchtung der Probe während des Abkühlvorganges keinen Einfluss auf die Messung bei tiefen Temperaturen bei 10–20 K zeigte, wird dies von Hartung nicht als Anzeichen einer Metastabilität des Defektes gedeutet. Als eine mögliche Erklärung für diese Beobachtung schlägt Hartung vor, dass es sich bei dem Donator um einen Defekt mit einem relativ weit unterhalb der Bandkante liegenden Grundzustandsniveau handele, der einen angeregten Zustand mit der gemessenen, vermeintlichen Ionisationsnergie von 55,3 meV unterhalb der Leitungsbandunterkante aufweise [121]. Die anderen von Hartung sowie Hartung und Weber beobachteten wasserstoffkorrelierten Donatorenniveaus zeigen keine Beeinflussung durch eine zusätzliche Beleuchtung.

Tokmoldin *et al.* [120] berichten nach einer Protonenimplantation mit einer Energie von 30 MeV und einer Dosis von etwa $10^{17}\,\mathrm{p^+cm^{-2}}$ durch einen Aluminiumabsorber nach anschließenden Temperungen bei 450 °C für 20 min bis 30 min ebenfalls von vier Donatoren, die der Effektive-Masse-Theorie entsprechen. Die Autoren beobachten die Donatoren mittels Fouriertransformations-Infrarotspektroskopie im Spektralbereich zwischen $170\,\mathrm{cm^{-1}}$ und $260\,\mathrm{cm^{-1}}$. Die Spektrallinien dieser Donatoren unterscheiden sich dabei von den von Hartung und Weber beobachteten. Wie bei Hartung und Weber zeigen diese Linien keine Abhängigkeit von thermischen Nachbehandlungen bei Temperaturen unterhalb von 300 °C. Weiterhin treten zwischen $249\,\mathrm{cm^{-1}}$ und $444\,\mathrm{cm^{-1}}$ vier weitere Linien sowie ein breiter Untergrund bis etwa $1800\,\mathrm{cm^{-1}}$ auf [125], welche sich nicht mit der Effektive-Masse-Theorie beschreiben lassen [120]. Diese Linien werden von den Autoren weiteren flachen wasserstoffkorrelierten Donatorenkomplexen zugeordnet. Abdullin *et al.* [125] berichten von einer reversiblen Änderung der Intensitäten dieser Linien durch thermische Nachbehandlungen zwischen 90 °C und 300 °C. Die Autoren korrelieren diese Intensitätsänderungen mit der Konzentration der Leitungselektronen, die sich in mit vorgenannten Implantationsparametern implantierten Proben nach Halleffektmessungen ebenfalls durch eine Zweittemperung reversibel einstellen lässt [120]. Dabei ist die Hall-Konzentration der Leitungselektronen nach Nachtemperungen im Bereich zwischen 90 °C und 300 °C, nach denen die Proben auf Raumtemperatur abgeschreckt wurden, eine lineare Funktion dieser Temperatur [125, 131]. Um die beobachtete lineare Temperaturabhängigkeit der Leitungselektronen zu erklären, schlagen Abdullin *et al.* [131] vor, dass es sich bei dem von ihnen erzeugten wasserstoffkorrelierten Donator um einen Defektcluster handele, der sich zwischen einem Zustand mit einem flach unter der Leitungsbandkante liegenden Donatorniveau und einem Zustand mit einem deutlich tiefer liegenden elektrischen Niveau transformieren lasse. Dabei sei der effektive Donatorzustand metastabil. Nach Halleffektmessungen wird dem flachen Donatorniveau dieses vermeintlichen Defektclusters eine Ionisationsenergie zwischen 10 meV und 20 meV zugeordnet [125].

In Proben, die ebenfalls mit Protonen mit einer Energie von 30 MeV und Dosen um $10^{17}\,\mathrm{p^+cm^{-2}}$ durch einen 4,25 mm dicken Aluminiumabsorber implantiert wurden, aber entweder bei niedrigeren Temperaturen von 400 °C für 15 min bis 30 min oder bei 450 °C für kürzere Zeiten von 15 min bis 20 min getempert wurden, berichten selbige Autoren von der Bildung eines anderen wasserstoffkorrelierten Donatorkomplexes. In Elektronenspinresonanzmessungen zeigt das diesem Donatorkomplex zugeordnete Spektrum eine starke Ähnlichkeit mit jenem eines zweifach ionisierbaren sauerstoffkorrelierten thermischen Donators, welcher in sauerstoffhaltigem Silizium durch thermische Behandlungen gebildet werden kann [132] (siehe hierzu auch Kapitel 4.5.3). Von den Autoren wird hiernach vermutet, dass sich ein ebenfalls zweifach ionisierbarer wasserstoffkorrelierter Donatorkomplex bilde [132], dessen Kern aus einer Kette von Eigenzwischengitteratomen bestehe [133, 134]. Der Beitrag dieses Donators zur Konzentration der verfügbaren Leitungselektronen lässt sich ebenfalls reversibel durch thermische Nachbehandlungen im Temperaturbereich zwischen 90 °C und 300 °C einstellen. Von dieser reversibelen Einstellbarkeit der Konzentration freier Ladungsträger in protonenimplantiertem Silizium durch Temperungen bei niedrigen Temperaturen wurde erstmals 1983 durch Gorelkinskiĭ und Nevinnyi [129, 130] berichtet.

Letztlich berichten auch Pokotilo *et al.* [11] von der Bildung bistabiler wasserstoffkorrelierter Donatorenkomplexe in epitaktisch aufgewachsenem Silizium nach der Implantation von Protonen mit einer Energie von 300 keV und Dosen von $1 \cdot 10^{13}\,\mathrm{p^+cm^{-2}}$ bis $6 \cdot 10^{15}\,\mathrm{p^+cm^{-2}}$ nach Temperungen um 350 °C für 20 min. Mittels Kapazitäts-Spannungsmessungen ermittelten die Autoren eine Ladungsträgerkonzentration, welche sich vergleichbar dem zuvor besprochenen Fall durch eine Zweittemperung reversibel einstellen ließ. Dabei berichten Pokotilo *et al.* von zwei simultan gebildeten Donatorenspezies, von denen eine monostabil sei, während der Beitrag der zweiten Spezies zu den verfügbaren Ladungsträgern variabel einstellbar sei. Nach der Implantation einer Protonendosis von $1 \cdot 10^{13}\,\mathrm{p^+cm^{-2}}$ werde hiernach vorwiegend die erste der beiden Spezies gebildet. Die Konzentration der monostabilen Spezies nimmt mit der Protonendosis jedoch deutlich schwächer zu, als jene der bistabilen Spezies. Nach der Implantation einer höheren Protonendosis von $1 \cdot 10^{15}\,\mathrm{p^+cm^{-2}}$ waren die Konzentrationen der beiden Spezies den Autoren zufolge etwa gleich groß. Wie bereits vorangehend auf Seite 33 beschrieben, weisen die beiden von Pokotilo *et al.* [11] beobachteten Donatorenspezies neben ihrer unterschiedlichen Dosisabhängigkeiten auch unterschiedliche thermische Stabilitäten auf. So nimmt die Konzentration des bistabilen Donators mit zunehmender Temperatur der Ersttemperung gegen 475 °C vollständig ab, während die Konzentration des monostabilen Donators nahezu unverändert bleibt.

2.4 Implantationsphysik

Die Wechselwirkung von bewegten Teilchen mit Materie wurde vor nunmehr über einem Jahrhundert zum Gegenstand wissenschaftlichen Interesses. Dabei war das aus dem Jahre 1911 stammende Rutherfordsche Atommodell eine notwendige Voraussetzung für eine sinnvolle Beschreibung des Energieübertrags von einem bewegten Teilchen auf die abbremsende Materie. Bohr leitet in frühen Untersuchungen, noch die klassische Physik verwendend, bereits einige wesentliche Erkenntnisse her [135, 136]. In seinen Arbeiten zeigt Bohr, dass die Abbremsung, die ein Ion in einem Material erfährt, sich aus einer Wechselwirkung des Ions mit den Elektronen und einer Kern-Kern-Wechselwirkung mit den Atomrümpfen des abbremsenden Mediums zusammensetzt. Ein Energieübertrag an die Elektronen des abbremsenden Mediums, die sogenannte elektronische Abbremsung, bewirkt entweder eine Anregung oder eine Ionisation der Atome des abbremsenden Mediums entlang der Flugbahn des eindringenden Ions. Für die Entstehung von zumindest über den Zeitraum der Bestrahlung hinaus andauernden Veränderungen des bestrahlten Materials sind dabei in leitenden oder halbleitenden Materialien lediglich Kern-Kern-Wechselwirkungen relevant. Bei einem Energieübertrag mittles Kern-Kern-Wechselwirkungen, der sogenannten nuklearen Abbremsung, können wiederum elastische und inelastische Prozesse stattfinden. Abbildung 2.1 zeigt die Abbremsung von Protonen in Silizium über die Protonenenergie. Dabei sind jeweils die Anteile der Wechselwirkung mit den Elektronen und den Kernen des Siliziums an der Abbremsung der Protonen gezeigt. Die elektronische Abbremsung ist dabei zu allen Zeiten der dominierende Mechanismus.

Zunächst wird im Folgenden die Abbremsung eines bewegten Teilchens durch Wechselwirkung mit den Elektronen des bestrahlten Materials besprochen. Im Anschluß wird die Abbremsung durch Energieübertrag an die Gitteratome diskutiert, welche für die Entstehung des Schadensprofils ursächlich ist. Erst bei der inelastischen Kern-Kern-Wechselwirkung, bei der zuvor eine Coulombbarriere von typischer-

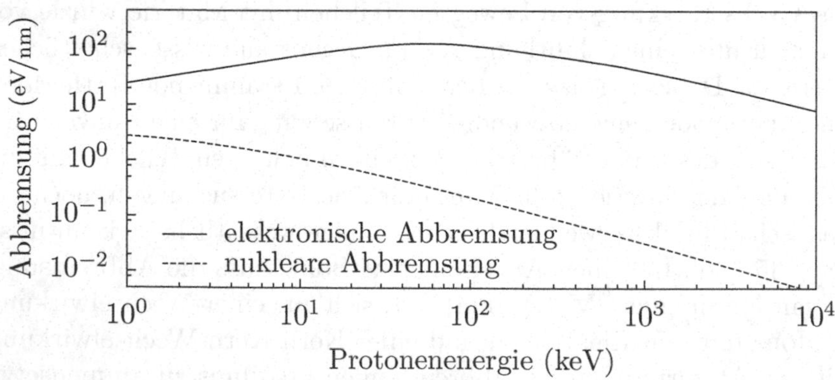

Abbildung 2.1 – Mittlere Beiträge der elektronischen und nuklearen Abbremsung an der Verzögerung von Protonen in Silizium [137]

weise einigen Megaelektronenvolt überschritten werden muss, wirken Kernkräfte auf die Stoßpartner. Bei allen Wechselwirkungen bei niedrigeren Energien, wie sie in der vorliegenden Arbeit als ausschließlich stattfindend angenommen werden, findet die Wechselwirkung allein über das Coulombpotential der Stoßpartner statt.

2.4.1 Elektronische Abbremsung

Die Energieabgabe der eindringenden Ionen an die Elektronen des bestrahlten Materials wird als elektronische Abbremsung bezeichnet. Für Ionen geringer Ordnungszahl oder hoher Energien ist dies der vorwiegende Mechanismus der Energieabgabe [135]. Durch die große Reichweite der zugrunde liegenden Coulombwechselwirkung und der hohen Volumenkonzentration der Elektronen im bestrahlten Silizium, ist zu jeder Zeit eine große Anzahl von Elektronen an der Abbremsung beteiligt. Die elektronische Abbremsung mag daher in guter Näherung als kontinuierlicher Vorgang verstanden werden.

Bei einer Wechselwirkung zwischen einem bewegten Ion und einem Elektron des abbremsenden Mediums können verschiedene Szenarien auftreten [138]:

- Findet eine Wechselwirkung zwischen dem Ion und einem ungebundenen Elektron statt, so kann Energie in einem elastischen Stoß übertragen werden.[11] Dabei wird kinetische Energie auf das Elektron übertragen. Obgleich die Impulserhaltung gewahrt bleibt, ist aufgrund der hohen Massendifferenz zwischen Ion und Elektron eine Streuung des Ions zu vernachlässigen.
- Desweiteren kann eine elektronische Anregung eines Atoms des bestrahlten Mediums erfolgen.[12] Da diese Art der Wechselwirkung

[11] Die so erzeugten Rückstoßelektronen vermögen bei ihrer eigenen Abbremsung im bestrahlten Medium Bremsstrahlung zu erzeugen.

[12] Die Anregungsenergie wird bei Wiederbesetzung des frei gewordenen Niveaus eines Hüllenelektrons als Photon abgegeben. Hierbei entsteht das charakteristische Röntgenspektrum des bestrahlten Mediums.

nicht mit dem positiven Rumpf des angeregten Atoms, sondern mit einem dessen Hüllenelektronen stattfindet, ist dieser Mechanismus der elektronischen Abbremsung zugeordnet.

- Ist die übertragene Energie bei der Anregung eines Atoms des bestrahlten Mediums größer als dessen Ionisationsenergie, so führt dies zu dessen Ionisation. Im Falle eines Halbleiters als bestrahltes Medium entspricht dies der Bildung von Elektron-Loch-Paaren.
- Einem beim Eintreten in das abbremsende Medium nicht vollständig ionisierten hochenergetischen Ion können weitere Hüllenelektronen unter Aufwendung dessen kinetischer Energie entnommen werden. Die hochgradige Ionisierung eines bewegten Ions in Materie findet, eine ausreichende Geschwindigkeit vorausgesetzt, innerhalb weniger Atomlagen statt. Bei Verlangsamung des Ions fängt dies Elektronen aus dem umgebenden Medium wieder ein.

Für Energien oberhalb etwa $1\,\mathrm{MeV\,u^{-1}}$ wird die elektronische Abbremsung gut durch die Bethe-Formel [139–141] beschrieben [142]. Wonach für den nicht-relativistischen Fall

$$-\frac{\mathrm{d}E}{\mathrm{d}x} \propto \frac{1}{E}\ln(E) \tag{2.1}$$

gilt.[13] Bei geringeren Geschwindigkeiten kommt es mit zunehmender Ordnungszahl der Ionen zum Wiedereinfang von Elektronen. Durch die teilweise Abschirmung des Coulombfeldes des Ions durch die umgebenden Elektronen fällt die tatsächliche Abbremsung unter den durch die Bethe-Formel vorhergesagten Wert ab [143].

Für Ionen mit Geschwindigkeiten, die

$$v_{\mathrm{Ion}} \leq Z_{\mathrm{Ion}}^{2/3} v_{\mathrm{Bohr}} \approx Z_{\mathrm{Ion}}^{2/3}\, 2 \cdot 10^{6}\,\mathrm{m\,s^{-1}} \tag{2.2}$$

[13] Bei den höchsten in der vorliegenden Arbeit eingesetzten Energien (7,6 MeV) erreichen die Protonen etwa 0,13 c.

genügen[14] , wobei v_{Ion} und Z_{Ion} die Geschwindigkeit beziehungsweise die Ordnungszahl des Ions und v_{Bohr} die Bohr-Geschwindigkeit $e^2/4\pi\epsilon_0\hbar$ sind, stimmt die elektronische Abbremsung schließlich gut mit der Beschreibung nach Lindhard, Scharff und Schiøtt [144,145] überein, nach der vereinfacht gilt:

$$-\frac{\mathrm{d}E}{\mathrm{d}x} \propto E^{1/2}. \tag{2.3}$$

Die elektronische Abbremsung eines Ions nach den vereinfacht angegebenen Gleichung (2.1) beziehungsweise (2.3) ist neben der Energie des Ions abhängig von den Ordnungszahlen des bewegten Ions und der durchdrungenen Materie. Somit ergeben sich für jede Kombination aus Ionen und bestrahlter Materie andere Absolutwerte der Abbremsung.

2.4.2 Nukleare Abbremsung

Wie bei der elektronischen Abbremsung findet bei der elastischen, nuklearen Abbremsung die Wechselwirkung ausschließlich über Coulombkräfte zwischen den beteiligten Kernen statt. Bei einer Kern-Kern-Wechselwirkung zwischen einem bewegten Ion und einem gestoßenen Kern des bestrahlten Mediums überträgt das Ion einen Teil seiner kinetischen Energie auf seinen Wechselwirkungspartner, wodurch es eine Abbremsung erfährt. Da die Wechselwirkung über das Coulombfeld der beiden positiven Kerne stattfindet, wird sie umso stärker sein, je näher sich die beiden Kerne auf ihrer Trajektorie im fortan verwendeten Schwerpunktsystem kommen. Der kleinste Abstand zwischen den Stoßpartnern auf ihrer ungestörten Flugbahn, in einem angenommenen Fall ohne Wechselwirkung, sei der Stoßparameter d_s. Sei ferner $\Delta E\left(d_s\right)$ die, in Abhängigkeit des Stoßparameters, zwischen dem Ion und seinem Stoßpartner übertragene Energie und

$$N_{\mathrm{St}}\, 2\pi d_s \cdot \mathrm{d}x\, \mathrm{d}d_s \tag{2.4}$$

[14] Für ein Proton entspricht diese Grenzgeschwindigkeit in etwa einer kinetischen Energie von 20 keV.

die Anzahl an Streuzentren in einem Ring mit dem Innendurchmesser d_s, dem Aussendurchmesser $d_s + \mathrm{d}d_s$ und der Tiefe $\mathrm{d}x$, wobei N_{St} die Dichte der Streuzentren im bestrahlten Medium ist. Ein eintreffendes Teilchen verliert dann in dieser Schicht $\mathrm{d}x$ die Energie

$$-\,\mathrm{d}E = N_{\mathrm{St}}\mathrm{d}x \int_0^\infty \Delta E\,(d_s)\, 2\pi d_s\, \mathrm{d}d_s. \tag{2.5}$$

Folglich ergibt sich für die nukleare Abbremsung eines Teilchens

$$-\,\frac{\mathrm{d}E}{\mathrm{d}x} = N_{\mathrm{St}} \int_0^\infty \Delta E\,(d_s)\, 2\pi d_s\, \mathrm{d}d_s. \tag{2.6}$$

Die elastische Streuung der eingestrahlten Ionen an den Atomrümpfen des bestrahlten Mediums lässt sich zunächst nach dem klassischen Zweikörperstoß behandeln, wobei die Impuls- und Energieerhaltungssätze gelten. Die tatsächlich hyperbelförmige Flugbahn weicht, aufgrund der Langreichweitigkeit der Coulombwechselwirkung von der Flugbahn im klassischen elastischen Stoßfall ab. Nach Beendigung des Stoßprozesses sind die beiden Betrachtungsweisen jedoch für die Betrachtung des Energieübertrags in Abhängigkeit des Streuwinkels äquivalent.

Für den Energieübertrag zwischen bewegtem Ion und einem Atom des bestrahlten Materials gilt im Schwerpunktsystem des Zweikörper-Problems:

$$\Delta E = \frac{4M}{m_{\mathrm{Ion}} + m_{\mathrm{T}}} E_{\mathrm{Ion}} \sin^2\left(\frac{\vartheta}{2}\right). \tag{2.7}$$

Darin ist $m_{\mathrm{Ion,T}}$ die Masse des bewegten Ions beziehungsweise des gestoßenen Kerns, ϑ der Streuwinkel und M die reduzierte Masse, mit

$$M = \frac{m_{\mathrm{Ion}} m_{\mathrm{T}}}{m_{\mathrm{Ion}} + m_{\mathrm{T}}}. \tag{2.8}$$

In der Regel wird bei einer elastischen Kern-Kern-Wechselwirkung zwischen dem bewegten Ion und dem gestoßenen Atom eine Streuung stattfinden, bei der eine Impulskomponente orthogonal zur ursprünglichen Bewegungsrichtung des Ions übertragen wird. Maximal ist die übertragene Energie jedoch beim zentralen Stoß, wobei für den Fall von Protonen in Silizium etwa 13 % und für Heliumionen in Silizium entsprechend 44 % der kinetischen Energie des Ions auf das gestoßene Siliziumatom übertragen werden.

Für den Streuwinkel in Abhängigkeit des Stoßparameters d_s in einem beliebigen abstandsabhängigen Potentialfeld $\Phi(r)$ findet sich[15]

$$\vartheta(d_s) = \pi - 2\int_{r_{\min}}^{\infty} \frac{d_s}{r^2\sqrt{1 - \frac{\Phi(r)}{E_{\mathrm{Sp}}} - \frac{d_s^2}{r^2}}}\,\mathrm{d}r, \tag{2.9}$$

mit der Integrationsgrenze $r_{\min}$, welche die kleinste Entfernung der beiden Stoßpartner auf ihrer tatsächlichen Trajektorie ist, und

$$E_{\mathrm{Sp}} = E_{\mathrm{Ion},0}\frac{m_{\mathrm{T}}}{m_{\mathrm{Ion}} + m_{\mathrm{T}}}, \tag{2.10}$$

wobei $E_{\mathrm{Ion},0}$ die kinetische Energie des Ions vor Eintritt in das Potentialfeld des Stoßpartners ist.

Die Stoßpartner erfahren über das beiderseitige Coulombpotential ihrer postitiven Atomrümpfe eine abstoßende Wechselwirkung. Für kleine Abstände, bei denen das bewegte Ion die Elektronenhülle des gestoßenen Atoms vollständig penetriert hat, kann die Wechselwirkung als einfaches Zweikörperproblem zweier Punktladungen behandelt werden. Die Potentialfunktion $\Phi(r)$ in Gleichung (2.9) ist in dem Fall durch das Coulombpotential, mit

$$\Phi_{\mathrm{Coulomb}}(r) = \frac{1}{4\pi\epsilon_0}\frac{q_{\mathrm{Ion}}q_{\mathrm{T}}}{r}, \tag{2.11}$$

zu ersetzen, wobei $q_{\mathrm{Ion,T}}$ die Kernladung des bewegten Ions beziehungsweise des gestoßenen Atoms ist.

[15] Für eine eingängige Herleitung sei der geneigte Leser beispielsweise auf Referenz [146] verwiesen.

Für größere Abstände wird die zunehmende Abschirmung der positiven Ladung der Kerne durch die negativen Ladungen der umliegenden Elektronen des bestrahlten Mediums sowie, im Falle einer nichtvollständigen Ionisation des Ions, auch des bewegten Teilchens relevant. Durch die Abschirmung fällt das effektive Wechselwirkungsfeld rascher ab, als das ungestörte Coulombfeld in Gleichung (2.11). Zur Berücksichtung dieser Abschirmung wird das Wechselwirkungspotential um eine Abschirmfunktion $\Gamma(r)$ erweitert:

$$\Phi(r) \to \Phi(r)\,\Gamma(r)\,, \tag{2.12}$$

mit

$$\Gamma(r) = \begin{cases} 0 & \text{für} \quad r = \infty \\ 0\ldots 1 & \text{für} \quad \infty > r > 0 \\ 1 & \text{für} \quad r = 0 \end{cases}\,. \tag{2.13}$$

Eine einfache Abschirmfunktion ist von Bohr [147] mit

$$\Gamma(r) = \mathrm{e}^{-\frac{r}{a}} \tag{2.14}$$

angegeben, wobei a der Abschirmradius ist.

Das nach Bohr gewonnene, abgeschirmte Potential $\Phi(r)$ fällt allerdings deutlich zu rasch mit zunehmender Entfernung r der Kerne ab. Weitere Abschirmfunktionen mit zunehmend besserer Übereinstimmung für größere Entfernungen wurden von Thomas und Fermi [148], erweitert von Sommerfeld [149], von Lenz [150] und Jensen [151] sowie von Molière [152] entwickelt.

Von Wilson, Haggmark und Biersack [153], erweitert von Biersack und Ziegler [154], schließlich stammt eine angenäherte Abschirmfunktion der Form

$$\Gamma(r) = \sum_{n=1}^{4} k_n \mathrm{e}^{-b_n \frac{r}{a}}, \tag{2.15}$$

wobei k_n und b_n die angenäherten Parameter sind und

$$\sum_{n=1}^{4} k_n = 1 \tag{2.16}$$

gilt. Für den angenäherten Abschirmradius a in Gleichung (2.15) gilt [153]:

$$a = \frac{0{,}8851 a_{\mathrm{Bohr}}}{Z_{\mathrm{Ion}}^{0{,}23} + Z_{\mathrm{T}}^{0{,}23}}, \tag{2.17}$$

wobei $Z_{\mathrm{Ion,T}}$ die Ordnungszahl des bewegten Ions beziehungsweise des gestoßenen Kerns und a_{Bohr} der Bohrradius $\hbar/m_e v_{\mathrm{Bohr}}$ ist. Die Abschrimfunktion (2.15) zeigt eine hohe Übereinstimmung mit dem Experiment für verschiedenste Kombinationen aus Ion und bestrahltem Material [155].

2.4.3 Protoneneinfang

Bei einem zentralen Stoß erreichen die beiden Stoßpartner im gegenseitigen Coulombfeld einen Mindestabstand von

$$r_{\mathrm{min}} = \frac{q_{\mathrm{Ion}} q_{\mathrm{T}}}{4\pi\epsilon_0} E_{\mathrm{Ion}}^{-1}. \tag{2.18}$$

Wird bei solch einer Annäherung der Fusionsradius von etwa 10 fm unterschritten, ab dem die attraktive starke Wechselwirkung über die Coulombabstoßung überwiegt, kann ein Fusionsprozess der beiden Kerne initiiert werden. Die notwendige Energie zur Überschreitung dieser Coulombbarriere lässt sich mit

$$E_{\mathrm{Barr}} \approx 0{,}15\,\mathrm{MeV} \cdot Z_{\mathrm{Ion}} Z_{\mathrm{T}} \tag{2.19}$$

abschätzen [156]. Die Coulombbarriere für einen Protoneneinfang durch Silizium liegt hiernach bei etwa 2 MeV. Für einen Protoneneinfang durch Sauerstoff, etwa in einer Siliziumoxidschicht, beträgt die Coulombbarriere entsprechend 1,2 MeV. Gleichung (2.19) gibt allerdings keine untere Grenzenergie für einen Einfangprozess an, da auch bei größerer Entfernung der beiden Kerne die Coulombbarriere durch einen quantenmachanischen Tunnelprozess überwunden werden kann. Einfangreaktionen während hochenergetischer Heliumimplantationen, wie sie in Kapitel 4.4.3 genutzt werden, sind ebenfalls möglich, hierbei steigt jedoch die Coulombbarriere gemäß Gleichung (2.19) an.

Findet ein Protoneneinfang in protonenbestrahltem Silizium mit natürlicher Isotopenzusammensetzung (92 % $^{28}_{14}$Si, 5 % $^{29}_{14}$Si, 2 % $^{30}_{14}$Si) statt, treten folgende Reaktionen auf:[16]

$$\begin{aligned} {}^{28}_{14}\mathrm{Si} + {}^{1}_{1}\mathrm{H} \longrightarrow {}^{29}_{15}\mathrm{P} + \gamma \\ {}^{29}_{15}\mathrm{P} + \mathrm{e}^- \xrightarrow{4{,}142\,\mathrm{s}} {}^{29}_{14}\mathrm{Si} + \gamma \end{aligned} \tag{2.20}$$

$$\begin{aligned} {}^{29}_{14}\mathrm{Si} + {}^{1}_{1}\mathrm{H} \longrightarrow {}^{30}_{15}\mathrm{P} + \gamma \\ {}^{30}_{15}\mathrm{P} + \mathrm{e}^- \xrightarrow{149{,}9\,\mathrm{s}} {}^{30}_{14}\mathrm{Si} + \gamma \end{aligned} \tag{2.21}$$

$${}^{30}_{14}\mathrm{Si} + {}^{1}_{1}\mathrm{H} \longrightarrow {}^{31}_{15}\mathrm{P} + \gamma. \tag{2.22}$$

In einer sauerstoffhaltigen Silicatschicht kann zudem folgender Protoneneinfang relevant sein:

$$\begin{aligned} {}^{16}_{8}\mathrm{O} + {}^{1}_{1}\mathrm{H} \longrightarrow {}^{17}_{9}\mathrm{F} + \gamma \\ {}^{17}_{9}\mathrm{F} + \mathrm{e}^- \xrightarrow{64{,}49\,\mathrm{s}} {}^{17}_{8}\mathrm{O} + \gamma. \end{aligned} \tag{2.23}$$

Vornehmlich bei dem während der Kernreaktion (2.20) gebildeten, instabilen Isotop $^{29}_{15}$P tritt während des nachfolgenden Zerfallsprozesses Gammastrahlung mit Energien oberhalb einem Megaelektronenvolt auf.

Für alle inelastischen Kernreaktionen gilt, wie für die zuvor besprochene elastische Streuung, ein vergleichsweise niedriger Wechselwirkungsquerschnitt relativ zu der elektronischen Abbremsung. Durch die effektive elektronische Abbremsung fällt die Energie der bewegten Ionen rasch unter die kritische Schwelle für Fusionsprozesse. Die Wahrscheinlichkeit zur Bildung von stabilem $^{31}_{15}$P nach der Protoneneinfangreaktion (2.22) und einer damit einhergehenden Elektronendotierung kann bei den in der vorliegenden Arbeit verwandten Implantationsparametern als insignifikant vernachlässigt werden. Bei

[16] Werden instabile Isotope gebildet, so ist jeweils die Halbwertszeit des Isotops in der Reaktionsgleichung des Zerfallsprozesses angegeben.

hinreichend hohen Protonenstrahlströmen muss jedoch eine mögliche Anreicherung der instabilen Isotope ${}^{29}_{15}\mathrm{P}$ und ${}^{30}_{15}\mathrm{P}$ in der bestrahlten Probe in Betracht gezogen werden.

2.4.4 Reichweite

Nach dem Eindringen der Ionen in das bestrahlte Medium erfahren diese eine Verzögerung durch die oben diskutierten Abbremsmechanismen. Werden inelastische Kern-Kern-Wechselwirkungen wegen ihrer geringen relativen Wahrscheinlichkeit vernachlässigt, ergibt sich die Gesamtverzögerung S_Σ eines Ions aus der Summe der elektronischen Abbremsung nach Gleichungen (2.1) beziehungsweise (2.3) und der nuklearen Abbremsung nach Gleichung (2.6) zu

$$S_\Sigma\left(E_\mathrm{Ion}, Z_\mathrm{Ion}, Z_\mathrm{T}, N_\mathrm{St}\right) = \sum \frac{\mathrm{d}E}{\mathrm{d}x} = \left.\frac{\mathrm{d}E}{\mathrm{d}x}\right|_\mathrm{el} + \left.\frac{\mathrm{d}E}{\mathrm{d}x}\right|_\mathrm{at}. \tag{2.24}$$

Die Reichweite R eines bewegten Ions mit der Eintrittsenergie E_0 in einem abbremsenden Medium ergibt sich somit zu

$$R\left(E_0\right) = \int_{E_0}^{0} \frac{1}{S_\Sigma\left(E_\mathrm{Ion}\right)}\,\mathrm{d}E_\mathrm{Ion}. \tag{2.25}$$

Von praktischem Interesse ist jedoch meist nicht die Reichweite des Teilchens, welche der gesamten Länge seiner Trajektorie im bestrahlten Medium entspricht, sondern die Projektion R_p dieser Trajektorie auf die Normale der durchstrahlten Oberfläche. Durch die Streuung, die ein Teilchen während seiner Abbremsung durch elastische Kernstöße erfährt, weichen diese beiden Größen mitunter stark von einander ab.

Während die elektronische Abbremsung bei hohen Energien in guter Näherung als kontinuierlicher Prozess verstanden werden kann, führt die große Bedeutung einzelner Kernstöße auf Streuwinkel und

Energieabgabe zu einer starken Streuung der Reichweite und der projizierten Reichweite einzelner Ionen untereinander. Die statistische Neutralisation der Ionen bei niedrigeren Energien führt zu einer weiteren Schwankung der projizierten Reichweiten. Die sich ergebene Aufweitung der Verteilung der projizierten Reichweiten wird durch ihre Standardabweichung ΔR_p beschrieben.

Ohne Einschränkungen sind die bisherigen Überlegungen in diesem Kapitel nur gültig für die Bestrahlung von amorphen Festkörpern. In kristallinem Material, wie dem in der vorliegenden Arbeit verwendeten einkristallinem Silizium, kann die Reichweiteverteilung der Ionen unter Umständen deutlich von der zuvor abgeleiteten abweichen. In periodischen Gittern treten entlang ausgewiesener Richtungen Kristallkanäle auf, innerhalb derer keine Gitteratome liegen. Dringt ein Ion unterhalb eines kritischen Winkels ψ_c in einen derartigen Kristallkanal ein, so wird es durch die positiven Atomrümpfe der Gitteratome entlang des Kanals in selbigem gehalten.[17] Für den kritischen Winkel gilt nach Lindhard [157]:

$$\psi_c \approx \begin{cases} \sqrt{\frac{2q_{\text{Ion}}q_{\text{T}}}{4\pi\epsilon_0 d\, E_{\text{Ion}}}} & \text{für} \quad E_{\text{Ion}} > 2\frac{q_{\text{Ion}}q_{\text{T}}}{4\pi\epsilon_0}\frac{d}{a^2} \\ \sqrt{\frac{a}{d}\sqrt{\frac{3}{2}}\sqrt{\frac{2q_{\text{Ion}}q_{\text{T}}}{4\pi\epsilon_0 d\, E_{\text{Ion}}}}} & \text{für} \quad E_{\text{Ion}} < 2\frac{q_{\text{Ion}}q_{\text{T}}}{4\pi\epsilon_0}\frac{d}{a^2} \end{cases}, \tag{2.26}$$

wobei d der Abstand zweier Gitteratome entlang des Kristallkanals ist. Für Protonen in Silizium ist dabei die obere der beiden Gleichung ab einer Protonenenergie von etwa 80 keV, für Helium entsprechend ab etwa 160 keV, gültig.[18] Abbildung 2.2 zeigt die sich nach Gleichung (2.26) ergebenden kritischen Winkel für den Eintritt in einen Kristallkanal für Protonen und Heliumionen im Energiebereich der vorliegenden Arbeit in $\langle 100 \rangle$-orientiertem Silizium.

[17] Die Kanalführung wird häufig als engl. *channeling* bezeichnet.

[18] Kononov und Struts [158] bestätigen den sehr geringen Eintrittswinkel für Protonen mit einer Energie von 6,72 MeV. In einem Experiment zur Untersuchung der Temperaturabhängigkeit des kritischen Winkels finden die Autoren einen Winkel von etwa 0,25° bei Raumtemperatur.

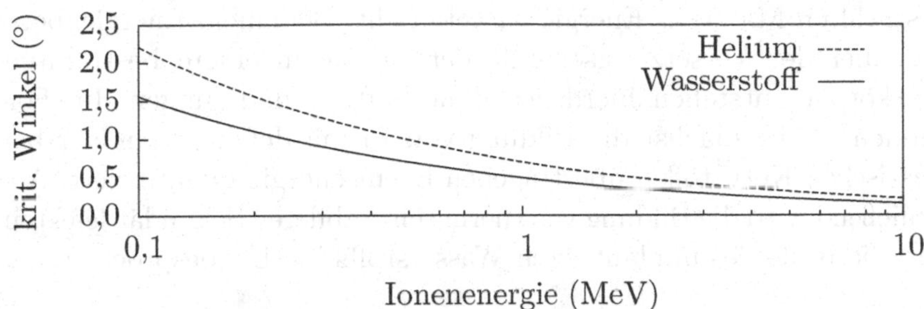

Abbildung 2.2 – Kritische Eintrittswinkel für Protonen und Heliumionen in einen Kristallkanal in ⟨100⟩-orientiertem Silizium

Für ein Ion in einem solchen Kristallkanal ist die Wahrscheinlichkeit mit den positiven Kernen der regulären Gitteratome zu kollidieren deutlich herabgesetzt. Entsprechend ist die auf ein Ion in einem Kristallkanal wirkende nukleare Abbremsung im Vergleich zu einem Ion in einem amorphen Festkörper stark vermindert. Da zudem die Elektronendichte in einem Kristallkanal deutlich geringer ist als die mittlere Elektronendichte beim Durchdringen von amorphem Material, ist die elektronische Abbremsung ebenfalls vermindert [159]. Hieraus ergibt sich zunächst eine deutlich erhöhte Reichweite der Ionen im Falle einer Kanalführung im Vergleich zur Erwartung nach Gleichung (2.25). Aus der veränderten Zusammensetzung der effektiven Gesamtverzögerung S_Σ resultiert ferner eine signifikante Änderung der Tiefenverteilung der implantierten Atome. Für die Diskussion der Verteilung von Ionen, welche nicht in Kristallkanäle eindringen, ist es unbedeutend, ob das durchdrungene Material kristallin oder amorph ist.

2.5 Strahleninduzierte Defekte

Bei der Abbremsung von Ionen in einem bestrahlten Festkörper wird unter anderem zwischen dem bewegten Ion und den Atomen des bestrahlten Materials Energie ausgetauscht. Bei einem Energieübertrag über der Versetzungsenergie der Atome in einem bestrahlten Festkörper entstehen hierdruch dauerhafte Schädigungen. Im Folgenden wird zunächst die Bildung von Primärdefekten aus der bei elastischen Kernstößen übertragenen Bremsenergie quantifiziert. Anschließend wird die Bildung von thermisch stabileren Sekundärdefekten und die Rolle des implantierten Wasserstoffs hierbei besprochen.

2.5.1 Primärdefekte

Gleichungen (2.7) mit (2.9) auf Seite 42 geben die bei einem elastischen Kernstoß zwischen dem bewegten Ion und einem Atom des bestrahlten Mediums auf letzteres übertragene Energie ΔE in Abhängigkeit des statistischen Stoßparameters d_s wieder. In ihrer einfachen Form sind diese Gleichungen nur gültig für die Streuung an einem freien Atom. In allen anderen Fällen ist die Bindungsenergie des gestoßenen Atoms an seine Ruhelage zu berücksichtigen. Übersteigt die übertragene Energie nicht diese Schwelle, kann das gestoßene Atom die Energie nicht in Form von kinetischer Energie übernehmen und wird sie an ein Phonon des Festkörpers abgeben. In einem kristallinen Festkörper, wie dem hier verwendeten Silizium, beläuft sich diese Bindungsenergie E_{Frenkel} auf die zu leistende Arbeit, um zunächst sämtliche chemischen Bindungen zu lösen und anschließend das Atom von seinem regulären Gitterplatz auf einen Zwischengitterplatz zu bewegen, wobei im Allgemeinen Verformungsarbeit am Kristall zu leisten ist. Das so entstandene Paar aus einem Zwischengitteratom und seinem vakanten Gitterplatz wird nach Yakov I. Frenkel als *Frenkel-Paar* bezeichnet. Zur Bildung eines stabilen Frenkel-Paares ist eine ausreichende Entfernung zwischen den beiden Partnern notwendig, um eine spontane Rekombination dieser zu verhindern. Hierzu benötigt das gestoßene Atom eine gewisse Menge an zusätzlicher kinetischer Energie nach seiner Auslösung aus seinem regulären Gitterplatz. Für ungeladene Frenkel-Paare ohne Coulomb'scher Wechselwirkung untereinander ist das Rekombinationsvolumen dabei geringer als eine

Elementarzelle [160]. Diese gesamte Bildungsenergie E_d eines stabilen Frenkel-Paares beträgt im Silizium etwa 14 eV [159] und weist eine deutliche Abhängigkeit von der Temperatur auf.

Aufgrund der notwendigen Mindestenergie E_d zur Bildung eines stabilen Frenkel-Paares ist die Wahrscheinlichkeit zur Erzeugung von Kristallschädigung entlang der Trajektorie eines Ions deutlich geringer als die der atomaren Abbremsung zugrunde liegende Wechselwirkungswahrscheinlichkeit mit einem Streuzentrum. Beträgt die bei einem Stoß vom Ion auf seinen Stoßpartner übertragene Energie wenigstens $2E_d$, so entsteht ein Rückstoßkern, dessen kinetische Energie ausreicht, um seinerseits weitere Frenkel-Paare zu erzeugen. Bei einem hohen Energieübertrag auf den Rückstoßkern kann eine Stoßkaskade auftreten, in deren Verlauf, je nach übertragener Energie auf den ersten Rückstoßkern, weitere Tochterkaskaden ausgelöst werden können. Da die Rückstoßkerne in den Stoßkaskaden im Silizium die gleiche Masse der anderen Streuzentren im Kristall haben, kann im Idealfall nach Gleichung (2.7) deren gesamter Impuls übertragen werden. Wenn ein Rückstoßkern im Laufe der Stoßkaskade nach einem Stoß selber weniger als die Mindestenergie zum Verlassen des Rekombinationsvolumens um die erzeugte Leerstelle aufweist, fällt dieser in den Gitterplatz des neu erzeugten Rückstoßkernes, welcher wiederum mit einer um E_{Frenkel} verminderten Energie des ersten Rückstoßkernes fortstrebt.

Kinchin und Pease [161] liefern ein analytisches Modell zur Abschätzung des Schadens, der aus einem elastischen Kernstoß resultiert. Dabei muss der jeweilige Rückstoßkern nicht in einer Einzelrechnung explizit verfolgt werden. Für die Anzahl N_d an versetzten Atomen in Abhängigkeit der bei einem Stoß von dem Ion auf den primären Rückstoßkern übertragenen Energie gilt nach dem Kinchin-Pease-Modell:

$$N_d = \begin{cases} 0 & \text{für} \quad 0 < \bar{E} < E_d \\ 1 & \text{für} \quad E_d \leq \bar{E} \leq 2E_d \\ \frac{\bar{E}}{2E_d} & \text{für} \quad 2E_d < \bar{E} \leq L_C \\ \frac{L_C}{2E_d} & \text{für} \quad L_C < \bar{E} \end{cases} , \tag{2.27}$$

wobei $\bar{E}$ die kinetische Energie des primären Rückstoßkernes, also ΔE abzüglich E_{Frenkel}, ist und L_C eine Grenzenergie, oberhalb der angenommen wird, der Rückstoßkern gäbe seine Energie ausschließlich durch elektronische Abbremsung ab. In Silizium beträgt diese Grenzenergie im Modell von Kinchin und Pease etwa 16 keV. Durch das Einführen dieser Grenzenergie kann die Zahl der versetzten Atome für hohe Energien des primären Rückstoßkerns deutlich unterschätzt werden. Norgett, Robinson und Torrens [162] erweitern das Modell von Kinchin und Pease um einen stetigen Anteil der elektronischen Abbremsung und liefern damit eine kontinuierliche analytische Gleichung zur Abschätzung der Anzahl der Versetzungen in Abhängigkeit von ΔE.[19]

Abbildung 2.3 zeigt normierte Tiefenverteilungskurven von Primärgitterleerstellen nach Protonenimplantationen mit unterschiedlichen Energien zwischen 0,5 MeV und 7,6 MeV aus Monte-Carlo-Simulationen mit der Software *SRIM* [164,165].[20] Der größte Teil der simulierten Defektprofile ist durch einen moderaten Anstieg der lokalen Schadenskonzentration um etwa eine halbe Größenordnung beginnend an der durchstrahlten Oberfläche (linker Rand in Abbildung 2.3) gekennzeichnet. Der Konzentrationsgradient des simulierten Gitterleerstellenprofils nimmt bis zum Erreichen des Schadensmaximums[21] kontinuierlich zu. Das Maximum der simulierten Schadensverteilung wird in der vorliegenden Arbeit mit R_m bezeichnet. Die Konzentration des erzeug-

[19] Norgett, Robinson und Torrens verwenden für die Herleitung ihres Modells eine Näherung von Lindhard *et al.* [163], welche nur für einatomige Systeme und kinetischen Energien der Rückstoßkerne von bis zu einigen 10 MeV gültig ist.

[20] Für die Berechnung des Schadens durch Kernstöße und Rückstoßkaskaden wurde dabei hier und im Folgenden nicht auf das analytische Kinchin-Pease-Modell zurückgegriffen, sondern die Trajektorie jedes Rückstoßkernes einzeln unter voller Berücksichtigung der Abbremsmechanismen gemäß Abschnitt 2.4 verfolgt.

[21] Das Schadensmaximum, genauer der Ort der maximalen Energieabgabe pro Wegstrecke, wird nach William H. Bragg auch als *Bragg-Maximum* beziehungsweise häufig als engl. *Bragg-Peak* bezeichnet. Diese Bezeichnung ist jedoch in metallischen oder halbleitenden Materialien nicht eindeutig, da der Ort der maximalen Energieabgabe nicht notwendigerweise mit dem Ort des maximalen, bei Raumtemperatur stabilen Schadens übereinstimmt.

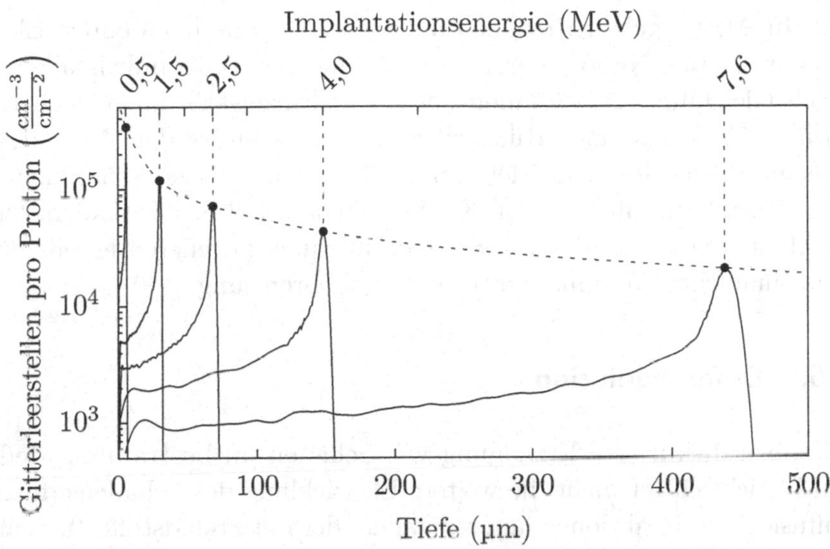

Abbildung 2.3 – Simulierte Tiefenverteilungen von Primärgitterleerstellen erzeugt durch Protonenbestrahlungen mit unterschiedlichen Implantationsenergien [164]

ten Schadens nimmt innerhalb einer vergleichsweise dünnen Schicht vor R_m um etwa eine weitere Größenordnung zu. Nach Erreichen des Maximums fällt die Konzentration der simulierten Primärgitterleerstellen steil ab. Mit zunehmender Implantationsenergie weitet sich die Primärdefektverteilung auf. Aufgrund des Einflusses von statistischen Einzelstößen an der Abbremsung der implantierten Protonen führt jedes in einem verzögernden Medium zurückgelegte Streckenintervall dx zu einer Aufweitung des Energiespektrums der bewegten Ionen. Somit wird auch jene Schicht verbreitert, in der die einzelnen Ionen das Maximum ihrer Energieabgabe über Kern-Kern-Wechselwirkung durchlaufen. Aus dieser Aufweitung folgt eine deutliche Abnahme deren Spitzenkonzentration mit zunehmenden Protonenenergien.

Die in Abbildung 2.1 auf Seite 38 graphisch aufgetragene mittlere atomare Abbremsung weist ein Maximum bei wenig unter 0,5 keV auf. Im Mittel geben Protonen mit dieser Energie noch einige Elektronenvolt pro Nanometer an die Atome des Siliziumkristalls ab. Nach Gleichung (2.7) können bei einem Einzelstoß dabei noch bis zu über 50 eV auf einen Rückstoßkern übertragen werden. Nach dem Kinchin-Pease-Modell in Gleichung (2.27) ist diese Energie in Silizium ausreichend zur Bildung von Kristallschäden und Stoßkaskaden. Die in Abbildung 2.3 markierten Schadensmaxima korrelieren jeweils mit den räumlichen Maxima der atomaren Abbremsung.

2.5.2 Defektevolution

Die oben diskutierte Erzeugung von Schäden im bestrahlten Medium berücksichtigt nicht die weitere Entwicklung des Schadens durch Diffusion und Reaktionen untereinander oder mit Fremdstoffen und anderen Kristallfehlern. Intrinsische Punktdefekte weisen in kristallinem Silizium bei Raumtemperatur eine vergleichsweise hohe Beweglichkeit auf [160]. Die Primärdefekte sind dementsprechend nach ihrer Erzeugung in einem großen Volumen um ihren Entstehungsort mobil, bis sie zu ortsstabilen Defektkomplexen reagieren oder annihilieren. Eine Annihilation findet im Kristallgitter durch das Zusammentreffen eines intrinsischen Punktdefektes mit seinem Frenkel-Partner statt. Dabei fällt ein interstitielles Siliziumatom zurück auf einen freien regulären Gitterplatz, wobei das Kristallgitter mechanisch entspannt und die offenen chemischen Bindungen der insgesamt fünf beteiligten Siliziumatome abgesättigt werden. Die Bildungsenergie E_{Frenkel} des Frenkel-Paares wird dabei wieder frei und an das Kristallgitter abgegeben. Oberflächen und Versetzungsfehler im Kristall stellen weitere Senken für intrinsische Punktdefekte dar. Die Bildung von Defektkomplexen tritt auf, wenn sich Punktdefekte zusammenlagern, die nicht miteinander rekombinieren können. Ein prominentes Beispiel für stabile Defektagglomerate im Silizium sind Doppelgitterleerstellen. Derartige Defektkomplexe weisen in der Regel bei Raumtemperatur eine vernachlässigbare Beweglichkeit auf.

Im Allgemeinen gilt für die Bildung eines Defektkomplexes VX aus einer Gitterleerstelle V und einem zweiten Punktdefekt X:

$$\mathrm{V} + \mathrm{X} \underset{k_{\mathrm{r,VX}}}{\overset{k_{\mathrm{h,VX}}}{\rightleftharpoons}} \mathrm{VX}, \tag{2.28}$$

wobei $k_{\mathrm{h,VX}}$ und $k_{\mathrm{r,VX}}$ die Reaktionskonstanten der Hin- beziehungsweise der Rückreaktion sind. Der zweite an der Reaktion beteiligte Punktdefekt X kann ein extrinsischer Punktdefekt, wie beispielsweise im üblicherweise verwendeten Siliziumkristall vorhandener Sauerstoff oder Kohlenstoff, eine weitere Gitterleerstelle, ein Eigenzwischengitteratom oder das Produkt VX einer vorhergehenden Defektbildung nach Gleichung (2.28) sein. Für den Fall einer Reaktion zwischen einer Gitterleerstelle und einem Eigenzwischengitteratom ist das Produkt ein ungestörter Kristall und somit für weitere Reaktionen nicht zu berücksichtigen. Da sämtliche nach Reaktionsgleichung (2.28) möglichen Reaktionen mit den vorhandenen Reaktionspartnern X gleichzeitig ablaufen können, wird die zeitliche Änderung der Gitterleerstellenkonzentration durch die Summe aller Einzelprozesse beschrieben:

$$\begin{aligned} \partial_t N_{\mathrm{V}} = \sum_{\mathrm{X} \neq \mathrm{V}} \Big(-k_{\mathrm{h,VX}} N_{\mathrm{V}} N_{\mathrm{X}} + k_{\mathrm{r,VX}} N_{\mathrm{VX}} \Big) + \\ +2 \Big(-k_{\mathrm{h,V_2}} N_{\mathrm{V}}^2 + k_{\mathrm{r,V_2}} N_{\mathrm{V_2}} \Big), \end{aligned} \tag{2.29}$$

wobei $\mathrm{V_2}$ eine Doppelgitterleerstelle beschreibt und $N_{[\,]}$ die Konzentration des jeweiligen Defektes angibt. Die Reaktionskonstante der Hinreaktion, $k_{\mathrm{h,VX}}$, ist proportional zur Summe der Diffusionskonstanten D der beiden Reaktanten nach:

$$k_{\mathrm{h,VX}} = 4\pi \left(D_{\mathrm{V}} + D_{\mathrm{X}} \right) r_{\mathrm{Reak}}, \tag{2.30}$$

wobei r_{Reak} der Reaktionsradius ist, innerhalb dessen die beiden Reaktanten gemäß der Reaktionsgleichung (2.28) miteinander reagieren. Der Reaktionsradius r_{Reak} liegt in der Größenordnung einiger Ångström. Die Reaktionskonstante $k_{\mathrm{r,VX}}$ der Rückreaktion errechnet sich mit der Anlauffrequenz f_{VX} und der Aktivierungsenergie $E_{\mathrm{Diss}}^{\mathrm{VX}}$ für die Dissoziation nach

$$k_{\mathrm{r,VX}} = f_{\mathrm{VX}} \cdot \exp\left(-\frac{E_{\mathrm{Diss}}^{\mathrm{VX}}}{k_B T}\right), \tag{2.31}$$

worin k_B die Boltzmann-Konstante und T die Temperatur ist.

Gleichungen (2.28) bis (2.31) sind entsprechend für die bei der Bestrahlung gleichweise gebildeten Eigenzwischengitteratome $\mathrm{Si_i}$ aufzustellen. Dabei können teilweise andere mögliche Reaktionspartner X relevant sein. So ist beispielsweise in kohlenstoffreichem Silizium die Reaktion mit einem substitutionellen Kohlenstoffatom $\mathrm{C_s}$ ein bedeutender Prozess zur Bindung von Eigenzwischengitteratomen. Dabei wird das Eigenzwischengitteratom vernichtet, indem es auf den zuvor durch das Kohlenstoffatom besetzten regulären Gitterplatz fällt. Bei dieser Reaktion entsteht nach

$$\mathrm{C_s} + \mathrm{Si_i} \rightleftharpoons \mathrm{C_i} \tag{2.32}$$

ein interstitielles Kohlenstoffatom $\mathrm{C_i}$. Der hierbei gebildete interstitielle Kohlenstoff ist bei Raumtemperatur mobil und bildet, in Abhängigkeit der Kohlenstoff- sowie der Sauerstoffkonzentration, bevorzugt $\mathrm{C_iC_s}$- oder $\mathrm{C_iO_i}$-Paare.

Aufgrund der Bedeutung der Konzentrationen der extrinsischen Reaktionspartner X in Gleichung (2.29) ist die Bildung von Sekundärdefekten unter anderem abhängig vom verwendeten Ziehverfahren des verwandten Siliziums. In hochreinem Silizium können Gitterleerstellen, welche einer Frenkel-Rekombination entgehen, zunächst lediglich zu Doppelgitterleerstellen weiterreagieren:

$$\mathrm{V} + \mathrm{V} \rightleftharpoons \mathrm{V_2}. \tag{2.33}$$

In tiegelgezogenem Silizium mit erhöhtem Sauerstoffgehalt stellt die Bildung von Sauerstoff-Leerstellen-Komplexen, gemeinhin als *A-Zentren* bezeichnet, eine effektive Senke für vorhandene Gitterleerstellen dar:

$$\mathrm{V} + \mathrm{O} \rightleftharpoons \mathrm{VO}. \tag{2.34}$$

In phosphordotiertem zonengeschmolzenem Silizium, wie es in der vorliegenden Arbeit vornehmlich benutzt wird, bilden sich aus mobilen Gitterleerstellen und substitutionellem Phosphor Phosphor-Leerstellen-Komplexe VP, in der Literatur landläufig als *E-Zentren* bezeichnet:

$$\mathrm{V} + \mathrm{P} \rightleftharpoons \mathrm{VP}. \tag{2.35}$$

2.5.3 Defekt-Wasserstoff-Komplexe

Durch die in der vorliegenden Arbeit untersuchten Protonenimplantationen werden neben Strahlenschäden auch Wasserstoffatome in den Siliziumkristall eingebracht. Der implantierte Wasserstoff ist dabei deutlich stärker um seine projizierte Reichweite fokussiert als die Verteilung der Primardefekte (siehe hierzu auch Abbildung 4.3 auf Seite 90). Vor allem um die projizierte Reichweite des Wasserstoffs, welche bis auf wenige Micrometer mit dem Maximum der Strahlendefektverteilung R_m übereinstimmt, nimmt der Wasserstoff daher zusätzlichen Einfluss auf die Entwicklung der Primärdefekte nach Differentialgleichung (2.29).

Durch eine Reaktion mit einer einfachen Gitterleerstelle kann der Wasserstoff als weitere Senke für Gitterleerstellen fungieren:

$$\mathrm{V} + l \cdot \mathrm{H} \rightleftharpoons \mathrm{VH}_l. \tag{2.36}$$

Tokuda *et al.* [166] beobachten bei Protonenimplantationen um 270–280 K eine signifikante Erhöhung der effektiv gebildeten Defektkonzentrationen, welche die Autoren auf die zeitweise Bindung von Einfachgitterleerstellen durch den implantierten Wasserstoff zurückführen. Durch diese Bindung der Gitterleerstellen wird deren effektive Diffusionskonstante stark herabgesetzt und somit die Wahrscheinlichkeit einer Frenkel-Rekombination mit den ebenfalls durch die Bestrahlung induzierten Eigenzwischengitteratomen entsprechend Gleichung (2.30) verringert.

Neben der Reaktion mit Punktdefekten vermag der Wasserstoff bereits gebildete Sekundärdefekte zu dekorieren:

$$V_2 + m \cdot H \rightleftharpoons V_2H_m \tag{2.37}$$

$$VO + n \cdot H \rightleftharpoons VOH_n \tag{2.38}$$

$$V_2O + p \cdot H \rightleftharpoons V_2OH_p. \tag{2.39}$$

Auch die in der vorliegenden Arbeit untersuchten Wasserstoffdonatorenkomplexe bestehen, wie in Abschnitt 2.3.1 dargelegt, aus einem strahleninduzierten Punktdefektkomplex und Wasserstoff. Derartige Donatoren treten nicht ausschließlich in protonenimplantiertem Silizium und auch in diesem nicht einzig in jener Region auf, in der sich während der Implantation die Verteilungen des Wasserstoffs und der induzierten Strahlendefekte überlagern. Vielmehr treten die Donatoren dort auf, wo sich während einer an die Implantation anschließenden Temperung die Schadens- und Wasserstoffverteilungen überlagern. Dieser Wasserstoffdiffusionsschritt geschieht je nach experimenteller Prozessführung bei Temperaturen zwischen 350 °C und 500 °C. Es ist daher davon auszugehen, dass der Kernkomplex der Wasserstoffdonatoren bereits vor der Dekoration mit Wasserstoff existiert und bei mehrstündigen Temperungen bei bis zu 500 °C thermisch stabil ist. Die Konzentration der erst nach deren Dekoration mit Wasserstoff als Wasserstoffdonatorenkomplexe messbaren Vorläuferdefekte zeigt sich unabhängig von der Zeit zwischen deren Erzeugung durch die Protonenimplantation und der Dekoration mit Wasserstoff während der anschließenden Temperung. Die den Wasserstoffdonatoren zugrunde liegenden Defektkomplexe sind bislang nicht identifiziert.

2.5.4 Reaktionspfade von Gitterleerstellen mit Sauerstoff und Wasserstoff

In Abbildung 2.4 sind einige mögliche Reaktionspfade von Gitterleerstellen in Silizium bei gleichzeitiger Anwesenheit von Sauerstoff und

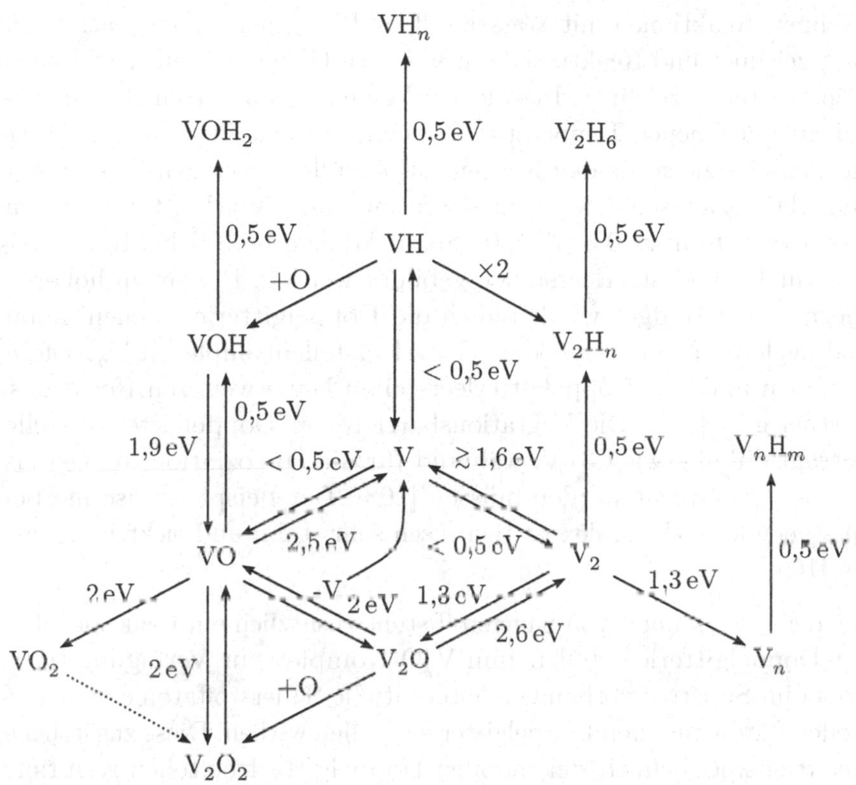

Abbildung 2.4 – Übersicht über einige Reaktionspfade von Gitterleerstellen in kristallinem Silizium mit Sauerstoff und Wasserstoff sowie die jeweiligen Aktivierungsenergien, zusammengestellt aus diversen Referenzen gemäß beistehendem Text

Wasserstoff als extrinsische Defekte dargestellt. Reaktionen mit anderen extrinsischen Kristalldefekten, wie beispielsweise Phosphor, sind darin zugunsten der Übersichtlichkeit weggelassen. Aufgrund ihrer nach wie vor unbekannten Zusammensetzung sind auch die für die vorliegende Arbeit zentralen wasserstoffkorrelierten Donatorenkomplexe in der Abbildung nicht enthalten. Alle Reaktionen mit Sauerstoff als zusätzlichen Reaktanten sind in der Abbildung nach links unten eingezeichnet. Reaktionen mit Wasserstoff sind hingegen jeweils nach oben eingezeichnet und Reaktionen mit weiteren Gitterleerstellen sind nach rechts unten gezeichnet. In welchem Maße die skizzierten Reaktionen bei einer gegebenen Temperatur ablaufen, ist abhängig von deren Aktivierungsenergie sowie den Konzentrationen der jeweiligen Reaktanten. Die Aktivierungsenergie für die Diffusion von Einfachgitterleerstellen liegt deutlich unter 0,5 eV [160]. Somit können bereits bei Raumtemperatur Doppelgitterleerstellen gebildet werden. Bei einem höheren thermischen Budget werden auch die Doppelgitterleerstellen mobil und agglomerieren zu größeren Gitterleerstellenkomplexen V_n, sofern es neben anderen Doppelgitterleerstellen keine weiteren Reaktionspartner gibt [167]. Die Migrationsbarriere der Doppelgitterleerstelle beträgt dabei etwa 1,3 eV, während für die Dissoziation wenigstens 1,6 eV aufgebracht werden müssen [168]. Der beispielsweise hierbei entstehende V_6-Komplex ist thermisch sehr stabil und elektrisch inaktiv [169].

Bei der Anwesenheit von Sauerstoff steht zusätzlich ein Reaktionspfad der Doppelgitterleerstellen zum V_2O-Komplex zur Verfügung [170], wobei im Substrat vorhandene interstitielle Sauerstoffatome als Fangstellen für die mobilen Doppelgitterleerstellen wirken. Diese zusätzliche Reaktionsmöglichkeit der mobilen Doppelgitterleerstellen resultiert in deren häufig berichteten rascheren Ausheilen in tiegelgezogenem Silizium im Vergleich zum sauerstoffärmeren zonengeschmolzenem Silizium [171]. Durch den Zerfall der V_2O-Komplexe in ein *A-Zentrum* und eine Einfachgitterleerstelle mit einer Aktivierungsenergie von 1,5–1,6 eV [172] bis $(2{,}02 \pm 0{,}12)$ eV [173] stellen die V_2O-Komplexe bei einem erhöhten thermischen Budget eine Quelle für Einfachgitterleerstellen dar. Ein Zerfall der V_2O-Komplexe in eine Doppelgitterleerstelle und ein Sauerstoffatom ist aufgrund der deutlich höheren Aktivierungsenergie von etwa 2,6 eV [172] dagegen kaum relevant. Wegen der hohen Beweglichkeit der Einfachgitterleerstellen findet eine direkte Bildung von *A-Zentren* aus einer Einfachgitterleerstelle und einem Sauerstoffatom bereits bei Raumtemperatur in Konkurrenz zur Bildung der Doppelgitterleerstellen statt. Das *A-Zentrum* besitzt mit etwa 1,8 eV [174] bis 2,1 eV [175] eine deutlich höhere Migrationsbarriere als die Doppelgitterleerstelle und kann bei Überschreiten dieser Migrationsbarriere mit einem interstitiellen Sauerstoffatom zu dem elektrisch inaktiven VO_2 oder mit einem weiteren *A-Zentrum* zum V_2O_2-Komplex weiterreagieren. Für den Zerfall des *A-Zentrums* in seine Bestandteile muss eine Aktivierungsenergie von 2,5 eV aufgebracht werden [175]. Durch die vergleichsweise hohe Migrationsbarriere eines einzelnen interstitiellen Sauerstoffatoms von ebenfalls etwa 2,5 eV [176] kann dieses bei den oben genannten Reaktionen mit *A-Zentren*, Einfach- oder Doppelgitterleerstellen jeweils als stationäre Fangstelle angesehen werden. Eine Weiterreaktion des VO_2-Defektes durch den Einfang einer Einfachgitterleerstelle zu einem V_2O_2-Komplex kann vernachlässigt werden. Zur Bildung von VO_2-Defekten muss ein ausreichend hohes thermisches Budget aufgewandt werden, um eine Migration von *A-Zentren* oder interstitiellem Sauerstoff zuzulassen. Nach derartigen Temperaturbehandlungen ist das Vorkommen freier Einfachgitterleerstellen sehr unwahrscheinlich.

Die durch eine Reaktion der mobilen Einfachgitterleerstellen mit Wasserstoff gebildeten VH_n-Komplexe sind wenig stabil und zerfallen bereits bei moderaten Temperaturen unter 250 °C [177, 178]. Erst den vollständig mit Wasserstoff abgesättigten VH_4- oder V_2H_6-Komplexen wird eine größere thermische Stabilität bis zu Temperaturen von mindestens 400 °C zugesprochen [169, 178]. Durch die niedrige Migrationsbarriere des Wasserstoffs in Silizium von etwa 0,5 eV[22] stellt die Reaktion von Doppelgitterleerstellen zu V_2H_n-Komplexen bei ausreichend hoher Wasserstoffkonzentration eine starke Konkurrenz zur Bildung von V_2O-Komplexen dar, wodurch die Bildung von V_2O deutlich vermindert wird [179]. Entsprechend können auch *A-Zentren* leicht mit freiem Wasserstoff zu VOH reagieren. Für die Dissoziation eines VOH-Defekts in ein *A-Zentrum* und ein Wasserstoffatom muss eine Aktivierungsenergie von etwa 1,9 eV aufgebracht werden [174].

[22] Über die Migrationsbarriere von Wasserstoff in Silizium, speziell bei niedrigen Temperaturen, herrscht keine eindeutige Meinung in der Literatur. Siehe hierzu auch Abschnitt 2.1.2.

Unter entsprechenden Bedingungen können sämtliche der vorangehend besprochenen Defekte mit Wasserstoff reagieren, bis jeweils alle offenen Bindungen durch den Wasserstoff abgesättigt sind. Es wird davon ausgegangen, dass derart abgesättigte Defekte elektrisch nicht mehr aktiv sind.

Eine Vielzahl der vorangehend diskutierten Defektkomplexe führen lokalisiert erlaubte Zustände in das verbotene Band des Siliziums ein. Bekannte Literaturwerte zu diesen elektrisch aktiven Haftstellen werden in Kapitel 5 genannt, wo sie zur Indentifizierung der im Rahmen der vorliegenden Arbeit gefundenen Elektronenhaftstellen herangezogen werden.

2.5.5 Einfluss des Ionenflusses auf die Defektbildung

Die Differentialgleichung (2.29) beschreibt lediglich den innersten Teil von Abbildung 2.4 um die Einfachgitterleerstelle. Zur vollständigen Beschreibung der in der Abbildung gezeigten Reaktionen muss ein System gekoppelter Differentialgleichung entsprechend der Gleichung (2.29) für jede der in Abbildung 2.4 vorkommenden Spezies aufgestellt werden. Um den Zustand während der Implantation zu beschreiben, muss zu der Differentialgleichung (2.29) zudem ein Generationsterm hinzugefügt werden, der die Bildung weiterer intrinstischer Punktdefekte aus den stattfindenen Kern-Kern-Wechselwirkungen berücksichtigt:

$$\begin{aligned} \partial_t N_\mathrm{V} = &\sum_{\mathrm{X}\neq\mathrm{V}} \Big(-k_{\mathrm{h,VX}} N_\mathrm{V} N_\mathrm{X} + k_{\mathrm{r,VX}} N_\mathrm{VX}\Big) + \\ &+ 2\Big(-k_{\mathrm{h,V_2}} N_\mathrm{V}^2 + k_{\mathrm{r,V_2}} N_{\mathrm{V_2}}\Big) + G\left(I_\mathrm{Ion}\right). \end{aligned} \tag{2.40}$$

Der hinzugefügte Generationsterm $G\left(I_\mathrm{Ion}\right)$ ist linear abhängig vom Ionenfluss I_Ion und erzeugt sowohl weitere Gitterleerstellen als auch Eigenzwischengitteratome. Hierdurch kann der Ionenfluss Einfluss auf die Bildung der Sekundärdefekte nehmen. So beobachten Hallén *et al.* [180] eine Abnahme der gebildeten Sekundärdefekte in protonenbestrahltem

Silizium um etwa eine Größenordnung mit steigender Protonenflussdichte zwischen $10^{7}\,p^{+}cm^{-2}s^{-1}$ und $10^{10}\,p^{+}cm^{-2}s^{-1}$. Die verminderte Produktion von Sekundärdefekten wird dabei auf die erhöhte Konzentration der in einem Zeitintervall vorhandenen Primärdefekte zurückgeführt, wodurch die Wahrscheinlichkeit einer Frenkel-Rekombination im Verhältnis zu Reaktionen nach Gleichung (2.30), deren Reaktionsrate nur linear mit der Konzentration der Primärdefekte steigt, zunimmt. Diese Argumentation wird von Lévêque *et al.* [181] unterstützt, die zeigen, dass der Einfluss der Protonenflussdichte mit zunehmender Sauerstoffkonzentration steigt. In Proben mit vergleichsweise geringer Konzentration von extrinsischen Reaktionspartnern X ist die Wahrscheinlichkeit einer Frenkel-Rekombination mangels ausgeprägter Konkurrenzprozesse deutlich erhöht und wird durch eine weitere Erhöhung der Primärdefektkonzentrationen weniger stark beeinflusst als in Proben mit hohen Konzentrationen extrinsischer Reaktionspartner. Klug [182] hingegen beobachtet keinen Einfluss des Strahlstromes zwischen $10^{12}\,p^{+}cm^{-2}s^{-1}$ und $10^{13}\,p^{+}cm^{-2}s^{-1}$ auf die Konzentration der nach einer anschließenden Temperung gebildeten wasserstoffkorrelierten Donatorenkomplexe.

Über die im Allgemeinen unterschiedliche Temperaturabhängigkeit der Diffusionskonstanten in Gleichung (2.30) stellt die Probentemperatur während der Sekundärdefektentstehung, also im Allgemeinen während der Implantation, einen weiteren Einflussparameter auf die Defektevolution dar. Wiederum Hallén *et al.* [183] zeigen einen ausgeprägten Einfluss der Temperatur zwischen 70 K und 295 K von Siliziumproben während einer Protonenimplantation auf die Konzentration der gebildeten Sekundärdefekte. Durch eine erhöhte Diffusionskonstante der beteiligten Primärdefekte verkleinert sich das Zeitintervall, innerhalb dessen eine Wechselwirkung zwischen, von zwei aufeinanderfolgenden Protonen induzierten, Primärdefekten relevant ist. Hallén *et al.* zeigen, dass eine Änderung der Implantationstemperatur zwischen 70 K und 295 K bei weitem im Stande ist, den Einfluss der Protonenflussdichte zwischen $10^{7}\,p^{+}cm^{-2}s^{-1}$ und $10^{10}\,p^{+}cm^{-2}s^{-1}$ zu kompensieren.

3 Durchführung und Charakterisierungsmethoden

In der vorliegenden Arbeit wurden zur Untersuchung der hergestellten Proben Ausbreitungswiderstandsmessungen, Kapazitäts-Spannungsmessungen und kapazitive Störstellenspektroskopie herangezogen. Diese Messmethoden sind allesamt Standardmethoden bei der elektrischen Charakterisierung von Halbleitern. Die verwandten Methoden werden daher im Folgenden nur knapp vorgestellt. Für eine tiefergehende Diskussion der jeweiligen Methoden wird auf die vorhandene Literatur in Form von Lehrbüchern und Übersichtsartikeln verwiesen (siehe hierzu beispielsweise Referenzen [184–188]).

Nach einem Überblick über die verwendeten elektrischen Charakterisierungsmethoden in den Abschnitten 3.1–3.3 wird in Abschnitt 3.4 die Herstellung der untersuchten Proben erläutert.

3.1 Ausbreitungswiderstandsmessungen

Die Ausbreitungswiderstands-Methode[1] nach Mazur und Dickey [189] ist eine verbreitete und robuste Methode zur Bestimmung von Ladungsträgerverteilungen in Silizium. Dabei zeichnet sich diese Methode durch einen sehr großen Ladungsträgerkonzentrationsbereich aus, in dem sie eingesetzt werden kann. Die messbaren Ladungsträgerkonzentrationen beginnen um $10^{12}\,\mathrm{cm}^{-3}$ und reichen bis deutlich über 10^{19}–$10^{20}\,\mathrm{cm}^{-3}$. Zudem stellt diese Methode die einzige verfügbare

[1] Im Englischen *spreading resistance profiling* (SRP).

Messmethode dar, mit der Ladungsträgerprofile mit Ausdehnungen von weniger als Mikrometern bis in den Bereich von Millimetern aufgelöst werden können. Aufgrund der Ausdehnung der in der vorliegenden Arbeit untersuchten Ladungsträgerprofile stellen Ausbreitungswiderstandsmessungen somit die einzig sinnvoll verwendbare Methode zur Aufzeichnung der Verteilungen dar.

Die Ausbreitungswiderstands-Methode basiert auf einer Serie von Zweispitzenmessungen mit einem Vorschub von einigen Mikrometern zwischen den jeweiligen Messungen. Das Prinzip der Methode ist in Abbildung 3.1 dargestellt. Dabei wird das zu messende Substrat bei jeder Messung mit zwei sehr feinen Sonden in einem Abstand von etwa 100 µm orthogonal zur Vorschubrichtung mit einer genau kontrollierten Gewichtskraft von einigen Gramm bis zu einigen 10 g kontaktiert. Die Kontaktfläche der Sonden mit dem Substrat beträgt jeweils etwa 20 µm^2. Hierdurch ergibt sich ein Anpressdruck im Bereich von 10 GPa unter den Sonden. Ab etwa 8 GPa tritt ein Phasenübergang des Siliziums von der Diamant- in die metallische beta-Zinn-Struktur auf, wodurch eine Ohm'sche Kontaktierungen des Substrates ermöglicht wird [190]. Für reproduzierbare Ergebnisse ist es unerlässlich, eine weitere Kontaktierung einer bereits durch eine vorhergehende Kontaktierung geschädigten Stelle zu vermeiden, wodurch die Mindestschrittweite zwischen zwei Messungen auf etwa 5 µm begrenzt ist. Um dennoch eine ausreichende Tiefenauflösung, je nach zu vermessendem Profil von deutlich unter 100 nm, zu erlangen, erfolgen die Ausbreitungswiderstandsmessungen nicht entlang des untersuchten Ladungsträgerprofils sondern entlang einer hierzu verkippten Oberfläche. Um eine anschließende Projektion auf die erwünschte Profilrichtung zuzulassen, muss die Ladungsträgerverteilung orthogonal zum untersuchten Profil unbedingt konstant sein. Abbildung 3.1 skizziert das Prinzip der Ausbreitungswiderstands-Methode entlang einer um $(90° - \alpha)$ zur untersuchten Profilrichtung verkippten Oberfläche. An die kontaktierten Sonden wird eine Spannung von einigen Millivolt bis zu einigen 10 mV angelegt und der hierdurch hervorgerufene Strom gemessen. Die angelegte Messspannung teilt sich in den

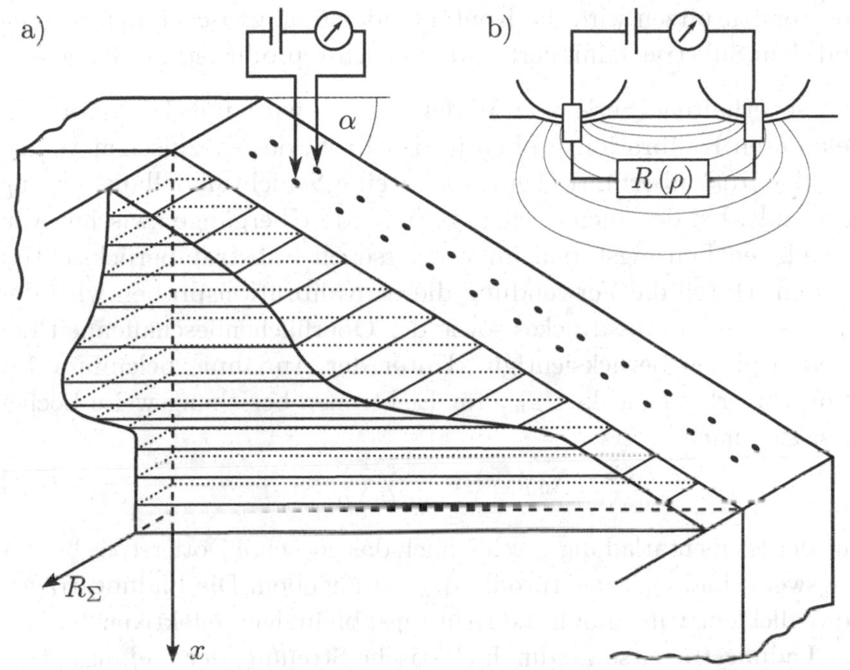

Abbildung 3.1 – a): Prinzipskizze einer Ausbreitungswiderstandsmessung. Aufgetragen ist der sich aus der Kontaktierung und der lokalen Substratdotierung ergebende Summenwiderstand R_Σ.
b): Ersatzschaltbild für eine Einzelmessung nach der Ausbreitungswiderstands-Methode.

interessierenden Spannungsabfall über das Substrat $R(\rho)$ sowie den bei einer Zweispitzenmethode unvermeidlichen Spannungsabfall über die Kontaktwiderstände zwischen den Sonden und dem Halbleitersubstrat auf. Der als Messwert erhaltene Summenwiderstand R_Σ ist in Abbildung 3.1 ebenfalls skizziert. Durch eine spezielle Präparation[2]

[2] Bei der Gorey-Schneider-Methode [191] werden die Sondenspitzen mit einer Diamantpaste mit einer 1 µm-Körnung gezielt aufgeraucht. Um die Krümmung der Sondenspitzen zu bewahren und eine möglichst gleichmäßige Aufrauhung über die gesamte genutzte Kontaktfläche zu erhalten, geschieht diese Aufrauhung durch kontrolliertes Anpressen der Sonden auf eine bewegliche Wippe.

der Sondenspitzen wird die Kontaktwiderstand zwischen den Sonden und dem Substrat minimiert und zugleich reproduzierbar gemacht.

Die so erhaltene Serie von Widerständen wird mit Hilfe von gut bekannten Kalibrationsproben in das Profil des spezifischen Widerstandes $\rho(x)$ überführt. Dabei wird eine Schichtmodellauswertung verwandt, bei der auch etwaige isolierende Übergänge zwischen verschiedenen Leitungstypen im vermessenen Substrat berücksichtigt werden. Durch die Verwendung dieser Kalibrationsproben wird der Einfluss des Anpressdruckes sowie der Oberflächenbeschaffenheit der Sondenspitzen berücksichtigt.[3] Unter der Annahme bekannter Ladungsträgerbeweglichkeit $\mu_{n,p}$ für Elektronen beziehungsweise Löcher lässt sich nach

$$N_{n,p}(x) = \frac{1}{e\rho(x)\,\mu_{n,p}}, \tag{3.1}$$

mit der Elementarladung e, schließlich das gesuchte Dotierstoff- beziehungsweise Ladungsträgerprofil $N_{n,p}(x)$ angeben. Die Ladungsträgerbeweglichkeit wird durch die richtungsabhängigen effektiven Massen der Ladungsträger sowie durch elastische Streuung der Ladungsträger bestimmt. Die im Allgemeinen relevanten Streumechanismen sind hierbei:

- Gitterstreuung
- Oberflächen- beziehungsweise Grenzflächenstreuung
- Fehlstellenstreuung an Versetzungen und ungeladenen Fehlstellen
- Coulomb'sche Streuung an geladenen Störstellen
- Trägereigenstreuung durch Wechselwirkung der Ladungsträger untereinander.

[3] Erst durch die Verwendung von Kalibrationsproben erweist sich die verwandte Zweispitzenmessung als ausreichend reproduzierbar. Auf eine Vierspitzenmessung, bei der eine regelmäßige Kalibration entfallen könnte, wird bei der Ausbreitungswiderstands-Methode bewusst verzichtet, da hierbei der Aufwand für die richtige Ausrichtung der Sonden sowie für die Schichtmodellauswertung erheblich steigen würde.

Die sich aus den jeweiligen Streumechanismen ergebenden Beweglichkeitskomponenten μ_k setzen sich gemäß der Mathiessen-Regel,

$$\mu = \left(\sum_k \frac{1}{\mu_k} \right)^{-1}, \tag{3.2}$$

zur tatsächlichen Ladungsträgerbeweglichkeit zusammen. Dabei geht die Dotierstoffkonzentration über die Streuung an geladenen Störstellen und bei sehr hohen Konzentrationen zusätzlich über die Trägereigenstreuung in die Beweglichkeit der Ladungsträger ein.

Abbildung 3.2 zeigt die Ladungsträgerbeweglichkeiten $\mu_{n,p}$ in Abhängigkeit der Dotierstoffkonzentrationen von Phosphor, Arsen und Bor. Der Einfluss der Dotierstoffkonzentration auf die Beweglichkeit erweist sich für Arsen und Phosphor ab etwa $10^{14}\,\mathrm{cm}^{-3}$ und für Bor ab etwa $10^{15}\,\mathrm{cm}^{-3}$ als nicht mehr vernachlässigbar. Im Speziellen wer-

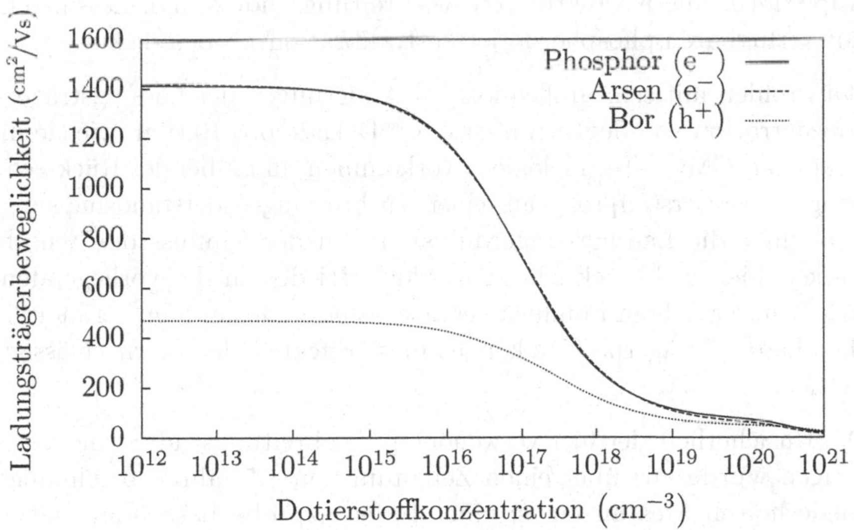

Abbildung 3.2 – Elektronen- und Löcherbeweglichkeiten in Abhängigkeit der Dotierstoffkonzentration in phosphor- oder arsen- beziehungsweise in bordotiertem Silizium [192]

den für die Umwandlung des spezifischen Widerstandsprofiles in das zugehörige Dotierstoffprofil aufgrund dieser impliziten Abhängigkeit anstelle von Gleichung (3.1) standardisierte Tabellenwerte für die unterschiedlichen Dotierstoffe benutzt [193–195].

Bei der in der vorliegenden Arbeit untersuchten, durch Protonenimplantation erzeugten Dotierung ist von einem Einfluss der Bestrahlung auf die Ladungsträgerbeweglichkeit durch nicht vollständig ausgeheilte Kristallschäden auszugehen. Ferner werden bei einer Dotierung durch Protonenimplantation neben den Wasserstoffdonatorenkomplexen weitere geladene Störstellen erzeugt (siehe hierzu Kapitel 5). Auch kann nicht ausgeschlossen werden, dass es sich bei den Wasserstoffdonatorenkomplexen zumindest teilweise um Doppeldonatoren handelt, welche effektivere Streuzentren als Einfachdonatoren wie Phosphor darstellen. In Ermangelung entsprechender Kenntnis über die Abhängigkeit der Elektronenbeweglichkeit von der Konzentration der Wasserstoffdonatoren in protonenimplantiertem Silizium wird in Kapitel 4.1 eine Korrektur von Ausbreitungswiderstandsmessungen mit verfügbaren phosphordotierten Kalibrationsproben diskutiert.

Bei Profilen mit sehr großen lokalen Änderungen der Ladungsträgerkonzentration von deutlich über einer Dekade pro 100 nm, wie sie in modernen CMOS-Technologien[4] vorkommen, muss bei der Rückrechnung des Dotierstoffprofils aus einer Ausbreitungswiderstandsmessung unbedingt die Ladungsträgerdiffusion und der Einfluss des Schliffwinkels hierauf berücksichtigt werden. Bei den in der vorliegenden Arbeit untersuchten räumlich vergleichsweise nur langsam veränderlichen Ladungsträgerprofilen können diese Effekte jedoch vernachlässigt werden.

Die Unsicherheit der hier verwendeten Ausbreitungswiderstandsmessungen wurde aus über einen Zeitraum von 1,5 Jahren regelmäßig wiederholten Messungen an einer Referenzprobe bestimmt. Dabei beschränkte sich die Untersuchung auf den für die vorliegende Arbeit relevanten Dotierstoffbereich. Für die jeweiligen Kontrollmessungen

[4] CMOS steht kurz für engl. *complementary metal oxide semiconductor*.

wurde die Referenzprobe jeweils neu präpariert, um neben den Messfehlern, die auf die Messapparatur zurückgehen, auch Einflüsse der Präparation zu berücksichtigen. Die sich aus der experimentellen Beobachtung für einen ausgewerteten Messwert $\bar{N}_{\mathrm{SRP}}$ ergebende Unsicherheit ΔN_{SRP} setzt sich aus einem relativen und einem absoluten Anteil zusammen zu

$$\Delta N_{\mathrm{SRP}} = \pm\left(\bar{N}_{\mathrm{SRP}} \cdot 10\,\% + 2 \cdot 10^{13}\,\mathrm{cm}^{-3}\right). \tag{3.3}$$

Die dieser Fehlerabschätzung zugrunde liegenden Profile sind im Anhang A.1 auf Seite 247 beigefügt. Der relative Anteil der Unsicherheit wird auf Schwankungen der Kontaktqualität, hervorgerufen durch die Qualität der Sondenspitzen, Verunreinigungen, den Anpressdruck sowie die Qualität der präparierten Probenoberfläche zurückgeführt. Schwankungen der Messelektronik, speziell der Spannungsquelle und bei der Strommessung, werden als ursächlich für den Absolutterm in Gleichung (3.3) angesehen. Ein Einfluss der Schrittweite wird bei der hier verwandten Messapparatur erst unterhalb von 2,5 µm beobachtet. Alle im Folgenden gezeigten Profile aus Ausbreitungswiderstandsmessungen sind mit einer Schrittweite von mindestens 5 µm aufgenommen worden.

3.2 Kapazitäts-Spannungsmessungen

Die ursprünglich an MOS-Strukturen[5] zur Bestimmung der Dotierstoffkonzentration eingesetzte Kapazitäts-Spannungsmessung [196] lässt sich auch auf sperrende Schottky- oder ideal asymmetrische *pn*-Dioden anwenden. Bei dieser Methode wird die Kapazität der sperrspannungsabhängigen Raumladungszone[6] bestimmt. Dabei ist die spannungsabhängige Änderung dieser Kapazität C_{RLZ} abhängig von der Konzentration ortsfester Ladungen $N_s(x)$ an der Grenzfläche der Raumladungszone in der Tiefe x_{RLZ}.

[5] MOS steht kurz für engl. *metal oxide semiconductor.*

[6] Im Folgenden des Öfteren mit RLZ abgekürzt.

Aus zweimaliger Integration der Poisson-Gleichung und Umformung ergibt sich mit der Raumladungskapazität

$$C_{\mathrm{RLZ}} = \frac{\epsilon_0 \epsilon_{\mathrm{Si}} A}{x_{\mathrm{RLZ}}} \tag{3.4}$$

für die Ladungskonzentration:

$$N_s\left(x_{\mathrm{RLZ}}\right) = \frac{2}{\epsilon_0 \epsilon_{\mathrm{Si}} A^2 e} \left(\frac{\partial \left(1/C^2_{\mathrm{RLZ}}\right)}{\partial U} \right)^{-1}. \tag{3.5}$$

Dabei ist ϵ_0 die elektrische Feldkonstante, ϵ_{Si} die relative Permittivität des Siliziums, A die Kontaktfläche der Diodenstruktur und x_{RLZ} aus Umformung von Gleichung (3.4) gegeben. Eine ausführlichere Herleitung findet sich beispielsweise in Referenz [197].

Zur Bestimmung der Kapazitäts-Spannungskurven $C_{\mathrm{RLZ}}\left(U\right)$ wurde in der vorliegenden Arbeit bei einer schrittweise variierten Sperrspannung bis 100 V der durch eine Kleinsignalspannung hervorgerufene Verschiebungsstrom mittels einer Impedanzmessbrücke abgeglichen. Im Gegensatz zur Ausbreitungswiderstands-Methode ist bei der Kapazitäts-Spannungs-Methode der untersuchbare Tiefenbereich bei einer gegebenen Spannung durch die Ladungskonzentration im untersuchten Bereich der Probe begrenzt. Abbildung 3.3 zeigt die mit verschiedenen Sperrspannungen maximal erreichbare Tiefe in Abhängigkeit einer homogenen Substratdotierung N_s nach

$$x_{\mathrm{RLZ}} = \sqrt{\left(U + U_D\right) \frac{2\epsilon_0 \epsilon_{\mathrm{Si}}}{e N_s}}, \tag{3.6}$$

mit der Diffusionsspannung U_D des Diodenkontaktes.

Die mittels Kapazitäts-Spannungsmessungen gewonnene Ladungskonzentration entspricht der Summenkonzentration aller ortsfester Ladungen. Vor allem bei hohen Feldstärken können dabei durch den Poole-Frenkel-Effekt [198] auch Störstellen mit hoher Ionisationsenergie beitragen, die im Normalfall bei der Messtemperatur keine freien Ladungsträger zur Verfügung stellen.

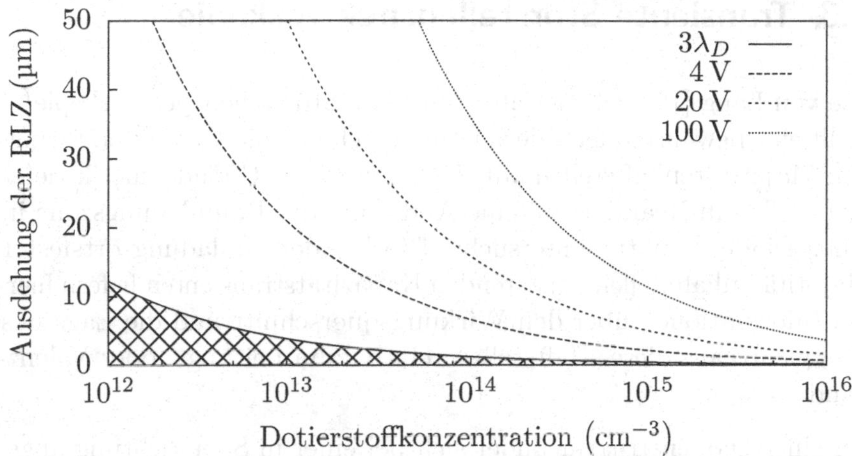

Abbildung 3.3 – Messbereich der Kapazitäts-Spannungs-Methode in Abhängigkeit der homogenen Dotierstoffkonzentration des untersuchten Substrates für unterschiedliche Sperrspannungen

Bei exakter Betrachtung muss die stetige Majoritätenverteilung im Übergangsbereich zwischen der Raumladungszone und dem neutralen Volumen des Halbleiters um x_{RLZ} mit berücksichtigt werden. Die charakteristische Weite dieses Übergangsbereiches bei einer Temperatur T ist durch die Debye-Länge λ_D mit

$$\lambda_D = \sqrt{\frac{\epsilon_0 \epsilon_{\mathrm{Si}} k_B T}{e^2 N_s}} \tag{3.7}$$

gegeben. Dabei ist k_B die Boltzmann-Konstante. Ab einer Weite der Raumladungszone von mehr als etwa $3\lambda_D$ ist jedoch die hier verwandte Näherung eines scharfen Überganges zwischen der Raumladungszone und dem neutralen Halbleiterbereich bei x_{RLZ} zulässig [188].

3.3 Transiente Störstellenspektroskopie

Die von Lang [199] entwickelte transiente Störstellenspektroskopie[7,8] stellt eine bewährte Methode zur Untersuchung und Charakterisierung von Majoritätenhaftstellen dar. Dabei wird die Umladekinetik tiefer Haftstellen in Reaktion auf eine Änderung der Raumladungszone in einer Diodenstruktur untersucht. Die bei der Umladung ortsfester Majoritätenhaftstellen auftretenden Kapazitätstransienten liefern hierbei Informationen über den Wirkungsquerschnitt und die Lage des Energieniveaus dieser Haftstellen relativ zum Leitungs- oder Valenzband.

An einer Diodenstruktur bildet sich bei einer in Sperrrichtung angelegten Spannung U_R eine Raumladungszone nach Gleichung (3.6) aus. Die Ausdehnung dieser Raumladungszone mit dem entsprechenden Bänderschema ist links in Abbildung 3.4 für einen Schottkykontakt auf elektronenleitendem Silizium skizziert. Darin stellt E_l die Leitungsbandkante und E_F die Fermienergie dar. Mit E_R ist zugleich das Energieniveau einer Haftstelle eingezeichnet. Der Halbleiter unterhalb des Schottkykontaktes lässt sich in drei Bereiche unterteilen:

I Raumladungszonenbereich: E_R liegt oberhalb von E_F, die Haftstellen in diesem Bereich sind im Gleichgewicht unbesetzt und neutral. Die Konzentration ortsfester Ladungen ist durch die Konzentration der ionisierten Donatorenrümpfe gegeben.

II Raumladungszonenbereich: E_R liegt unterhalb von E_F, die Haftstellen in diesem Bereich sind besetzt. Die effektive Konzentration ortsfester Ladungen setzt sich aus der Konzentration der

[7] Im Englischen *deep level transient spectroscopy* (DLTS).

[8] Dieses Verfahren stellt entgegen seinem Namen im physikalischen Sinne keine Spektroskopie dar.

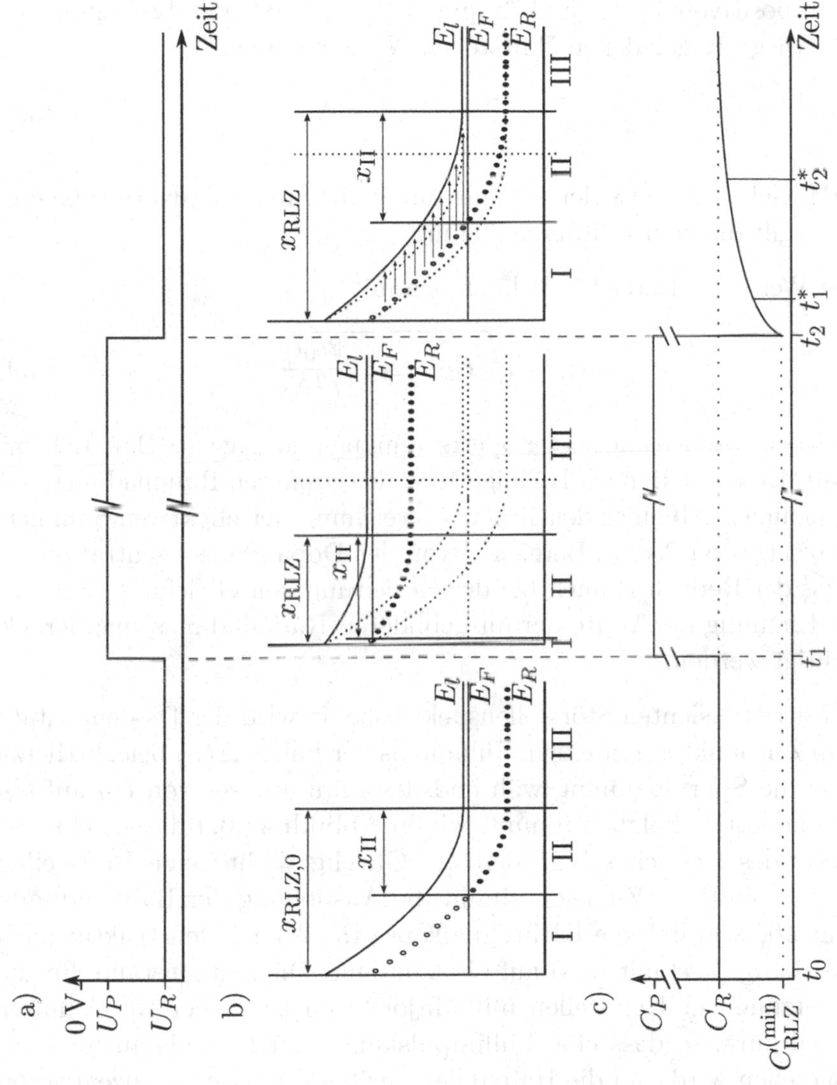

Abbildung 3.4 – Skizzierter Ablauf einer Störstellenspektroskopie-Messung an einem Schottkykontakt auf elektronenleitendem Silizium: a) Zeitverlauf der Sperrspannung; b) Bänderdiagramme zu den Zeiten t_0, t_1 und t_2, die gefüllten Punkte deuten besetzte Majoritätenhaftstellen, die offenen Punkte unbesetzte Majoritätenhaftstellen an; c) resultierender Zeitverlauf der Raumladungszonenkapazität

positiven Donatorenrümpfe N_s^+ und jener der besetzten und negativ geladenen Haftstellen N_T^- zusammen:[9]

$$N_\Sigma = N_s^+ - N_T^- \tag{3.8}$$

III Gebiet jenseits der Raumladungszone ohne Bandverbiegung: es gilt die Neutralitätsbedingung.

Die Weite des Bereiches II lässt sich mit

$$x_{\mathrm{II}} = \sqrt{(E_F - E_R)\frac{2\epsilon_0\epsilon_{\mathrm{Si}}}{e^2 N_\Sigma}} \tag{3.9}$$

angeben. Je nach angelegter Sperrspannung und Lage des Haftstellenniveaus kann der Bereich II einige 10 % der gesamten Raumladungszone einnehmen. Ab einer deutlichen Abweichung der effektiven Summenkonzentration N_Σ im Bereich II von der Dopandenkonzentration N_s muss der Bereich II auch bei der Herleitung von Gleichung (3.6) zur Bestimmung der Weite der ausgebildeten Raumladungszone berücksichtigt werden.

Bei der transienten Störstellenspektroskopie wird der Diodenkontakt zum Zeitpunkt t_1 mit einem Füllimpuls der Länge $\Delta t_{1,2}$ belegt. Hierzu wird die Sperrspannung während des Füllimpulses von U_R auf U_P vermindert.[10] Folglich nimmt, wie in Abbildung 3.4 dargestellt, die Weite des Bereiches I, in dem im Gleichgewicht keine Haftstellen besetzt sind, ab. Zugleich nimmt die Ausdehung der Raumladungszone ab, wodurch die Kleinsignalkapazität der Diodenstruktur nach Gleichung (3.4) mit (3.6) auf C_P zunimmt. Die Zeitkonstante für die Besetzung der Haftstellen mit Majoritäten ist in der Regel hinreichend kurz, so dass eine Füllimpulslänge von 1 ms als ausreichend angesehen wird, um die Haftstellen zur Gleichgewichtskonzentration

[9] In der Herleitung wird von einer einzelnen akzeptorartigen Haftstelle in elektronenleitendem Substrat ausgegangen, die Argumentation lässt sich jedoch problemlos auf mehrere Haftstellen N_T oder auf Löcherleitung ausweiten.

[10] In der vorliegenden Arbeit wurden Sperrspannungen U_R zwischen -2 V und -5 V sowie eine Füllimpulsspannung U_P von -1 V verwandt.

zu füllen. Im Anschluss an den Füllimpuls wird zum Zeitpunkt t_2 die Sperrspannung am Diodenkontakt wieder auf ihren ursprünglichen Wert U_R angehoben. Entsprechend nimmt die Ausdehnung der Raumladungszone wieder zu, wobei durch die im Bereich I noch besetzten Haftstellen N_T^{I} die effektive Summenkonzentration N_Σ von ortsfesten Ladungen in diesem Bereich zusätzlich herabgesetzt ist. Dieser zusätzliche Anteil an Gegenladungen zur Grunddotierung ruft eine Ausdehnung der Raumladungszone über ihre Tiefe $x_{\mathrm{RLZ},0}$ zu t_0 hinaus hervor. Die durch die Ausdehnung der Raumladungszone gegebene Kleinsignalkapazität der Diodenstruktur nach Gleichung (3.4) fällt damit zunächst unter C_R auf

$$C_{\mathrm{RLZ}}(t) = C_R - \Delta C(t) \tag{3.10}$$

ab. Bei den in dieser Arbeit vorgestellten Messungen betrug C_R typischerweise etwa 10 pF, während die Kapazitätstransiente $\Delta C(t)$ eine Amplitude im Bereich von bis zu einigen 10 fF aufwies.

Durch Einsetzen von Gleichung (3.6) in Gleichung (3.4) lässt sich der Einfluss einer Störung der ortsfesten Ladungen,

$$N_s \rightarrow N_s - N_T^{\mathrm{I}}, \tag{3.11}$$

auf die Kapazität C_{RLZ} der Raumladungszone abschätzen. Es findet sich

$$C_{\mathrm{RLZ}} = \underbrace{\sqrt{\frac{\epsilon_0 \epsilon_{\mathrm{Si}} A^2}{(U - U_D)\frac{2}{eN_s}}}}_{C_{\mathrm{RLZ},0}} \sqrt{1 - \frac{N_T^{\mathrm{I}}}{N_s}}, \tag{3.12}$$

womit sich für hinreichend kleine Störungen N_T^{I} aus einer Taylor-Entwicklung

$$\partial_t C_{\mathrm{RLZ}}(t) = \partial_t \Delta C(t) \approx \frac{C_{\mathrm{RLZ},0}}{2N_s} \partial_t N_T^{\mathrm{I}}(t) \tag{3.13}$$

ergibt. Für geringe Haftstellenkonzentrationen lässt sich hiernach mit der gemessenen Kapazitätstransiente direkt die zeitliche Änderung der Anzahl besetzter Haftstellen beobachten.

Für die Anzahl der im Bereich I im Vergleich zum Zeitpunkt t_0 zusätzlich besetzten Haftstellen N_T^{I} gilt ab dem Zeitpunkt t_2:

$$N_T^{\mathrm{I}}(t) = N_{T,0}^{\mathrm{I}} e^{-\frac{t}{\tau_e}}, \tag{3.14}$$

mit der Zeitkonstanten der thermodynamischen Emission [187]

$$\tau_e = \left[\sigma_n^R v_n^{\mathrm{th}} N_l^* \exp\left(-\frac{\Delta G}{k_B T}\right)\right]^{-1} \tag{3.15}$$

und der thermischen Elektronengeschwindigkeit

$$v_n^{\mathrm{th}} = \sqrt{\frac{3k_B T}{m_n^*}}. \tag{3.16}$$

Darin ist σ_n^R der Wirkungsquerschnitt der Haftstelle für Elektronen, N_l^* die Zustandsdichte im Leitungsband, ΔG die Gibbs-Energie und m_n^* die effektive Elektronenmasse. Mit

$$\Delta G = \Delta H - T\Delta S, \tag{3.17}$$

worin ΔH die Enthalpie und ΔS die Entropie sind, und dem Entropiefaktor

$$\chi_n = \exp\left(\frac{\Delta S}{k_B}\right) \tag{3.18}$$

lässt sich Gleichung (3.15) schreiben als

$$\tau_e = \left[\sigma_n^R v_n^{\mathrm{th}} N_l^* \chi_n \exp\left(-\frac{\Delta H}{k_B T}\right)\right]^{-1}. \tag{3.19}$$

Mit der Kenntnis von $\tau_e(T)$ aus dem Verlauf der experimentell gemessenen Kapazitätstransienten lassen sich nach Gleichung (A.1) aus einer Arrhenius-Auftragung die charakteristischen Größen $\sigma_n^R \chi_n$ und ΔH einer Haftstelle angeben. Dabei lässt sich der Entropiefaktor nicht vom Wirkungsquerschnitt trennen.[11]

[11] Im Folgenden wird nicht mehr zwischen Aktivierungsenthalpie und -energie unterschieden, auch wird synonym σ_n^R beziehungsweise σ_{Arr}^R für $\sigma_n^R \chi_n$ verwandt.

Bei der klassischen Störstellenspektroskopie nach Lang [199] wird $\tau_e(T)$ ermittelt, indem zunächst für ein Messzeitpaar t_1^* und t_2^* bei einer Probentemperatur T jeweils die Differenz auf der Kapazitätstransienten nach

$$\Delta C^*(T) = \left[C(t_1^*) - C(t_2^*)\right]_T \tag{3.20}$$

aufgezeichnet wird. Dabei wird am Maximum der ermittelten Werte von $\Delta C^*(T_{\text{max}})$ die zugehörige Zeitkonstante $\tau_e(T_{\text{max}})$ nach

$$\tau_e = \frac{t_1^* - t_2^*}{\ln\left(t_1^*/t_2^*\right)} \tag{3.21}$$

angegeben. Die so erhaltenen Zeitkonstanten $\tau_e(T_{\text{max}})$ können schließlich mit der Gleichung (A.1) angenähert werden, woraus sich die gesuchte Lage des Energieniveaus und der Wert des Wirkungsquerschnittes der untersuchten Haftstelle ergeben.

Bei der in der vorliegenden Arbeit verwandten Fouriertransformations-Störstellenspektroskopie[12] werden die bei verschiedenen Probentemperaturen erzeugten Kapazitätstransienten mit unterschiedlichen Korrelationsfunktionen fouriertransformiert [200, 201]. Die erhaltenen Fourierkoeffizienten werden über die Messtemperatur aufgetragen und wiederum die Temperatur T_{max}, an denen die Koeffizienten maximal werden, bestimmt. Die zugehörigen Zeitkonstanten $\tau_e(T_{\text{max}})$ können bei diesem Verfahren aus den Fourierkoeffizienten bestimmt werden.

Bei dem vorangehend vorgestellten Messverfahren können verschiedene Fehlerquellen zu Unsicherheiten in den bestimmten Größen führen. Die Überlagerung sehr ähnlicher Kapazitätstransienten von verschiedenen Haftstellen kann in der Auswertung der experimentellen Daten leicht übersehen werden, auch wenn dieses prinzipiell bei der hier verwandten Fouriertransformations-Störstellenspektroskopie eher kontrollierbar ist, als bei dem herkömmlichen Verfahren. Die hierbei erhaltenen unkorrekten $\tau_e(T)$-Werte weichen von der Arrhenius-Gesetzmäßigkeit ab, können aber, sofern diese Abweichung gering

[12] Im Englischen *deep level transient fourier spectroscopy* (DLTFS) oder *fourier transform deep level transient spectroscopy* (F-DLTS).

ist und somit bei der Auswertung übersehen wird, zu fehlerhaften Werten der Aktivierungsenergie ($E_l - E_\mathrm{R}$) und des Wirkungsquerschnittes σ_n^R der vermeintlichen Haftstelle führen. Ferner muss auch ein möglicher Temperaturfehler berücksichtigt werden. Hierzu können ein Temperaturgradient zwischen der untersuchten Probe und der Temperatursonde sowie ein Absolutfehler der gemessenen Temperatur beitragen. Der Temperaturfehler wird auf etwa 2 K abgeschätzt.

Tatsächlich ist auch der Wirkungsquerschnitt σ_n^R eine nach

$$\sigma_n^R = \sigma_{n,0}^R \exp\left(-\frac{E_\sigma}{k_B T}\right) \tag{3.22}$$

von der Temperatur abhängende Größe. Dies wird allerdings im Folgenden nicht weiter berücksichtigt. Der ungeachtet seiner Temperaturabhängigkeit aus den Störstellenspektroskopie-Messungen erhaltene Wirkungsquerschnitt wird als σ_Arr^R bezeichnet.

3.4 Probenpräparation

In der vorliegenden Arbeit wurden hauptsächlich Proben aus phosphordotiertem hochohmigem zonengeschmolzenem Silizium verwandt. Bei dem verwandten Material handelte es sich um kommerziell erhältiche hochreine Siliziumscheiben mit 150 mm beziehungsweise 200 mm Durchmesser, wobei die polierte Scheibenvorderseite parallel zur (100)-Ebene lag. Zur Untersuchung des Grundmaterialeinflusses auf die erzeugten Ladungsträgerprofile wurden in Kapitel 4.5 zusätzlich Proben aus bordotiertem tiegelgezogenem Silizium untersucht. Letztere wurden nach dem magnetischen Tiegelziehverfahren hergestellt, welches im Vergleich zum klassischen Tiegelziehverfahren einen geringeren Sauerstoffgehalt des erzeugten Siliziums ermöglicht. Sämtliche Proben, mit Ausnahme von Kontrollproben der Serie U10, wurden vorab einem oxidierenden Hochtemperaturprozess oberhalb von 1000 °C ausgesetzt, um Gitterleerstellenagglomerate aus dem Kristallziehprozess aufzulösen. Die hierbei erzeugte Siliziumoxidschicht wurde vor der

Implantation nasschemisch entfernt. Bei allen Prozessschritten wurde auf eine hohe Reinheit der Proben geachtet, um eine metallische oder organische Kontamination auszuschließen. Speziell Kupfer besitzt eine zum Wasserstoff vergleichbare Diffusionskonstante [160] in kristallinem Silizium und könnte bei den hier verwandten thermischen Budgets tief in das untersuchte Profil eindringen und dort zu unerwünschten Effekten führen [15, 202, 203]. Tabelle A.1 im Anhang listet die hier verwandten Probenserien auf.

Die Protonenimplantation der Proben fand in verschiedenen Anlagen unter Hochvakuum in die polierte Scheibenvorderseite statt. Um Kanalführungseffekte auszuschließen, erfolgten alle Implantationen in der vorliegenden Arbeit unter einer Verkippung der Scheiben um 7° beziehungsweise 13° und einer Rotation um 20° relativ zum eintreffenden Protonenstrahl. Die Strahlstromdichten unterschieden sich zwischen den verschiedenen Anlagen um drei Größenordnungen zwischen etwa $10^{12}\,p^+s^{-1}cm^{-2}$ und etwa $10^{15}\,p^+s^{-1}cm^{-2}$. Dabei wurde der Protonenstrahl in allen Anlagen während der Implantation mit einer hohen Frequenz über die zu implantierende Probe gerastert. Ein signifikanter Einfluss der Strahlstromdichte auf die endgültige Bildungsrate der Wasserstoffdonatorenkomplexe wurde hierbei nicht beobachtet. Bei den eingesetzten Strahlleistungen von bis zu einigen 100 W kann es ohne weitere Massnahmen zu einer starken Erhitzung der implantierten Proben kommen. Bei Implantationstemperaturen von über 150 °C tritt eine signifikante Variation der erzeugten Tiefenverteilung der Wasserstoffdonatoren auf (siehe hierzu Abbildung A.2 im Anhang). Bei allen Proben wurde daher entweder die Probentemperatur während der Implantation überwacht und durch eine eventuelle Unterbrechung des Protonenstrahls deutlich unter 150 °C gehalten oder der Protonenstrahlstrom so gering gehalten, dass eine entsprechende Selbsterhitzung der Proben ausgeschlossen werden konnte. Dies gilt nicht für die speziell der Untersuchung des Einflusses der Implantationstemperatur dienenden Proben der Serie S10.

Die Temperung der implantierten Proben erfolgte zum Teil in einem Horizontalofen unter Inertatmosphäre. Bei Versuchen, bei denen das thermische Budget genauer kontrolliert werden musste als es durch das automatische Probenein- und -ausfahren im Horizontalofen möglich gewesen wäre, erfolgte die Ausheilung in einem händisch beschickbaren Ofen unter Luft. Hierbei wurden die Proben in einem sauberen Quarztiegel in den Ofen eingebracht, während die Temperatur direkt mittels eines durch eine Öffnung miteingeführten Thermoelementes am Ort der Proben kontrolliert und händisch angesteuert wurde. Bei Temperaturen oberhalb von 450 °C erfolgten die Ausheilungen in einem Horizontalofen mit automatischer Beschickung. Die Einstellbarkeit der tatsächlichen Probentemperatur im Temperaturbereich bis etwa 500 °C wurde aus Vergleichen mit Temperungen in anderen Ofenanlagen hierbei auf ±15 °C geschätzt.

Für die Kapazitäts-Spannungsmessungen in Kapitel 4.1 sowie die Störstellenspektroskopie-Messungen in Kapitel 5 mussten Diodenkontakte auf den Proben hergestellt werden. Hierzu wurden vor der Protonenimplantation durch eine strukturierte BF_2-Implantation mit einer Energie von 20 keV und einer Dosis von $1 \cdot 10^{14}\,\text{cm}^{-2}$, gefolgt von einem Ausheilschritt bei 1050 °C für 1 h, *pn*-Diodenkontakte mit einem Radius von 0,75 mm erstellt. Die Diodenkontakte wurden anschließend durch Aufdampfen von 100 nm Titan und 400 nm Aluminium metallisiert. Die Metallkontakte hatten dabei einen Radius von lediglich 0,5 mm, um ein Kurzschließen der Diodenkontakte zu verhindern. An weiteren Proben wurden erst nach der Protonenimplantation und nachfolgender Ausheilung Schottkykontakte aus aufgedampftem Gold erzeugt. Es zeigt sich kein Unterschied zwischen den an Schottkykontakten und *pn*-Dioden gemessenen Kapazitäts-Spannungskurven, die auf eine Beeinflussung der Proben durch die Vorprozessierung der *pn*-Dioden hinweist.

4 Ladungsträgerprofile und Parameterabhängigkeiten

Nachdem die vorangehenden Kapitel die Motivation und Zielsetzung der vorliegenden Arbeit darlegen, werden in diesem Kapitel die erbrachten experimentellen Ergebnisse und deren Interpretationen vorgestellt. Das Kapitel ist nach den untersuchten Teilaspekten der Protonenimplantationsdotierung unterteilt. Eine Diskussion der Ergebnisse erfolgt in jedem Abschnitt jeweils direkt im Anschluss an deren Vorstellung.

Nachfolgender Abschnitt 4.1 behandelt zunächst den Einfluss der Protonenimplantation auf die Ladungsträgerbeweglichkeit und prüft somit die Validität der benutzten Ausbreitungswiderstands-Methode. Da die Bildung der untersuchten Wasserstoffdonatorenkomplexe die gleichzeitige Anwesenheit von Strahlendefekten und Wasserstoff im Silizium erfordert, ist die Diffusion des implantierten Wasserstoffs durch die durchstrahlte Schicht von entscheidender Bedeutung für die Ausbildung der Donatorenprofile. Entsprechend untersucht Abschnitt 4.2 die Abhängigkeit dieser Ausbildung der Profile von dem aufgewandten thermischen Budget und leitet daraus eine analytische Beschreibung der Aufweitung der implantierten Wasserstoffverteilung her. Die Wasserstoffdonatorenkomplexe bestehen aus bis dato nicht identifizierten bestrahlungsinduzierten Defektkomplexen mit einer begrenzten thermischen Stabilität. Abschnitt 4.3 untersucht das Ausheilen dieser Wasserstoffdonatorenkomplexe und gibt die daraus bestimmten Dissoziationsenergien der Donatoren an. Abschnitt 4.4 untersucht den Einfluss des Profils der erzeugten Strahlenschäden auf das spätere Donatorenprofil. Dabei werden neben der Variation von Protonenenergie und -dosis auch der Einfluss zusätzlicher Strahlenschäden aus einer Heliumkoimplantation untersucht. Die bis hierhin untersuchten Profile werden sämtlich in vergleichsweise sauerstoffarmem zonengeschmolzenem Silizium erzeugt. In Abschnitt 4.5 werden schließlich Ladungsträgerprofile in protonenbestrahltem tiegelgezogenem Silizium behandelt und hiermit der Einfluss des Substrates auf die Ausbildung der Profile untersucht.

Das später nachfolgende Kapitel 6 fasst die hier gewonnenen Erkenntnisse über die Parameterabhängigkeiten der protonenimplantationsinduzierten Donatorenprofile zusammen. Das resultierende Modell ist im Stande, die Wasserstoffdonatorenprofile in guter Übereinstimmung mit dem Experiment vorherzusagen.

4.1 Ladungsträgerbeweglichkeit in den erzeugten Profilen

Die nachfolgend vorgestellten experimentellen Untersuchungen der vorliegenden Arbeit beruhen vorwiegend auf Ladungsträgerkonzentrationsprofilen, welche nach dem Ausbreitungswiderstandsverfahren bestimmt wurden. Wie im vorangehenden Kapitel 3.1 erläutert, ist für die Umwandlung der mit dieser Methode gemessenen Ausbreitungswiderstandsprofile in die für die Untersuchung verwandten Ladungsträgerprofile die Kenntnis der Ladungsträgerbeweglichkeit an jedem Punkt entlang des gemessenen Profils notwendig. Bei der Ausbreitungswiderstands-Methode werden für diese Umwandlung typischerweise tabellierte Werte für den untersuchten Dotierstoff benutzt, in welchen die dotierstoff- und konzentrationsabhängige Beweglichkeit berücksichtigt ist.

Die Ladungsträgerbeweglichkeit in einem Substrat ist abhängig von dem Wirkungsquerschnitt und der Konzentration der vorhandenen, als Streuzentren wirkenden Kristalldefekte, zu denen auch die jeweiligen Dopanden zählen. Durch eine Schädigung des Siliziums, beispielsweise durch die Bestrahlung mit Protonen wie in der vorliegenden Arbeit, werden zusätzliche Streuzentren in den Kristall eingeführt. Die Anwesenheit zusätzlicher Streuzentren setzt die Ladungsträgerbeweglichkeit nach Gleichung (3.2) herab. Die hier erzeugten und untersuchten Wasserstoffdonatorenkomplexe bestehen mutmaßlich aus wasserstoffdekorierten, über mehrere Gitterplätze des Siliziumkristalls ausgedehnten Defektkomplexen.[1] Folglich ist in mit Wasserstoffdonatorenkomplexen dotiertem Silizium eine geringere Elektronenbeweglichkeit, entsprechend einem höheren spezifischen Widerstand, zu erwarten als in einer mit der gleichen Konzentration von Phosphor dotierten Vergleichsprobe.

Die für eine korrekte Umwandlung der gemessenen spezifischen Widerstandsprofile notwendige Kenntnis von der Elektronenbeweglichkeit in Abhängigkeit der Donatorenkonzentration in mit Wasserstoffdonatorenkomplexen dotiertem Silizium ist aus der aktuellen Literatur nicht bekannt. Auch konnten im Rahmen der vorliegenden Arbeit zu den jeweiligen spezifischen Widerstandsprofilen keine Beweglichkeitsprofile direkt, beispielsweise mittels Hall-Effektmessungen, gemessen werden. Stattdessen wird die Elektronenbeweglichkeit in diesem Kapitel indirekt aus dem Vergleich von Ladungsträgerkonzentrationen aus Kapazitäts-Spannungsmessungen mit dem spezifischen Widerstand aus Ausbreitungswiderstandsmessungen abgeschätzt.

In Abbildung 4.1 sind Werte des spezifischen Widerstandes aus Ausbreitungswiderstandsmessungen über den jeweiligen mittels Kapazitäts-Spannungsmessungen gewonnenen Ladungsträgerkonzentrationen aufgetragen. Im nachfolgenden Teil der vorliegenden Arbeit werden deutliche Unterschiede zwischen um 350 °C und um 470 °C ausgeheilten Proben aufgezeigt, welche auf die Erzeugung zumindest zweier unterschiedlicher Donatorenspezies hinweisen. Die hier behandelte

[1] Hartung [121] beispielsweise berichtet von einer Aufspaltung der $2p_{\pm}$-Übergänge im photothermischen Ionisationsspektrum protonenimplantierter Siliziumproben, welche er auf von den Donatorenkomplexen ausgehende Druckfelder zurückführt. Die erzeugten Defekte führen hiernach aufgrund ihrer Ausdehnung zu einer Verspannung des umliegenden Kristallgitters.

Elektronenbeweglichkeit wird daher an in beiden Temperaturbereichen getemperten Proben untersucht. Die in Abbildung 4.1 abgebildeten Messwerte entstammen jeweils dem Maximum des Ladungsträgerprofils beziehungsweise dem Minimum des spezifischen Widerstandsprofils. Durch die Beschränkung des Vergleiches auf diese ausgezeichnete Position in den gemessenen Profilen können Unsicherheiten in der relativen Position der nach den beiden Verfahren gewonnenen Profile ausgeschlossen werden.

Die gemessenen Werte des spezifischen Widerstandes liegen bei den jeweiligen Ladungsträgerkonzentrationen sämtlich über dem in Abbil-

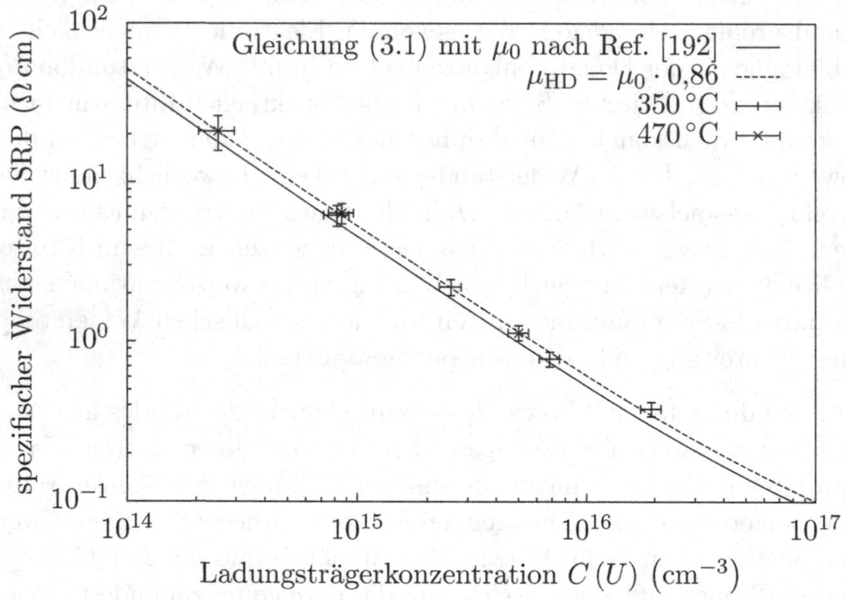

Abbildung 4.1 – Auftragung des aus Ausbreitungswiderstandsmessungen gewonnenen spezifischen Widerstandes über die mittels Kapazitäts-Spannungsmessungen gewonnene Ladungsträgerkonzentration jeweils am Maximum der Profile in mit unterschiedlichen Protonendosen implantierten Proben nach einer an die Implantation anschließenden Temperung bei 350 °C oder 470 °C für 5 h

dung 4.1 gezeigten erwarteten Zusammenhang für ungestörtes phosphordotiertes Silizium. Die gemessenen Werte für die Abhängigkeit des spezifischen Widerstandes von der Ladungsträgerkonzentration in mit Wasserstoffdonatorenkomplexen dotiertem Silizium lassen sich in dem untersuchten Ladungsträgerkonzentrationsbereich zwischen etwa $10^{14}\,\mathrm{cm}^{-3}$ und einigen $10^{16}\,\mathrm{cm}^{-3}$ nach Gleichung (3.1) mit einer verminderten Elektronenbeweglichkeit μ_{HD} beschreiben. Aus der in Abbildung 4.1 ebenfalls gezeigten Annäherung an die experimentellen Werte findet sich dabei mit

$$\mu_{\mathrm{HD}} = \mu_0 \cdot (0{,}86 \pm 0{,}05) \tag{4.1}$$

ein von der Ladungsträgerkonzentration unabhängiger Korrekturfaktor zu der in phosphordotiertem Silizium erwarteten konzentrationsabhängigen Beweglichkeit μ_0.

Abbildung 4.2 zeigt die nach Gleichung (3.1) aus den in Abbildung 4.1 dargestellten experimentellen Daten gewonnene Ladungsträgerbeweglichkeit zusammen mit dem für unbestrahltes phosphordotiertes Silizium erwarteten Zusammenhang aus Abbildung 3.2. Die gezeigten experimentellen Beweglichkeitswerte beruhen auf der Annahme, dass die mit der Kapazitäts-Spannungs-Methode bestimmten Konzentrationen der ortsfesten Ladungen den für die elektrische Leitung während der Ausbreitungswiderstandsmessungen zur Verfügung stehenden Ladungsträgern entsprechen. Da diese Annahme hier nicht überprüft werden konnte, kann ein Fehler dieser Abschätzung nicht ausgeschlossen werden. Neben dieser Einschränkung gilt die festgestellte Korrektur der Ladungsträgerbeweglichkeit nach Gleichung (4.1) nur im untersuchten Ladungsträgerkonzentrationsbereich. Für geringere Konzentrationen der durch die Protonenimplantation erzeugten Donatoren ist die Hintergrunddotierung der verwandten Proben nicht mehr vernachlässigbar.

Die gefundene geringe Verminderung der Ladungsträgerbeweglichkeit im Vergleich zu phosphordotiertem Substrat ist in Übereinstimmung mit Resultaten von Ohmura, Zohta und Kanazawa [105] sowie von

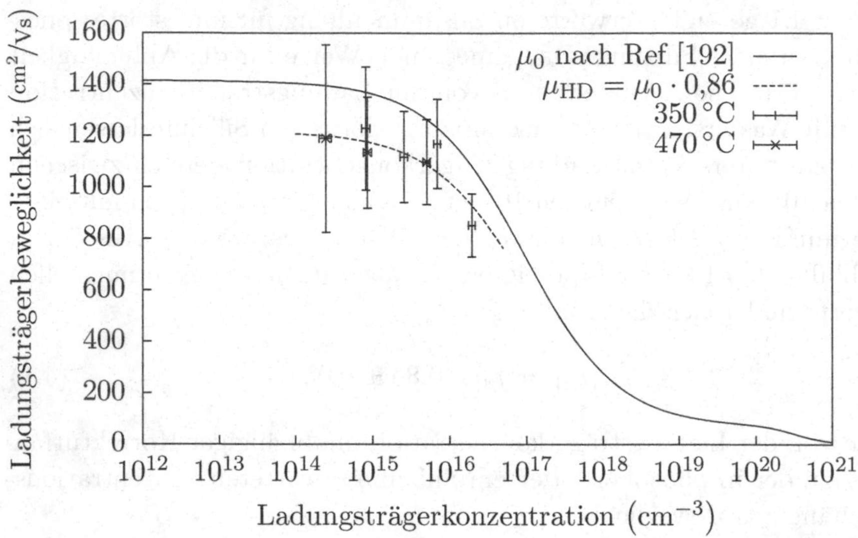

Abbildung 4.2 – Aus den experimentellen Daten in Abbildung 4.1 nach Gleichung (3.1) gewonnene Beweglichkeit in mit unterschiedlichen Protonendosen implantierten Proben nach einer an die Implantation anschließenden Temperung bei 350 °C oder 470 °C für 5 h

Klug [182]. Die genannten Autoren messen an protonendotierten Proben mittels Hall-Effektmessungen ebenfalls Beweglichkeiten, die nicht signifikant von der in entsprechend phosphordotiertem Silizium abweichen. Die Autoren messen die Ladungsträgerbeweglichkeit dabei jeweils nur für einen Parametersatz, so dass hieraus die notwendige Abhängigkeit der Ladungsträgerbeweglichkeit von der Dotierstoffkonzentration nicht gewonnen werden kann. Zudem messen die Autoren jeweils an Proben mit einem oberflächennahen Wasserstoffdonatorenprofil in elektronenleitend dotiertem Substrat. Der bei der Hall-Effektmessung fließende Strom ist somit nicht auf den protonendotierten Teil der Probe beschränkt, so dass die Autoren lediglich eine effektive Leitfähigkeit und Beweglichkeit der gesamten Probe inklusive des nicht mit Wasserstoffdonatoren aufgefüllten Volumens messen. Von einer Anwendung der in Gleichung (4.1) festgestellten

Beweglichkeitskorrektur auf die im nachfolgenden experimentellen Teil dieser Arbeit abgebildeten und diskutierten Ladungsträgerkonzentrationen aus Ausbreitungswiderstandsmessungen wird jedoch, trotz der prinzipiellen Übereinstimmung mit den Resultaten der Arbeiten von Ohmura, Zohta und Kanazawa [105] sowie von Klug [182], aus vorgenannten Unsicherheiten des hier verwandten Verfahrens abgesehen.

4.2 Diffusion des implantierten Wasserstoffs

Für die Bildung der hier untersuchten Wasseerstoffdonatorenkomplexe müssen zugleich Wasserstoff sowie Strahlenschäden im Siliziumkristall vorhanden sein. Nach der Bestrahlung einer Siliziumprobe mit Protonen mit Energien im Bereich von Megaelektronenvolt weichen die simulierten Verteilungen der Strahlendefekte und der implantierten Wasserstoffatome jedoch deutlich voneinander ab. Abbildung 4.3 zeigt mit *SRIM* [164] simulierte Konzentrationsprofile von Wasserstoff und Primärdefektverteilungen für verschiedene Protonenenergien. Die Lagen des Maximums der Strahlenschäden an R_m und jenes des Wasserstoffs an R_p unterschieden sich dabei nur um wenige Tausendstel R_p. Die Profilform der jeweiligen Wasserstoff- und Schadensverteilungen unterschieden sich jedoch deutlich voneinander. So fällt die Konzentration des implantierten Wasserstoffs rasch um mehrere Größenordnungen zur durchstrahlen Oberflächen hin ab, während die Konzentration der Primärschäden mit einer geringen Steigung in Richtung der durchstrahlten Oberfläche um insgesamt weniger als zwei Größenordnungen abnimmt.

Um die Bildung der Wasserstoffdonatorenkomplexe zu ermöglichen, müssen sich die Verteilungen der Strahlenschäden und jene des Wasserstoffs überlagern. Da die zunächst hoch beweglichen Primärdefekte sich rasch zu ortsstabilen Punktdefektkomplexen zusammenfinden, bleibt die allgemeine Profilform der Defektverteilung auch für die relevante Verteilung der stabilen Sekundärdefekte erhalten (siehe hierzu auch nachfolgenden Abschnitt 4.4.1). Die im Rahmen der vorliegenden

Arbeit durchgeführten Profilmessungen liefern keine Hinweise auf eine nachweisbare Diffusion der gebildeten Sekundärdefekte, die nach ihrer Dekoration mit Wasserstoff die untersuchten Donatorenkomplexe darstellen. Der in die Schicht um R_p implantierte Wasserstoff ist im Gegensatz zu den Sekundärdefekten während einer anschließenden Temperung beweglich. Durch diese Diffusion weitet sich die Wasserstoffverteilung in Abbildung 4.3 in Abhängigkeit des aufgewandten thermischen Budgets auf, wodurch die Bildung von Wasserstoffdonatorenkomplexen ausgehend von der wasserstoffhaltigen Schicht um R_p bis hin zur Oberfläche ermöglicht wird. Die Diffusion von Wasserstoff in Silizium ist, wie in Kapitel 2.1.2 besprochen, empfindlich auf intrinsische und extrinsische Defekte, welche die Aktivierungsenergie entlang der Migrationsrouten des Wasserstoffs heraufsetzen können oder dessen Löslichkeit beeinflussen. Entsprechend nimmt die Be-

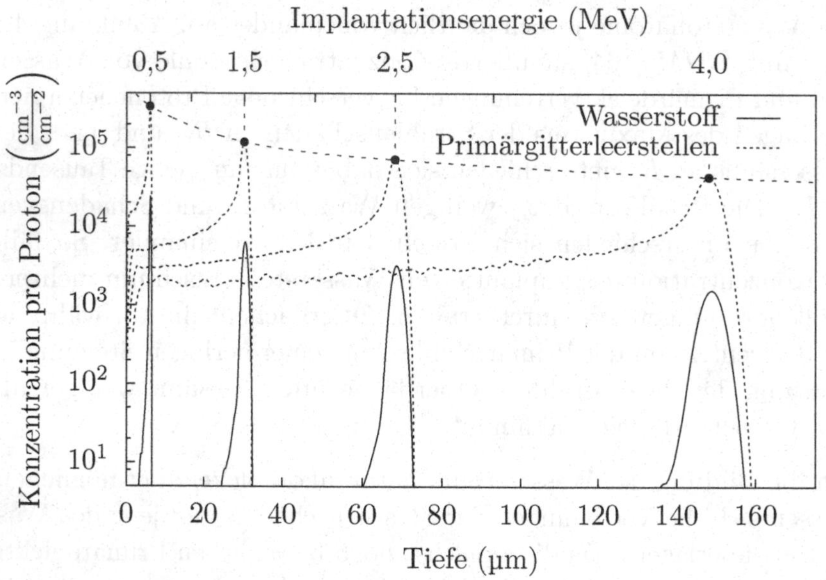

Abbildung 4.3 – Simulierte Tiefenverteilungen der Primärgitterleerstellen und des Wasserstoffs nach Protonenimplantationen mit unterschiedlichen Implantationsenergien [164]

strahlung des Siliziums mit Protonen, wie in der vorliegenden Arbeit, maßgeblichen Einfluss auf die Diffusion des Wasserstoffs. In diesem speziellen Fall ist die Diffusion des Wasserstoffs nicht durch allgemeine Werte aus der zugänglichen Literatur beschreibbar. Die für eine physikalisch korrekte Modellbildung notwendigen Größen Löslichkeit und Diffusionskonstante des Wasserstoffs sowie Bindungsenergie und Konzentration der Fangstellen sind auch experimentell kaum zugänglich. Da zudem ferner die tatsächliche Wasserstoffverteilung nur unter großem Aufwand zu bestimmen wäre, wird hier ein im Folgenden beschriebener zweckdienlich reduzierter Ansatz zur Beschreibung der Diffusion verfolgt.

4.2.1 Qualitative Beschreibung der diffusionslimitierten Aktivierung des Donatorenprofils

Löcherleitende durchstrahlte Zone In der strahlengeschädigten Schicht zwischen der Oberfläche und der wasserstoffhaltigen Schicht um die projizierte Reichweite der Protonen werden akzeptorartige Defekte ausgebildet. Die Konzentration dieser akzeptorartigen Defekte ist dabei ausreichend hoch, um den Leitungstyp des untersuchten hochohmigen Siliziums von der ursprünglichen Elektronenleitung in Löcherleitung zu wandeln. Abbildung 4.4 zeigt ein mit der Ausbreitungswiderstands-Methode gemessenes Ladungsträgerprofil in protonenbestrahltem Silizium nach einer Temperung bei 350 °C. Das gemessene Profil lässt sich in drei Regionen unterteilen:

I Durchstrahlte Zone, in der Strahlenschäden aber noch keine signifikante Konzentration des implantierten Wasserstoffs vorliegen. Diese Schicht weist eine deutliche Löcherleitung auf und schließt mit einem *pn*-Übergang an Schicht II an.

II Dotierte Schicht, in der die in der vorliegenden Arbeit untersuchten Wasserstoffdonatorenkomplexe vorliegen. Die Wasserstoffdonatorenkomplexe werden dort ausgebildet, wo sich die Verteilungen des implantierten Wasserstoffs und der verursachten

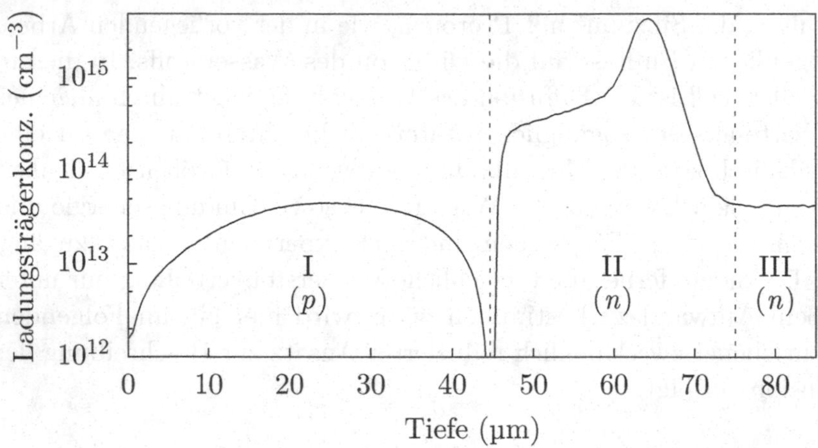

Abbildung 4.4 – Ladungsträgerprofil in zonengeschmolzenem Silizium nach einer Protonenimplantation mit $4 \cdot 10^{14}\,p^+cm^{-2}$ und 2,5 MeV und anschließender fünfstündiger Temperung bei 350 °C. Die Schichten I–III werden im Text erläutert.

Strahlenschäden überlagern. Das Ladungsträgerprofil in dieser Schicht entspricht qualitativ der Verteilung der durch die Bestrahlung erzeugten Strahlenschäden. Die durch die erzeugten Donatoren hervorgerufene Konzentration freier Elektronen lag im Fall der hier untersuchten Proben über der Phosphorgrunddotierung.

III Unbeeinflusstes Volumen der bestrahlten Siliziumprobe. In dieser Schicht, die sich bis zur gegenseitigen Oberfläche der Probe erstreckt, bleibt die Substratdotierung unverändert. Die Ladungsträgerkonzentration in Schicht III ist unabhängig von den Implantations- und Ausheilparametern im untersuchten Parameterbereich.

Eine Kapazitäts-Spannungsmessung an Ladungsträgerprofilen wie jenem in Abbildung 4.4 ist nicht möglich. Zum einen verhintert die Lage des *pn*-Übergangs zwischen den Schichten I und II eine Kapazitäts-Spannungsmessung mit Hilfe eines zusätzlich eingeführten *pn*-Übergangs an der durchstrahlten Oberfläche. Zum anderen ist, aufgrund der geringen Asymmetrie des *pn*-Übergangs zwischen den Schichten I und II, eine Kapazitäts-Spannungsmessung an diesem vorhandenen *pn*-Übergang nicht zulässig. Ein Abgleich der Ausbreitungswiderstandsmessungen mit Kapazitäts-Spannungsmessung, wie sie im vorangehenden Abschnitt 4.1 für die elektronenleitende Schicht II gezeigt wird, war somit für die löcherleitende Schicht I in den vorliegenden Proben im Rahmen dieser Arbeit nicht möglich. Die gleichen Gründe verhinderten auch eine Charakterisierung dieser Schicht mittels transienter Störstellenspektroskopien. Der aufgetragene Absolutwert des Ladungsträgerkonzentrationsprofils in Abbildung 4.4 in der Schicht I ist daher nur mit Einschränkungen bezüglich einer unbekannten Ladungsträgerbeweglichkeit zu verstehen. Gleiches gilt für die löcherleitenden Schichten in allen nachfolgend abgebildeten Ladungsträgerprofilen.

Die Löcherleitung in der durchstrahlten Schicht I tritt dabei nach der Implantation bereits ohne weitere thermische Nachbehandlung auf. Es zeigt sich jedoch eine deutliche Zunahme der mittels Ausbreitungswiderstandsmessungen beobachteten Leitfähigkeit nach Temperungen oberhalb von etwa 300 °C. Bei dieser Temperatur ist die Mehrzahl der strahleninduzierten Sekundärdefekte bereits thermisch instabil, womit diese ausheilen und deren Einfluss auf elektrische Messungen verschwindet. Nach Temperungen im Temperaturbereich zwischen etwa 350 °C und 470 °C bleibt die gemessene Löcherleitfähigkeit, im Rahmen der Messungenauigkeit, konstant. Die zugrunde liegenden Akzeptordefekte sind hiernach zumindest bis etwa 470 °C stabil.

Abbildung 4.5 zeigt Ausschnitte aus dem Leitfähigkeitsprofil dieser löcherleitenden durchstrahlten Zone in Proben nach einer Koimplantation von Heliumionen und Protonen und anschließender Temperung. Bei der links unten gezeigten Kombination der geringen Protonen- mit der geringen Heliumdosis tritt ein Maximum in der Leitfähigkeit in etwa an dem erwarteten Schadensmaximum der Heliumimplantation auf. Durch eine Erhöhung der Protonendosis (links oben) nimmt die

Leitfähigkeit in dem Teil des Profils, in dem lediglich Schaden durch die Protonenimplantation auftritt, weiter zu. Das absolute Maximum des Leitfähigkeitsprofils steigt jedoch nicht an. Stattdessen bildet sich ein lokales Minimum der Leitfähigkeit in etwa am Maximum des kombinierten Schadens aus. Bei einer Erhöhung der Heliumdosis verhält sich das gemessene Leitfähigkeitsprofil ähnlich (rechts in Abbildung 4.5). Die Löcherleitfähigkeit zeigt hiernach qualitativ einen Anstieg mit der lokalen Schadensdosis bis zu einem Grenzwert, ab dem eine weitere Schädigung zu einer Verminderung der Leitfähigkeit führt. Die gemessene Leitfähigkeit in dieser löcherleitenden Schicht entspricht vergleichsweise einer Konzentration der Defektelektronen

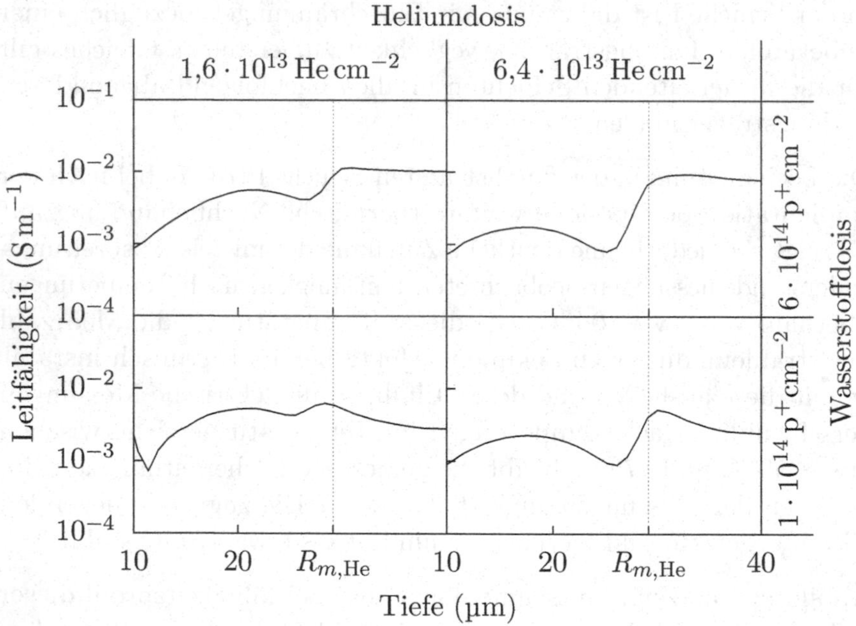

Abbildung 4.5 – Ausschnitte der Leitfähigkeitsprofile (10 µm bis 40 µm Tiefe) in der löcherleitenden, oberflächennahen Schicht von Proben implantiert mit jeweils zwei verschiedenen Dosen von Heliumionen mit 6 MeV (Spalten) und Protonen mit 4 MeV (Zeilen) nach einer Temperung bei 430 °C für 10 h (siehe auch Abschnitt 4.4.3)

von maximal etwa 5–8 · 10^{13} cm^{-3} in ungeschädigtem bordotiertem Silizium. Eine ähnliche Konzentration negativ geladener Defekte, entsprechend ionisierten Akzeptordefekten, in der Größenordnung von etwa $1 \cdot 10^{14}$ cm^{-3}, finden Kauppinen *et al.* [110] mittels Positronen-Annihilations-Spektroskopie in einer oberflächennahen Schicht durchstrahlt mit $1 \cdot 10^{14}$ p^{+}cm^{-2} mit 1,15 MeV.

Eine Leitungstypkonversion von Elektronenleitung in Löcherleitung nach erhöhten Strahlenlasten ist ein bekannter Effekt in Teilchendetektoren [204,205]. Dieser Effekt führt zunächst zu einer Minderung des messbaren Signals aus einer Detektorzelle, wenn diese von ionisierender Strahlung durchlaufen wird, und schließlich zu deren Ausfall. Die Umwandlung des Leitungstyps in schwach elektronenleitendem, zonengeschmolzenem Silizium mit niedriger Sauerstoffkonzentration geht auf zwei Effekte zurück. Zum einen wird die Zahl der zur Konzentration der freien Leitungselektronen beitragenden, substitutionellen Phosphoratome vermindert, indem sich strahlungsinduzierte Gitterleerstellen an diese anlagern und *E-Zentren* bilden. Aufgrund der geringen thermischen Stabilität der *E-Zentren* werden die Phosphordonatoren bereits bei Temperaturen unterhalb von 100 °C reaktiviert. Zum anderen werden zunächst gegendotierende und schließlich dominierende Akzeptorendefekte bei Temperungen oberhalb 60 °C nach der Bestrahlung gebildet. Die Bildung dieser Akzeptorendefekte wird in sauerstoffreicherem tiegelgezogenem oder bewusst sauerstoffdotiertem zonengeschmolzenem Silizium [206] sowie in epitaktisch gewachsenem Silizium mit einem erhöhten Sauerstoffgehalt [207] deutlich unterdrückt.

Die nach der Implantation von Protonen sowie Heliumionen in der vorliegenden Arbeit erzeugte löcherleitende Schicht weist ebenfalls eine inverse Abhängigkeit vom Sauerstoffgehalt der bestrahlten Siliziumproben auf. In sämtlichen Proben, die vor der Bestrahlung eine Oxidation erfahren haben und entsprechend eine erhöhte Sauerstoffkonzentration in der oberflächennahen Schicht aufweisen, lässt sich ein Abfall der gemessenen Löcherleitfähigkeit zur Oberfläche beobachten. In Referenzproben, die ohne vorhergehende Oxidation prozessiert wurden, tritt dieser Abfall der Löcherleitung nicht auf. Ferner wird in tiegelgezogenen Siliziumproben mit einem deutlich höheren Sauerstoffgehalt mit der Ausbreitungswiderstands-Methode in der durchstrahlten Schicht I eine, im Vergleich zu den in zonengeschmolzenen Proben gemessenen Werten, um wenigstens zwei Größenordnungen geringere Leitfähigkeit gemessen. Eine Bestimmung des Leitungstypes dieser Schicht in tiegelgezogenen Proben ist aus diesen Messungen nicht möglich. Ortsauflösende Messungen eines elektronenstrahlinduzierten Stromes von Kirnstötter und Faccinelli weisen allerdings auch in tiegelgezogenen Proben auf eine verbleibende Löcherleitung in dieser Region hin [208].

Die Ausbildung der löcherleitenden durchstrahlten Zone sowie der Umstand, dass diese wiederum durch die sich ausbildenden Wasserstoffdonatorenkomplexe überdotiert wird, wird im nachfolgend beschriebenen qualitativen Modell genutzt, um die effektive Diffusionskonstante des Wasserstoffs zu extrahieren.

Qualitatives Diffusionsmodell Abbildung 4.6 zeigt eine schematische Skizze der Tiefenverteilung der löcherleitenden durchstrahlten Zone und der gebildeten Wasserstoffdonatorenkomplexe in Abhängigkeit der diffundierenden Wasserstoffverteilung nach der Implantation. Das skizzierte, qualitative Modell beruht dabei auf folgenden Annahmen und Vereinfachungen:

- Durch die Protonenbestrahlung und anschließende Temperung werden in der strahlengeschädigten Schicht als Akzeptoren wirkende Defektkomplexe gebildet, deren Konzentration N_{Ak} unabhängig von Temperung und Wasserstoffdosis $5 \cdot 10^{13}\,\mathrm{cm}^{-3}$ beträgt.
- Aus dem induzierten Strahlenschaden werden thermisch stabile Defektkomplexe gebildet. Diese Defektkomplexe sind während der Temperung immobil und werden durch die Dekoration mit Wasserstoff zu den dotierenden Wasserstoffdonatorenkomplexen.

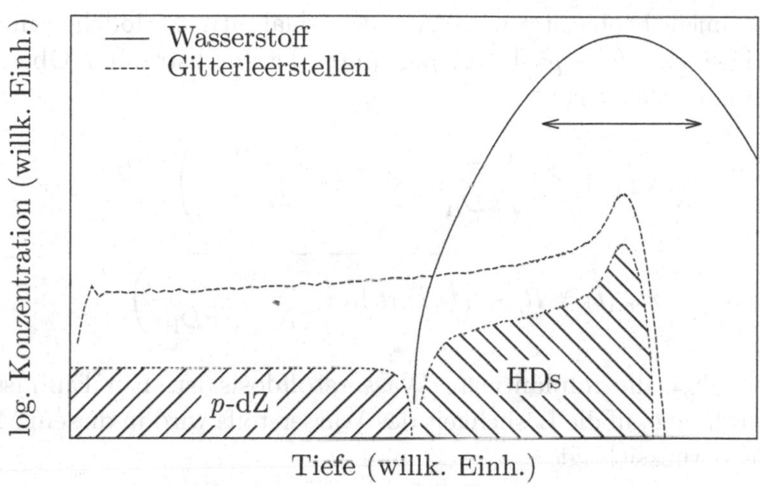

Abbildung 4.6 – Schematische Skizze der Tiefenverteilung der gebildeten Wasserstoffdonatorenkomplexe (HDs) und der löcherleitenden durchstrahlten Zone (p-dZ) in Abhängigkeit der diffundierenden Wasserstoffverteilung

- Die Konzentration der gebildeten Wasserstoffdonatorenkomplexe ist durch die Verfügbarkeit der dekorierbaren Vorläuferdefekte und des freien Wasserstoffs begrenzt.
- Die Verteilung $N_{\mathrm{H}}(x)$ des Wasserstoffs nach der Implantation kann durch eine Gaußverteilung mit dem Erwartungswert R_p angenähert werden. Die Diffusion des implantierten Wasserstoffs folgt dem zweiten Fick'schen Gesetz,

$$\partial_t N_{\mathrm{H}}(x) = -\Delta D_{\mathrm{H}}\, N_{\mathrm{H}}(x)\,, \qquad (4.2)$$

  wobei D_{H} die im Folgenden bestimmte effektive Diffusionskonstante des Wasserstoffs ist.

Nach diesem Modellverständnis wird zwischen der gebildeten elektronenleitenden Schicht mit Wasserstoffdonatorenkomplexen und der löcherleitenden Schicht ein pn-Übergang ausgebildet, wie dies auch im

Experiment beobachtet wird. Aus dem qualitativen Modell ergibt sich die Tiefe x_{pn} dieses pn-Übergangs unter der durchstrahlten Oberfläche nach einer Zeit t zu:

$$N_{\mathrm{H}}(x) = \frac{\Phi_{\mathrm{p}^+}}{2\sqrt{\pi D_{\mathrm{H}} t}} \exp\left(-\frac{(x - R_p)^2}{4 D_{\mathrm{H}} t}\right) \overset{x=x_{pn}}{=} N_{\mathrm{Ak}}$$

$$\Leftrightarrow \quad x_{pn}(t) = R_p - \sqrt{4 D_{\mathrm{H}} t \ln\left(\frac{\Phi_{\mathrm{p}^+}}{2 N_{\mathrm{Ak}} \sqrt{\pi D_{\mathrm{H}} t}}\right)}, \tag{4.3}$$

wobei Φ_{p^+} die implantierte Wasserstoffdosis ist. Ein Einfluss der Bestrahlung auf die Löslichkeit des Wasserstoffs wird in diesem Modell nicht berücksichtigt.

4.2.2 Extraktion der effektiven Diffusionskonstante

Experimentell kann die Lage des pn-Übergangs aus den mittels Ausbreitungswiderstandsmessungen gewonnenen Ladungsträgerprofilen entnommen werden. Abbildung 4.7 a) zeigt verschiedene experimentelle Ladungsträgerprofile in zonengeschmolzenem Silizium nach der Implantation einer Protonendosis von $4 \cdot 10^{14}\,\mathrm{p^+cm^{-2}}$ mit einer Protonenenergie von 2,5 MeV und unterschiedlichen Temperungen. Die Position des pn-Übergangs verschiebt sich gemäß des in Abbildung 4.6 skizzierten Modells mit zunehmendem thermischen Budget der Probe zur Oberfläche. Im Rahmen der Messschwankungen bleibt der Teil des Ladungsträgerprofils in größeren Tiefen als x_{pn} mit zunehmender Dauer der Temperung unverändert, während sich die Schicht mit aktiv dotierenden Wasserstoffdonatorenkomplexen in Richtung der durchstrahlten Oberfläche ausdehnt.

In Abbildung 4.7 b) sind die aus Abbildung 4.7 a) entnommenen Positionen der pn-Übergänge gegen die Diffusionszeit für die verschiedenen Temperaturen aufgetragen. Im Rahmen ihrer Unsicherheit, welche sich über die in Abbildung 4.7 b) angegebene Ortsungenauigkeit hinaus noch durch eine Unsicherheit des thermischen Budgets erhöht, zeigen

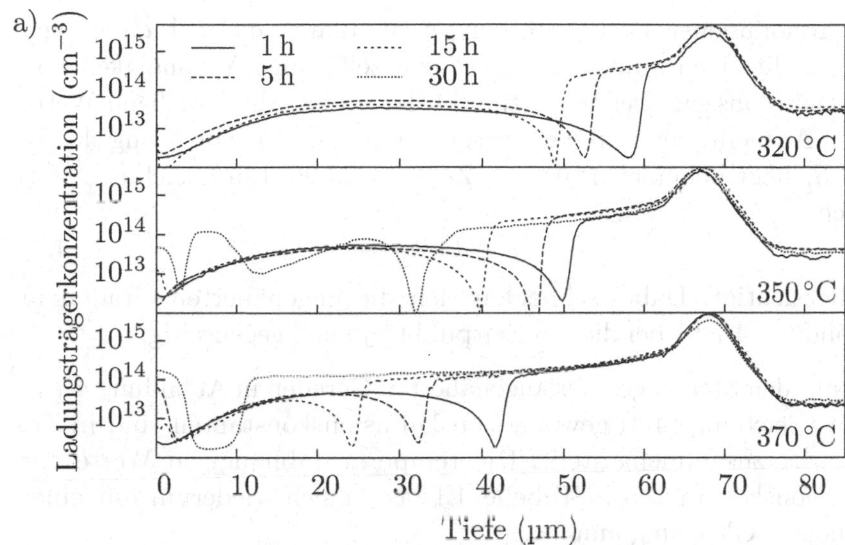

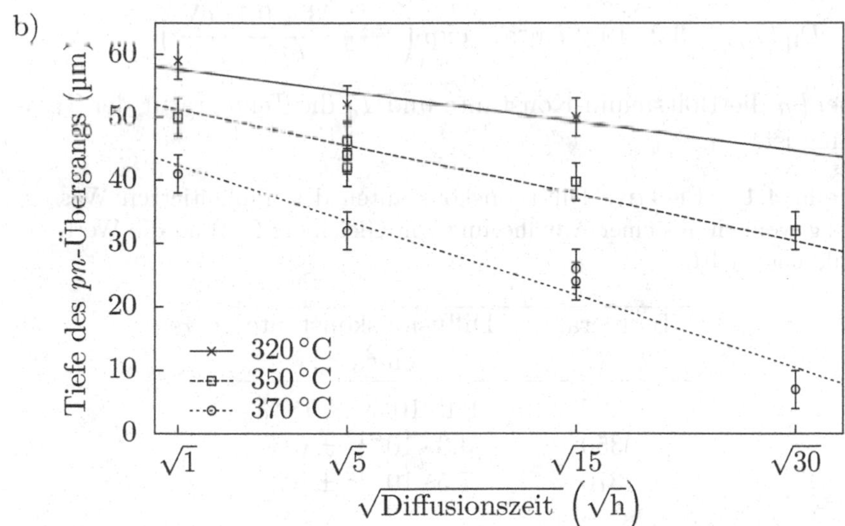

Abbildung 4.7 – a): Ladungsträgerprofile in zonengeschmolzenem Silizium, protonenimplantiert mit der Dosis $4 \cdot 10^{14}\,\mathrm{p^+cm^{-2}}$ und der Energie 2,5 MeV nach unterschiedlichen Temperungen
b): Tiefe der *pn*-Übergänge aus a) in Abhängigkeit der jeweiligen Diffusionszeit

die entnommenen Positionen der pn-Übergänge deutlich eine, nach dem qualitativen Modell erwartete, wurzelförmige Abhängigkeit von der Diffusionszeit. Der Schnittpunkt der drei an die jeweiligen Werte einer Ausheiltemperaur angepassten Geraden in Abbildung 4.7 b) mit R_p liegt bei einer negativen Zeit t_0 und wird in Gleichung (4.3) durch

$$t \rightarrow t + t_0 \tag{4.4}$$

berücksichtigt. Dabei schneiden sich die angenäherten Graden in Abbildung 4.7 b) bei diesem Zeitpunkt t_0 auch gegenseitig.

Die aus den Steigungen der angenäherten Geraden in Abbildung 4.7 b) nach Gleichung (4.3) gewonnenen Diffusionskonstanten sind in Tabelle 4.1 zusammengestellt. Die temperaturabhängigen Werte der Diffusionskonstanten in Tabelle 4.1 lassen sich wiederum mit einer Arrhenius-Gleichung annähern:

$$D_{\mathrm{H}}\,(T_a) = 3{,}2 \cdot 10^{-2}\,\mathrm{cm^2 s^{-1}} \exp\left(-\frac{(1{,}23 \pm 0{,}1)\ \mathrm{eV}}{k_B T_a}\right), \tag{4.5}$$

wobei k_B die Boltzmann-Konstante und T_a die Temperatur der Temperung ist.

Tabelle 4.1 – Effektive Diffusionskonstanten des implantierten Wasserstoffs gewonnen aus einer Annäherung von Gleichung (4.3) an die Werte in Abbildung 4.7 b)

Temperatur (°C)	Diffusionskonstante $(\mathrm{cm^2 s^{-1}})$
320	$1{,}1 \cdot 10^{-12} \pm 18\,\%$
350	$3{,}3 \cdot 10^{-12} \pm 6\,\%$
370	$7{,}5 \cdot 10^{-12} \pm 5\,\%$

4.2.3 Diskussion

Ein Schnittpunkt jeder Geraden in Abbildung 4.7 b) mit R_p bei negativen Zeiten ist wegen der nach der Implantation bereits vorhandenen, aber in Gleichung (4.3) zunächst nicht berücksichtigten Aufweitung der Wasserstoffverteilung zu erwarten. Dabei sollten sich die drei Geraden untereinander jedoch beim Zeitnulldurchgang schneiden. Die Graden schneiden sich jedoch bei einem negativen Wert von t_0. Da es sich bei dem zweckdienlichen Modell ausdrücklich nicht um ein physikalisch begründetes Modell handelt, ist der beobachtete Schnittpunkt der Geraden bei negativem t_0 nicht aussagekräftig. Vielmehr weist das physikalisch unbegründete negative Vorzeichen von t_0 auf einen vom postulierten analytischen Modell nicht berücksichtigten Effekt hin.

Eine mögliche Ursache für diesen Effekt ist ein vermehrtes Freisetzen des implantierten Wasserstoffs aus der übersättigten und stark geschädigten Schicht um R_p während des Erhitzens der Probe. Hierdurch wird die erwartete Lage des *pn* Übergangs beim Zeitnulldurchgang näher zur Oberfläche verschoben, was in erster Näherung im verwandten Modell einer Verschiebung von t_0 zu negativen Werten entspricht. Die in Abbildung 4.7 b) gezeigten Annäherungen an den zeitlichen Verlauf der Lage des *pn*-Übergangs basieren ausschließlich auf experimentell gewonnenen Daten. Dabei erlaubt die Verwendung der Variablen t_0, die unbekannte Aufweitung der Wasserstoffverteilung zu Beginn des Diffusionsschrittes im Rahmen des qualitativen Modells ebenfalls aus den experimentellen Daten anzunähern. Würde stattdessen der aus einer Simulation mit *SRIM* [164] erwartete Wert verwandt, so ergäbe sich zwischen dem Zeitnulldurchgang und 1 h in Abbildung 4.7 b) ein wesentlich steilerer Verlauf, entsprechend einer signifikant größeren Diffusionskonstanten in Tabelle 4.1. Dabei ist zu erwarten, dass die implantierte Wasserstoffverteilung im Vergleich zur Simulation aufgrund des in *SRIM* [164] nicht berücksichtigten thermischen Budgets wesentlich stärker aufgeweitet ist. Die Aufweitung würde also möglicherweise unterschätzt. Da hier ausschließlich experimentelle Werte in die Bestimmung der temperaturabhängigen Diffusionskonstanten in Tabelle 4.1 einfließen, wird dieser unverstandene Effekt zwischen dem Zeitnullpunkt und der ersten Messung umgangen. Das Verständnis dieses Effektes bei kurzen Ausheilzeiten ist für die vorliegende Arbeit nicht weiter relevant. Ziel dieser Untersuchungen ist es, ein ausreichendes Verständnis über die Ausbildung des Wasserstoffdonatorenprofils zu gewinnen, um hiermit eine verlässliche Vorhersage über das zur Erzeugung eines geschlossen elektronenleitenden Donatorenprofils mindest notwendige thermische Budget zu erlauben. Für Ausheilzeiten ab etwa einer Stunde, wie sie in technischen Prozessen sinnvollerweise verwandt werden, um den Einfluss des Ein- und Ausfahrens der Proben in den Ofen, der notwendigen Temperaturrampen und der Einschwingzeit des Ofens auf das thermische Budget des Temperprozesses zu vernachlässigen, ist die Benutzung des Korrekturwertes t_0 im verwandten Modell ausreichend.

Klug [182] berichtet nach einer dreistufigen Temperung von protonenimplantierten Siliziumproben bei 200 °C für 4 h, bei 270 °C für 2 h und schließlich bei 400 °C für 30 min von einer effektiven Diffusionskonstante von umgerechnet etwa $8 \cdot 10^{-8}\,\mathrm{cm^2 s^{-1}}$. Der von Klug gefundene Wert liegt damit nahezu vier Größenordnungen über dem aus den vorliegenden Daten abgeleiteten Wert für das entsprechende thermische Budget. Der Autor leitet genannte Diffusionskonstante dabei aus einer Annäherung an ein einzelnes gemessenes Profil her. Möglicherweise beobachtet der Autor bei der vergleichsweise kurzen Ausheildauer bei 400 °C eben die zuvor vermutete, scheinbar erhöhte Diffusionskonstante. Klug führte bei seiner Studie keine Variation des thermischen Budgets durch, so dass ein weitergehender Vergleich der in einem ansonsten sehr ähnlichen Parameterraum gewonnenen Ergebnisse mit den hier präsentierten Ergebnissen nicht erfolgen kann.

Vergleich der effektiven Diffusionskonstanten mit Werten aus der Literatur Die im vorangehenden Abschnitt 4.2.2 gewonnenen effektiven Diffusionskonstanten, sowie die Annäherung nach Gleichung (4.5) sind in Abbildung 4.8 gemeinsam mit Werten aus der Literatur dargestellt. Die aus der Literatur ermittelten Werte zeigen eine große Streuung für die Diffusion von Wasserstoff in Silizium bei moderaten Temperaturen unterhalb von etwa 700 °C. In der Summe der publizierten experimentellen Daten stellt die von van Wieringen und

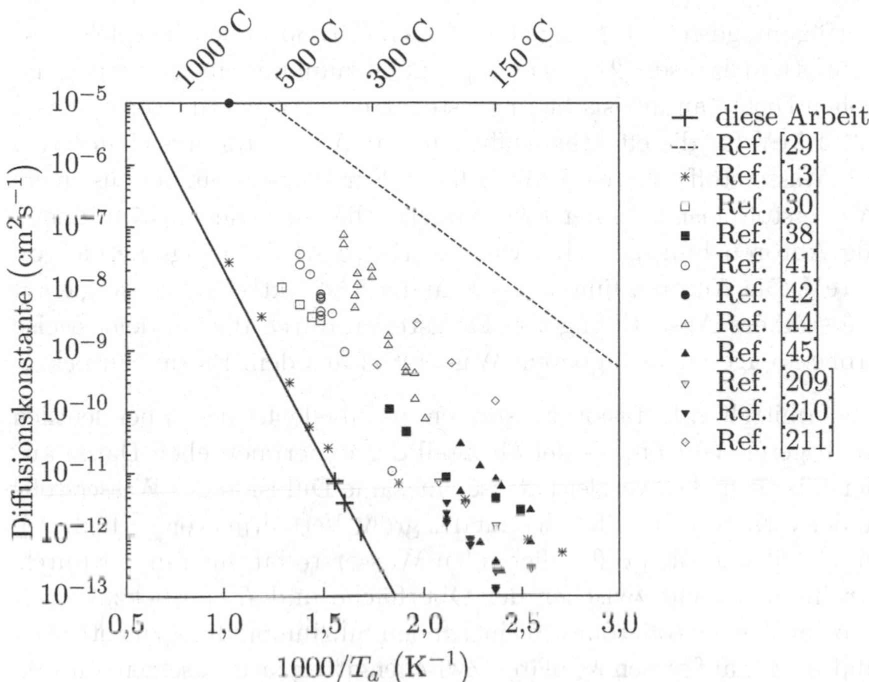

Abbildung 4.8 – Arrhenius-Auftragung der Diffusionskonstanten von Wasserstoff in Silizium aus der Literatur und dieser Arbeit

Warmoltz [29] bei hohen Temperaturen oberhalb von 900 °C bestimmte und zu niedrigen Temperaturen extrapolierte Diffusionskonstante eine obere Grenze dar, die nur von wenigen Autoren (hier nicht gezeigt) tatsächlich erreicht wird. Viele der experimentellen Arbeiten berücksichtigen nicht den Einfluss der Löslichkeit auf die Diffusion des Wasserstoffs und liefern somit ebenfalls lediglich effektive Werte für die Diffusionskonstante.

Die in den publizierten Arbeiten experimentell ermittelten Aktivierungsenergien für die Diffusion von Wasserstoff in kristallinem Silizium liegen zwischen 0,48 eV [29] und etwa 1,2 eV [41, 45, 49]. Dabei zeigt sich eine deutliche Abhängigkeit sowohl von der Defektkonzentration im Siliziumsubstrat, als auch von der für die Diffusion zur

Verfügung gestellten Menge an Wasserstoff. So finden beispielsweise Santos und Jackson [212] in amorphem Silizium mit einer entsprechend hohen Dichte an intrisischen Fangstellen eine Aktivierungsenergie von 1,2–1,5 eV für die effektive Diffusion von Wasserstoff aus einer zuvor mit Wasserstoff angereicherten Schicht. Für Wasserstoff, der aus einem Wasserstoffplasma an der Probenoberfläche eingetrieben wird, finden die Autoren hingegen eine viel niedrigere Aktivierungsenergie von 0,5 eV. Die Autoren führen die veränderliche Aktivierungsenergie auf die stärkere Absättigung von Fangstellen durch die vergleichsweise große Menge an verfügbarem Wasserstoff aus dem Plasma zurück.

Die ermittelten Diffusionskonstanten in Tabelle 4.1 liegen bei deutlich niedrigeren Werten, als der Großteil der experimentellen Daten aus der Literatur. Die vergleichsweise langsame Diffusion des Wasserstoffs in der vorliegenden Arbeit ist auf das große Verhältnis von verfügbaren Fangstellen zu den diffundierenden Wasserstoffatomen in der durchstrahlten Schicht zwischen der Oberfläche und R_p zurückzuführen. Um ein Wasserstoffatom von einer freien Siliziumbindung zu entfernen und wieder auf seinen regulären Zwischengitterplatz zu setzen, müssen über 2 eV aufgewandt werden.[2] Bei den in der vorliegenden Arbeit benutzten Temperungsbedingungen steht somit ein Wasserstoffatom, welches mit einer intrinsischen Fangstelle reagiert hat, für die Diffusion in guter Näherung nicht mehr zur Verfügung, wodurch die effektiv beobachtete Diffusion vermindert wird.

Bei der Extraktion der Diffusionskonstanten aus den experimentellen Profilen werden einige grobe Annahmen gemacht. So geht das qualitative Modell von einer Gaußverteilung des Wasserstoffs nach der Implantation und zu allen Zeiten während der Diffusion aus. Dabei bleibt die Löslichkeit des Wasserstoffs und insbesondere deren räumli-

[2] Van de Walle [213] findet für die notwendige Energie, um ein Wasserstoffatom von einer isolierten, freien Siliziumbindung zu entfernen und auf einen tetraedrisch koordinierten Zwischengitterplatz zu setzen 2,5 eV. Im Falle einer Gitterleerstelle, die mit vier Wasserstoffatomen besetzt ist, vermindert sich diese Energie, aufgrund der Wechselwirkung der Wasserstoffatome untereinander, auf 2,1 eV.

che Änderung aufgrund des Strahlenschadensprofils unberücksichtigt. Ebenso wird der Einfluss des lokalen Schadens auf die Diffusionskonstante vernachlässigt. Die hier vorgestellten Diffusionskonstanten lassen sich daher nicht auf die Diffusion von Wasserstoff in Silizium in anderen Fällen als der Ausbildung der Wasserstoffdonatorenprofile in protonenimplantiertem Silizium verallgemeinern. Aufgrund der unberücksichtigten Löslichkeit ist es ferner unzulässig, das vorgestellte qualitative Modell für Aussagen über die absolute Konzentration des Wasserstoffs zwischen dem *pn*-Übergang und R_p heranzuziehen. Ebenso ist das Modell für größere Tiefen als R_p nicht anwendbar.

Einfluss zusätzlicher Kristallschäden auf die Lage des pn-Übergangs Durch eine Koimplantation von Heliumionen wurden zusätzliche Strahlenschäden in einigen der untersuchten protonenbestrahlten Proben erzeugt. Der Einfluss dieser zusätzlichen Strahlenschäden auf die Aktivierung der Wasserstoffdonatorenkomplexe wird nachfolgend in Abschnitt 4.4.3 diskutiert. Die zusätzlichen Strahlenschäden stellen allerdings auch eine erhöhte Fangstellenkonzentration für den diffundierenden Wasserstoff dar. Abbildung 4.9 zeigt Ladungsträgerprofile in mit Helium und Wasserstoff koimplantierten Proben nach einer fünfstündigen Temperung bei 470 °C.[3] Die mit der koimplantierten Heliumdosis zunehmende Strahlenschadenskonzentration in einer Tiefe um etwa 30 µm wirkt deutlich verzögernd auf die Propagation des *pn*-Übergangs. Durch die hohe Konzentration an Fangstellen in dieser Schicht wird die Diffusion des Wasserstoffs gehemmt, wodurch das zur Ausbildung der Wasserstoffdonatoren bis zur Oberfläche notwendige thermische Budget zunimmt.

Der hier beobachtete Effekt zeigt die deutlich fangstellenlimiterte Diffusion des Wasserstoffs durch die geschädigte Schicht. In dem in Abbildung 4.9 gezeigten Fall, bei dem die Schadensverteilung durch

[3] Vergleiche auch die in Abbildung 4.28 auf Seite 144 gezeigten vollständig ausgebildeten Wasserstoffdonatorenprofile in den koimplantierten Proben nach einer Temperung bei 470 °C für 15 h.

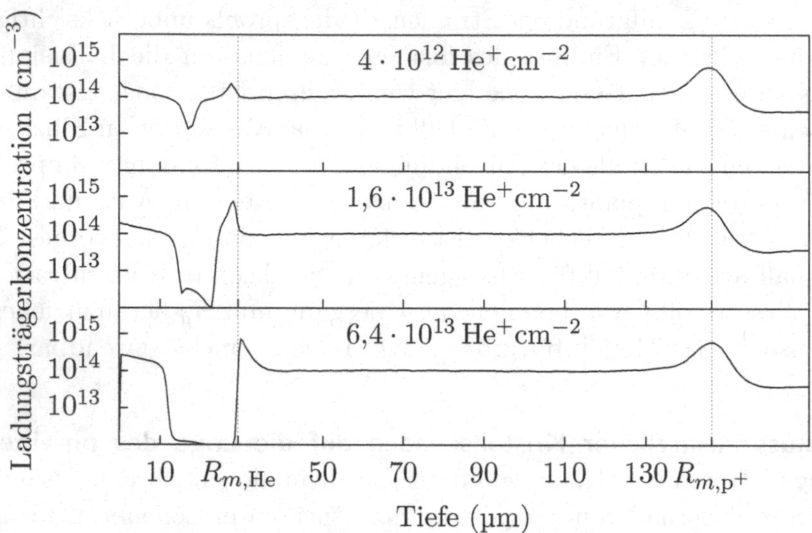

Abbildung 4.9 – Ladungsträgerprofile in zonengeschmolzenen Proben nach einer Koimplantation mit Protonen mit 4 MeV mit einer Dosis von $6 \cdot 10^{14}\,p^+cm^{-2}$ und Heliumionen mit 6 MeV mit verschiedenen Dosen und anschließender Temperung bei 470 °C für 5 h

eine von der Protonendosis unabhängigen Koimplantation modifiziert wird, kann das vorangehend genutzte analytische Modell nicht mehr benutzt werden. Sofern jedoch das Verhältnis der Strahlenschadenskonzentration zum implantierten Wasserstoff erhalten bleibt, erweist sich das analytische Modell als robust. So liefert das Modell eine gute Vorhersage der Lage des *pn*-Übergangs auch in den koimplantierten Proben, bis zum Erreichen der zusätzlich geschädigten Schicht bei einer Tiefe von etwa 35 µm.

Anwendung des Modells auf variable Protonendosen und -energien

Trotz der starken Vereinfachung der Wasserstoffdiffusion mit einer *effektiven Diffusionskonstanten* zeigt das verwandte analytische Modell eine gute Übereinstimmung mit der im Experiment beobachteten

Propagation des *pn*-Übergangs zwischen den Schichten I und II aus Abbildung 4.4. Die in Gleichung (4.5) genannte effektive Diffusionskonstante lässt sich daher im Rahmen eines analytischen Modells einsetzen, um die Lage des *pn*-Übergangs nach einem gegebenen thermischen Budget vorherzusagen. Von Nutzen ist diese effektive Diffusionskonstante, um die notwendige Temperdauer bei einer gegebenen Temperatur abzuschätzen, nach der die gesamte strahlengeschädigte Schicht bis zur Oberfläche mit Wasserstoffdonatorenkomplexen gefüllt ist. Dabei ist es wünschenswert, diese Vorhersage auch bei anderen als den in der Untersuchung genutzten Implantationsparametern treffen zu können.

Die vorangehend vorgestellte effektive Diffusionskonstante wurde in Proben nach Protonenimplantationen mit einer Dosis von $4 \cdot 10^{14}\,\mathrm{p^+cm^{-2}}$ und einer Protonenenergie von 2,5 MeV bestimmt. Wie die in Abbildung 4.9 gezeigten Profile in mit Heliumionen koimplantierten Proben zeigen, ist die Diffusion des Wasserstoffs abhängig von der Anzahl der verfügbaren Fangstellen. In nur mit Protonen implantierten Proben ist die Konzentration der bestrahlungsinduzierten Fangstellen an die Menge des implantierten Wasserstoffs gekoppelt. Abbildung 4.10 zeigt die Position des *pn*-Übergangs in Abhängigkeit der implantierten Protonendosis nach einer Temperung bei 350 °C für 5 h aus zwei verschiedenen Versuchsserien.[4] Die nach Gleichung (4.3) mit der effektiven Diffusionskonstanten nach Gleichung (4.5) erwartete Position des *pn*-Übergangs ist ebenfalls eingezeichnet. Dabei wurde die Diffusionskonstante D_H in Gleichung (4.5) für die Berechnung der Lage des *pn*-Übergangs in Abbildung 4.10 auf die bei ihrer Bestimmung verwandten Protonendosis von $4 \cdot 10^{14}\,\mathrm{p^+cm^{-2}}$ normiert:[5]

$$D_\mathrm{H} \rightarrow D_\mathrm{H} \cdot \frac{\Phi_{p^+}}{4 \cdot 10^{14}\,\mathrm{p^+cm^{-2}}}. \tag{4.6}$$

[4]Tabelle A.1 auf Seite 249 im Anhang gibt einen Überblick über die im Rahmen der vorliegenden Arbeit verwandten Versuchsserien.

[5]Nach dem Einsetzen von Gleichung (4.4) in Gleichung (4.3) tritt darin der Term $(D_\mathrm{H}t + D_\mathrm{H}t_0)$ auf. Der Term mit der Anpassungsvariable t_0 für die Ausgangsaufweitung der Wasserstoffverteilung wird von dieser Normierung ausgenommen.

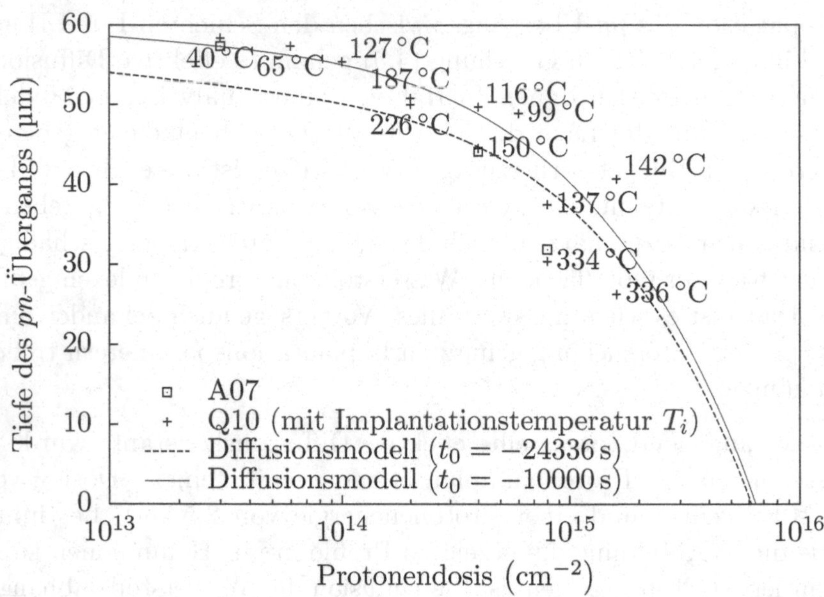

Abbildung 4.10 – Experimentelle und simulierte Tiefen des pn-Übergangs in zonengeschmolzenem Silizium implantiert mit Protonen mit 2,5 MeV nach einer Temperung bei 350 °C für 5 h. Gezeigt sind experimentelle Werte aus zwei unterschiedlichen Serien A07 und Q10. Bei den Daten aus Q10 ist die jeweils höchste gemessene Temperatur während der Bestrahlung angegeben.

Die experimentellen Daten in Abbildung 4.10 weisen insbesondere zu höheren Protonendosen eine deutliche Streuung auf, folgen aber im Allgemeinen der von dem postulierten analytischen Modell vorgegebenen Kurve. Die in der Abbildung angegebenen Temperaturwerte entsprechen jeweils dem höchsten Wert der mit einem Pyrometer während der Implantation gemessenen Probentemperatur. Qualitativ lässt sich aus Temperaturwerten eine Vorverlagerung des pn-Übergangs mit höheren Probentemperaturen während der Implantation entnehmen.

Bei den höheren Protonendosen zeigt die Temperatur während der Implantation einen deutlichen Einfluss auf die Verlagerung des pn-Übergangs in Richtung der durchstrahlten Oberfläche.[6] Bereits ohne Temperung liegt der *pn*-Übergang in der Probe mit einer gemessenen Spitzentemperatur von 336 °C während der Implantation einer Protonendosis von $1{,}6 \cdot 10^{15}\,\mathrm{p^+cm^{-2}}$ etwa 10 µm näher zur Oberfläche als in der mit gleicher Dosis implantierten Probe mit einer gemessenen Spitzentemperatur von 142 °C. Durch eine erhöhte Probentemperatur während der Implanation kann der zu einem Zeitpunkt während der Implantation bereits implantierte Wasserstoff verstärkt diffundieren, wodurch bereits nach der Implantation eine Aufweitung des Wasserstoffs um die projizierte Reichweite vorliegt.

In Abbildung 4.10 ist die nach dem Modell erwartete Lage des *pn*-Übergangs für zwei verschiedene Werte von t_0 dargestellt. Der Wert −24336 s entspricht dabei der aus Abbildung 4.7 b) auf Seite 99 gewonnenen Annäherung, wobei dort Proben der Serie A07 mit einer implantierten Protonendosis von $4 \cdot 10^{14}\,\mathrm{p^+cm^{-2}}$ benutzt wurden. Die mit diesem t_0 vorhergesagte Lage des *pn*-Übergangs für eine Protonendosis von $4 \cdot 10^{14}\,\mathrm{p^+cm^{-2}}$ fällt gut mit dem bei einer Spitzenimplantationstemperatur von 150 °C in der Serie Q10 experimentell bestimmten Wert zusammen. Bei gleicher Protonendosis liegt die experimentell gefundene Lage des *pn*-Übergangs für eine niedrigere Implantationstemperatur hingegen auf der Kurve mit einem Wert von −10000 s für t_0. Für geringere Protonendosen liefert dieser Wert für t_0 eine deutlich bessere Übereinstimmung mit dem Experiment. Die Abweichungen der modellierten Kurven untereinander sowie der experimentellen Werte hierzu von unter 10 µm, sind im Rahmen der Unsicherheiten in der gemessenen Lagen der *pn*-Übergänge sowie des während der an die Implantationen anschließenden Temperungen aufgewandten thermischen Budgets unwesentlich.

[6] Die Probenserie Q10 wurde während ihrer Implantation bewusst hohen Strahlströmen ausgesetzt und nicht gekühlt. Da es sich bei den in Abbildung 4.10 angegebenen Werten lediglich um die aufgezeichneten Spitzenwerte der Probentemperatur während der Implantation handelt, kann hieraus keine Aussage über das tatsächliche thermische Budget während der Implantation gemacht werden.

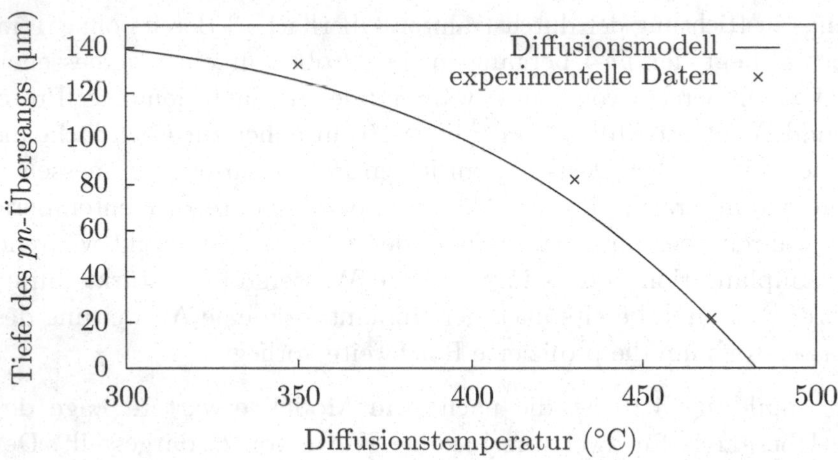

Abbildung 4.11 – Temperaturabhängigkeit der Tiefe des pn-Übergangs in zonengeschmolzenem Silizium implantiert mit $6 \cdot 10^{14}\,\mathrm{p^+cm^{-2}}$ mit 4 MeV nach einer fünfstündigen Temperung. t_0 ist mit $-10000\,\mathrm{s}$ angenähert.

Abbildung 4.11 zeigt die vorhergesagte Tiefe des pn-Übergangs nach einer Protonenimplantation mit einer Energie von 4 MeV und einer Dosis von $6 \cdot 10^{14}\,\mathrm{p^+cm^{-2}}$ in Abhängigkeit der Temperatur während der anschließenden Temperung. Eine Erhöhung der Protonenenergie wird in dem verwendeten Modell nach Gleichung (4.3) auf Seite 98 lediglich durch eine Anpassung der Lage des Maximums der Wasserstoffverteilung $R_p(E_{p^+})$ zu Beginn der Diffusion berücksichtigt. Die mit dem analytischen Modell vorhergesagte Lage des pn-Übergangs stimmt gut mit den experimentell gemessenen Werten überein. Da sich die Schadenskonzentration im Defektprofil mit der Protonenenergie jedoch nur wenig ändert,[7] bleibt auch das Verhältnis zwischen der lokalen Defektkonzentration und dem Wasserstoff in etwa erhalten. Dementsprechend lässt sich die, ursprünglich für eine Protonenenergie von 2,5 MeV gewonnene, effektive Diffusionskonstante auch gut auf andere Implantationsenergien übertragen.

[7] Siehe hierzu Abbildung 4.3 auf Seite 90.

4.3 Einfluss der Temperung auf die Aktivierung der protoneninduzierten Donatorenprofile

Die in der vorliegenden Arbeit untersuchten protoneninduzierten Donatoren sind Komplexe aus einer strahleninduzierten Sekundärdefektspezies und Wasserstoff. Die Temperaturabhängigkeit ihrer Aktivierung unterschiedet sich daher prinzipiell von der klassischer, substitutioneller Dotierstoffe. Während für die Aktivierung klassischer Dopanden, deren Einbau in das Siliziumkristallgitter mit entsprechend hohen Aktivierungsenergien maßgebend ist, ist für die Aktivierung der Wasserstoffdonatorenkomplexe die Überlagerung des bestrahlungsinduzierten Schadensprofils mit der Wasserstoffverteilung und somit die im vorangehenden Abschnitt 4.2 untersuchte Migrationsbarriere des Wasserstoffs relevant. Im weiterem Gegensatz zu klassischen Dopanden können die Wasserstoffdonatorenkomplexe bei hohen Temperaturen dissoziieren, indem daran beteiligte Punktdefekte ihre Bindungsenergie an den Defektkomplex überwinden. Da die beteiligten Punktdefekte als Einzeldefekt in aller Regel eine sehr viel geringere Migrationsbarriere als ihre Bindungsenergie an den Komplex aufweisen, werden sie für eine erneute Bildung des Donatorkomplexes nicht mehr zur Verfügung stehen. Die thermische Dissoziation der Wasserstoffdonatorenkomplexe bei erhöhten Temperaturen ist somit nicht umkehrbar. Die Diffusion des Wasserstoffs wird in diesem Abschnitt nicht mehr betrachtet. Stattdessen wird der Einfluss des thermischen Budgets auf die Aktivierung beziehungsweise auf die Deaktivierung der induzierten Donatoren untersucht.

4.3.1 Einfluss der Temperung auf die Profilform

Im vorangehenden Abschnitt 4.2 werden Profile in bei bis zu 370 °C getemperten Proben gezeigt. Bei diesen Temperaturen folgen die erzeugten Donatorenprofile, nach vollständiger Durchdiffusion des Wasserstoffs durch die durchstrahlte Schicht bis zur Probenoberfläche,

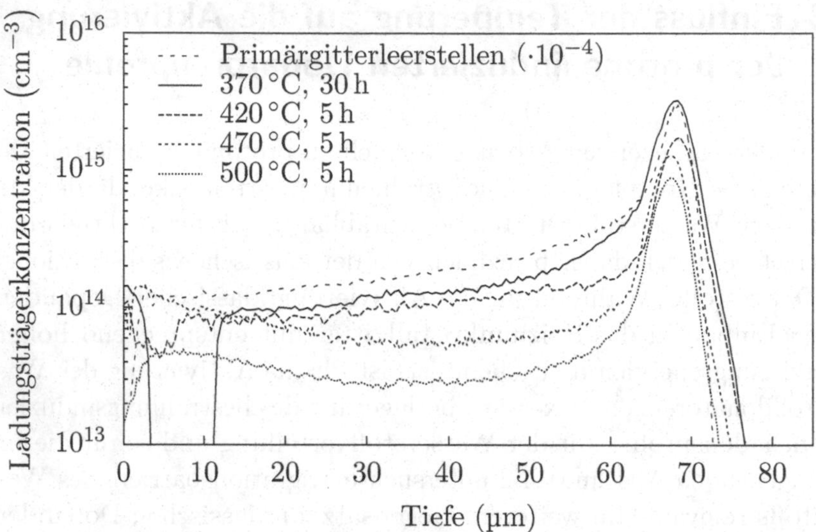

Abbildung 4.12 – Ladungsträgerprofile nach einer Protonenimplantation mit einer Energie von 2,5 MeV und einer Dosis von $4 \cdot 10^{14}\,\mathrm{p^+cm^{-2}}$ nach verschiedenen Temperungen. Die Profile verstehen sich abzüglich der Substratdotierung.

gut der simulierten Verteilung der Primärdefekte. Bei höheren Temperaturen tritt zunehmend eine signifikante Änderung der Profilform der erzeugten Donatoren auf. Dabei nimmt der zunächst bis zum globalen Maximum bei R_m positive Gradient der Ladungsträgerkonzentration ab und es bildet sich letztlich ein lokales Minimum der Ladungsträgerkonzentration in der durchstrahlten Zone aus. Der Übergang zwischen diesen deutlich voneinander abweichenden Profilformen erfolgt stetig mit zunehmender Temperatur der Temperung. Abbildung 4.12 zeigt diese stetige Änderung der Profilform an vier ausgewählten Profilen nach Temperungen bei 370 °C, 420 °C, 470 °C und 500 °C. Für das bei 370 °C getemperte Profil wurde eine Temperdauer von 30 h gewählt, um ein möglichst weit ausgebildetes Donatorenprofil zu erzeugen. Weitere, zugunsten der Übersichtlichkeit hier nicht gezeigte Profile nach Temperungen bei Zwischentemperaturen liegen jeweils zwischen den

Profilen benachbarter Temperungen. Nach Temperungen oberhalb von 500 °C nimmt die gemessene Ladungsträgerkonzentration über das gesamte Profil mit weiter zunehmender Temperatur stark ab, bis wieder die unveränderte Substratdotierung des verwandten Materials zurückbleibt.

Das beobachtete thermische Aktivierungsverhalten der induzierten Donatoren lässt sich grob in insgesamt vier Temperaturbereiche unterteilen:

T_0–300 °C[8] Bereich einsetzender Dotierung; zugleich existieren allerdings noch eine hohe Konzentration an nicht ausgeheilten Strahlenschäden, welche der gemessenen Dotierung zuwider wirken.

300–400 °C Bereich hoher Dotierung. Die Diffusion des Wasserstoffs ist kritisch für die Ausbildung des Donatorenprofils. Temperdauern mitunter in der Größenordnung eines Tages sind nötig, um die Ladungsträgerprofile voll auszubilden.

400–500 °C Bereich mäßiger Dotierung. Eine rasche Diffusion des Wasserstoffs ermöglicht Temperungen im Bereich von Stunden. Es tritt eine sublineare Dosisabhängigkeit der Dotierung sowie eine Verkippung der Profilform auf.

> 500 °C Endgültiges Ausheilen der Wasserstoffdonatoren.

Die Veränderung der allgemeinen Profilform der erzeugten Donatoren wird im nachfolgenden Abschnitt 4.4.2 ab Seite 134 weitergehend behandelt. Im Folgenden wird zunächst die lokale Aktivierung der Donatoren untersucht.

[8] T_0 entspricht dem thermischen Budget der Probe nach der Implantation und der Probenpräparation ohne zusätzliche Temperung.

4.3.2 Aktivierung der protoneninduzierten Donatoren

Abbildung 4.13 zeigt die Konzentration der protoneninduzierten Donatoren jeweils am Maximum der erzeugten Profile in Abhängigkeit der Ausheiltemperatur. Bereits ohne eine an die Implantation anschließende Temperung[9] wird eine im Vergleich zur Grunddotierung deutlich erhöhte Ladungsträgerkonzentration gemessen. Die gemessene Ladungsträgerkonzentration nimmt mit der Temperatur der Temperung bis 300 °C zu. Mit dem Plateau im Temperaturbereich um 350 °C erreicht die Aktivierungskurve ihr absolutes Maximum im untersuchten Temperaturbereich.[10] Die Aktivierung der protoneninduzierten Donatoren sinkt im Folgenden mit steigender Temperatur der Ausheilung. Nach Temperungen zwischen etwa 420 °C und 470 °C weist die Aktivierungskurve ein zweites Plateau auf. Entsprechend bleibt die erzeugte Ladungsträgerkonzentration in diesem Temperaturintervall verhältnismäßig konstant. Bei Temperungen oberhalb von etwa 500 °C werden die protoneninduzierten Donatorenkomplexe vernichtet und die Leitfähigkeit der Probe geht auf ihren ursprünglichen Wert vor der Protonenbestrahlung zurück. In Abbildung 4.13 sind neben der mit einer hohen Temperaturauflösung untersuchten Aktivierungskurve nach einer Protonenimplantation mit einer Dosis von $4 \cdot 10^{14}\,\mathrm{p^+cm^{-2}}$ noch Kurven für Protonendosen von $3 \cdot 10^{13}\,\mathrm{p^+cm^{-2}}$ und $1 \cdot 10^{14}\,\mathrm{p^+cm^{-2}}$ dargestellt. Aus der Abbildung der verschiedenen Kurven ist ersichtlich, dass der qualitative Verlauf der Aktivierungskurve auch nach der Implantation unterschiedlicher Protonendosen reproduziert wird.

---

[9] Sämtliche Proben erfuhren bereits während der Protonenimplantation sowie der Probenpräparation (z. B. Reinigung in Caro'scher Säure bei 120 °C für 15 min) ein geringes thermisches Budget.

[10] Komarnitskyy [214] sowie Komarnitskyy und Hazdra [7] beobachteten mittels Kapazitäts-Spannungsmessungen ein absolutes Maximum der Aktivierungskurve direkt im Anschluss an Protonenimplantionen mit vergleichsweise niedrigen Protonendosen von $5 \cdot 10^{12}\,\mathrm{p^+cm^{-2}}$ beziehungsweise $3 \cdot 10^{13}\,\mathrm{p^+cm^{-2}}$ bei ebenfalls niedrigem Strahlstrom und somit einem geringen thermischen Budget während der Implantation. Die berichtete hohe Ladungsträgerkonzentration nahm, im Gegensatz zu den hier mittels Ausbreitungswiderstandsmessungen gefundenen Werten, nach Temperungen bis etwa 250 °C rasch ab.

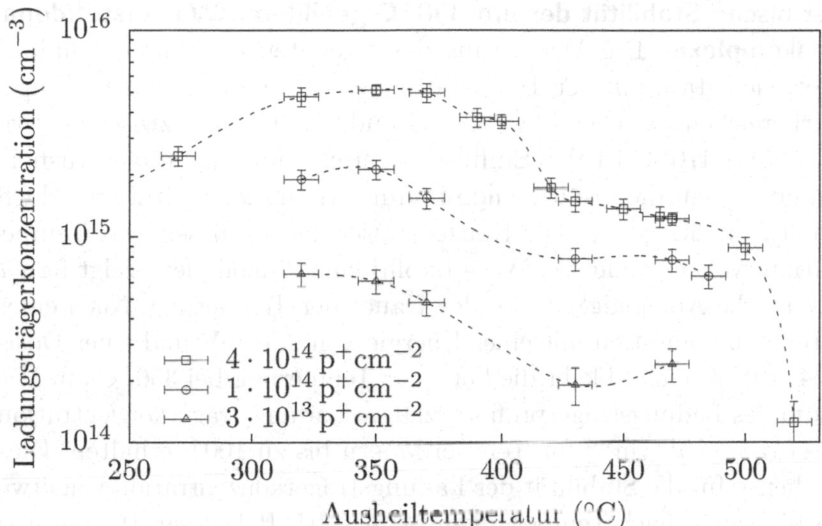

Abbildung 4.13 – Ladungsträgerkonzentration am Maximum der induzierten Profile nach einer Protonenimplantation mit einer Energie von 2,5 MeV und verschiedenen Dosen in Abhängigkeit der Temperatur einer fünfstündigen Temperung abzüglich der Substratdotierung. Die gestrichelten Hilfskurven verbinden lediglich zusammengehörige Messwerte und stellen ausdrücklich nicht den tatsächlichen Verlauf der Aktivierungskurven dar.

Die in Abblindung 4.13 gezeigten experimentellen Aktivierungskurven können nur in Richtung steigender Temperaturen durchlaufen werden. Eine durch eine Temperung bei einer beliebigen Temperatur, beispielsweise im Bereich des Plateaus zwischen 420 °C und 470 °C, einmal eingestellte Ladungsträgerkonzentration lässt sich durch keine nachfolgende Zweittemperung bei niedrigeren Temperaturen, etwa bei 350 °C, mehr erhöhen. Die aus der Aktivierungskurve entnehmbare zweistufige Ausheilung der Wasserstoffdonatorenkomplexe wird im Folgenden als Superposition zweier Donatorenfamilien, HD1 und HD2, beschrieben.[11]

[11] HD steht kurz für engl. *hydrogen-related donor.*

Thermische Stabilität der um 350 °C gebildeten Wasserstoffdonatorenkomplexe Die Aktivierung der erzeugten Donatorenkomplexe ändert sich stark mit der Temperatur der Ausheilung. In den Temperaturbereichen zwischen etwa 320 °C und 370 °C sowie zwischen etwa 420 °C und 470 °C ist der Einfluss leichter Änderungen der Ausheiltemperatur auf die resultierende Ladungsträgerkonzentration jedoch verhältnismäßig gering. Die Konzentration der in diesen zwei Temperaturintervallen gebildeten Wasserstoffdonatorenkomplexe zeigt ferner keine starke Abhängigkeit von der Dauer der Temperung. Nach einer Protonenimplantation mit einer Energie von 2,5 MeV und einer Dosis von $4 \cdot 10^{14}\,\mathrm{p^+cm^{-2}}$ bleibt die bei einer Temperung bei 350 °C am Maximum des Ladungsträgerprofils erzeugte Ladungsträgerkonzentration von etwa $5 \cdot 10^{15}\,\mathrm{cm^{-3}}$ für Temperdauern bis zu 100 h erhalten. Dies gilt ebenso für die Stabilität der Ladungsträgerkonzentration von etwa $1{,}2 \cdot 10^{15}\,\mathrm{cm^{-3}}$ nach Temperungen bei 470 °C. Bei dieser Temperatur wird nach einer dreißigstündigen Temperung noch keine Verminderung der gemessenen Ladungsträgerkonzentration festgestellt.

Bei Temperungen im Übergangsbereich zwischen diesen beiden Plateaus wird allerdings ein deutlicher Einfluss der Temperdauer in einem Zeitfenster in der Größenordnung etwa eines Tages offenbar. Abbildung 4.14 zeigt die gemessenen Ladungsträgerkonzentrationen am jeweiligen Maximum des Profils nach unterschiedlichen, bis zu 30 h langen Temperungen bei 370 °C und 400 °C. Mit zunehmender Dauer der Temperung nimmt die gemessene Ladungsträgerkonzentration von dem bei 350 °C bis 100 h unveränderten Wert von etwa $5 \cdot 10^{15}\,\mathrm{cm^{-3}}$ ab. Für lange Zeiten der Ausheilung nähert sich die Ladungsträgerkonzentration einem Wert von etwa $2 \cdot 10^{15}\,\mathrm{cm^{-3}}$ an. Die in Abbildung 4.14 gezeigten Kurven sind Annäherungen einer exponentiellen Zerfallskurve

$$N_s\,(T_a,t) = N^0_{\mathrm{HD2}} + N^0_{\mathrm{HD1}} \cdot \exp\left(-\frac{t}{\tau_{\mathrm{HD1}}\,(T_a)}\right) \tag{4.7}$$

mit einer temperaturabhängigen Zeitkonstanten τ_{HD1} überlagert von einer zeitunabhängigen Hintergrundkonzentration N^0_{HD2} an die Mess-

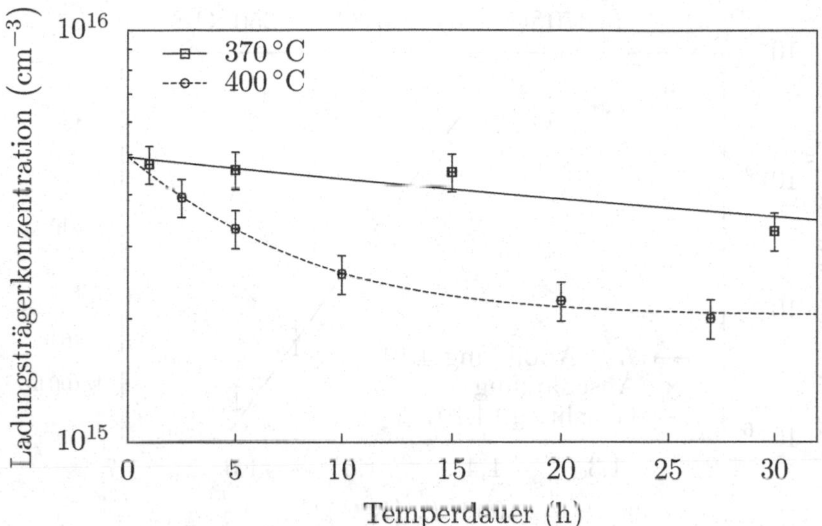

Abbildung 4.14 – Ladungsträgerkonzentrationen am Maximum der induzierten Profile nach der Implantation von Protonen mit einer Energie von 2,5 MeV und einer Dosis von $4 \cdot 10^{14}\,\mathrm{p^+cm^{-2}}$ abzüglich der Substratdotierung in Abhängigkeit der Dauer der anschließenden Temperung bei 370 °C und 400 °C

werte. Aus den Annäherungen ergeben sich für die Zeitkonstanten bei den gezeigten Ausheiltemperaturen:

$$\tau_{\mathrm{HD1}}\left(T_a\right) = \begin{cases} (46 \pm 11)\ \mathrm{h} & \text{für} \quad T_a = 370\,^\circ\mathrm{C} \\ (6{,}0 \pm 0{,}2)\ \mathrm{h} & \text{für} \quad T_a = 400\,^\circ\mathrm{C} \end{cases} . \tag{4.8}$$

Aus den von der Temperdauer im untersuchten Zeitfenster unabhängigen Konzentrationswerten nach Temperungen bei 350 °C und 470 °C lässt sich für die Zeitkonstante ferner abschätzen:

$$\begin{aligned} \tau_{\mathrm{HD1}}\left(T_a\right) &> 100\,\mathrm{h} \quad \text{für} \quad T_a = 350\,^\circ\mathrm{C} \\ \tau_{\mathrm{HD1}}\left(T_a\right) &< \ \ 1\,\mathrm{h} \quad \text{für} \quad T_a = 470\,^\circ\mathrm{C} \end{aligned} . \tag{4.9}$$

Die Arrhenius-Auftragung der temperaturabhängigen Werte der Zeitkonstanten nach Gleichungen (4.8) und (4.9) in Abbildung 4.15 lässt

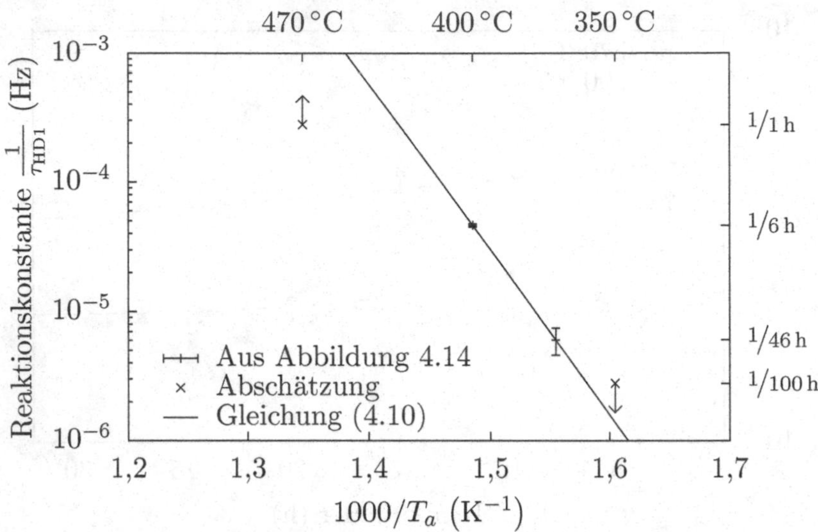

Abbildung 4.15 – Arrhenius-Auftragung der inversen Zeitkonstanten für die Abnahme der Ladungsträgerkonzentration im Ausheiltemperaturbereich zwischen 350 °C und 470 °C

sich mit einer effektiven Dissoziationsenergie des um 350 °C stabil gebildeten Donatorkomplexes HD1 von (2,55 ± 0,5) annähern:

$$\frac{1}{\tau_{\mathrm{HD1}}(T_a)} = 4{,}85 \cdot 10^{14}\,\mathrm{Hz} \cdot \exp\left(-\frac{(2{,}55 \pm 0{,}5)\,\mathrm{eV}}{k_B T_a}\right). \quad (4.10)$$

Thermische Stabilität der um 450 °C gebildeten Wasserstoffdonatorenkomplexe Bei Temperungen oberhalb des zweiten Plateaus der Ladungsträgerkonzentrationskurve zwischen 420 °C und 470 °C in Abbildung 4.13 tritt erneut ein starker Einfluss der Temperungstemperatur auf die Konzentration der erzeugten Ladungsträger auf. Nach Temperungen oberhalb von 500 °C nimmt die gemessene Ladungsträgerkonzentration mit zunehmender Temperatur rasch ab und die induzierten Donatorenkomplexe verschwinden endgültig. Abbildung 4.16 zeigt die gemessene Ladungsträgerkonzentration in Proben

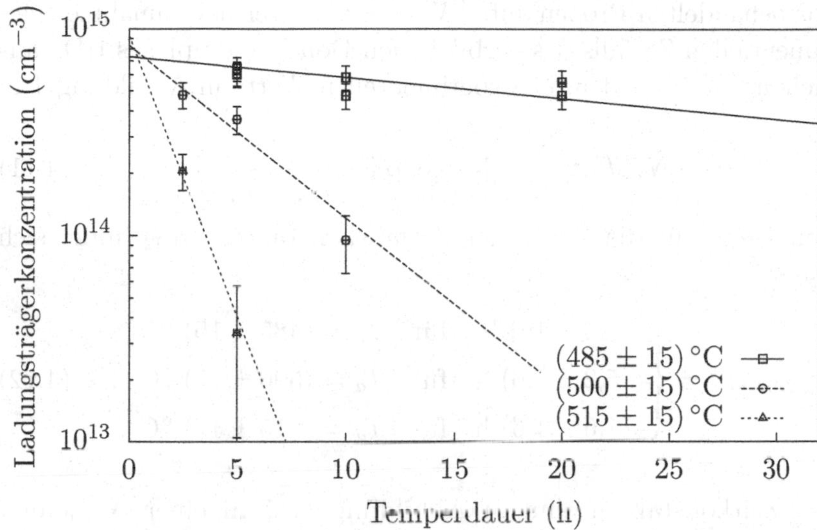

Abbildung 4.16 – Ladungsträgerkonzentrationen am Maximum der induzierten Profile nach der Implantation von Protonen mit einer Energie von 2,5 MeV und einer Dosis von $1 \cdot 10^{14}$ $p^{+}cm^{-2}$ in zonengeschmolzenem und tiegelgezogenem Silizium abzüglich der jeweils gemessenen Substratdotierung in Abhängigkeit der Dauer der anschließenden Temperung

aus zonengeschmolzenem sowie tiegelgezogenem Silizium[12] nach Temperungen bei 485 °C, 500 °C und 515 °C in Abhängigkeit der Dauer der Temperung. Bedingt durch die experimentellen Gegebenheiten tritt bei den in diesem Temperaturbereich untersuchten Proben eine deutlich größere Unsicherheit des thermischen Budgets im Vergleich zu den

[12] Im nachfolgenden Abschnitt 4.5 ab Seite 165 wird der Unterschied der erzeugten Ladungsträgerkonzentration in tiegelgezogenem und zonengeschmolzenem Silizium untersucht. Dabei wird die Bildung von zusätzlichen sauerstoffkorrelierten Donatoren im tiegelgezogenen Silizium herausgestellt, die das Profil der im zonengeschmolzenem Silizium gebildeten Donatoren überlagern. Aufgrund der dort erbrachten Ergebnisse ist jedoch davon auszugehen, dass die in Abbildung 4.16 gezeigten Konzentrationen auf den wasserstoffkorrelierten Donator HD2 zurückzuführen sind.

zuvor behandelten Proben auf.[13] Wiederum unter der Annahme eines exponentiellen Zerfalls des verbliebenen Donatorkomplexes HD2 aus Gleichung (4.7) werden die experimentellen Werte in Abbildung 4.16 mit

$$N_s\left(T_a,t\right) = N^0_{\mathrm{HD2}} \cdot \exp\left(-\frac{t}{\tau_{\mathrm{HD2}}\left(T_a\right)}\right) \tag{4.11}$$

angenähert. Für die Werte der Zerfallskonstanten τ_{HD2} findet sich hieraus:

$$\tau_{\mathrm{HD2}}\left(T_a\right) = \begin{cases} (43 \pm 15)\ \mathrm{h} & \text{für} \quad T_a = (485 \pm 15)\ {}^\circ\mathrm{C} \\ (5{,}2 \pm 1{,}6)\ \mathrm{h} & \text{für} \quad T_a = (500 \pm 15)\ {}^\circ\mathrm{C} \\ (1{,}6 \pm 1{,}6)\ \mathrm{h} & \text{für} \quad T_a = (515 \pm 15)\ {}^\circ\mathrm{C} \end{cases}. \tag{4.12}$$

Diese Zeitkonstanten sind in Abbildung 4.17 in einer Arrhenius-Auftragung dargestellt. Die Werte lassen sich mit

$$\frac{1}{\tau_{\mathrm{HD2}}\left(T_a\right)} = 4{,}84 \cdot 10^{40}\,\mathrm{Hz} \cdot \exp\left(-\frac{(6{,}9 \pm 4)\ \mathrm{eV}}{k_B T_a}\right) \tag{4.13}$$

annähern. Die daraus erhaltene effektive Dissoziationsenergie ist mit annähernd 7 eV sehr hoch für einen strahleninduzierten und wasserstoffdekorierten Defektkomplex.[14] Zudem liegt die angenäherte Anlauffrequenz mit einigen 10^{40} Hz weit ausserhalb einer physikalisch zulässigen Annahme. Wie eingehends besprochen, weisen die hier untersuchten Ausheilserien eine große Unsicherheit der jeweiligen

[13] Die große Unsicherheit des thermischen Budgets geht zurück auf eine deutlich geringere Kontrolle des Temperaturprofils während der Temperung, insbesondere während der Phasen des automatischen Ein- und Ausfahrens, im verwandten Horizontalofen im Vergleich zu dem für die Messungen bis etwa 400 °C benutzten, manuell beschickbaren Muffelofen.

[14] Die Bindungsenergie einer einzelnen Gitterleerstelle an den ringförmigen Sechsfachgitterleerstellenkomplex V_6 wird beispielsweise von Estreicher, Hestings und Fedders [215] mit wenig unter 4 eV angegeben. Dabei besitzt der ringfömige V_6-Komplex, neben dem V_{10}-Komplex, unter den Gitterleerstellenagglomeraten, aufgrund seiner Eigenschaft keine offenen Bindungen an den umgebenden Gitteratomen zu bedingen, eine vergleichsweise hohe Stabilität [216].

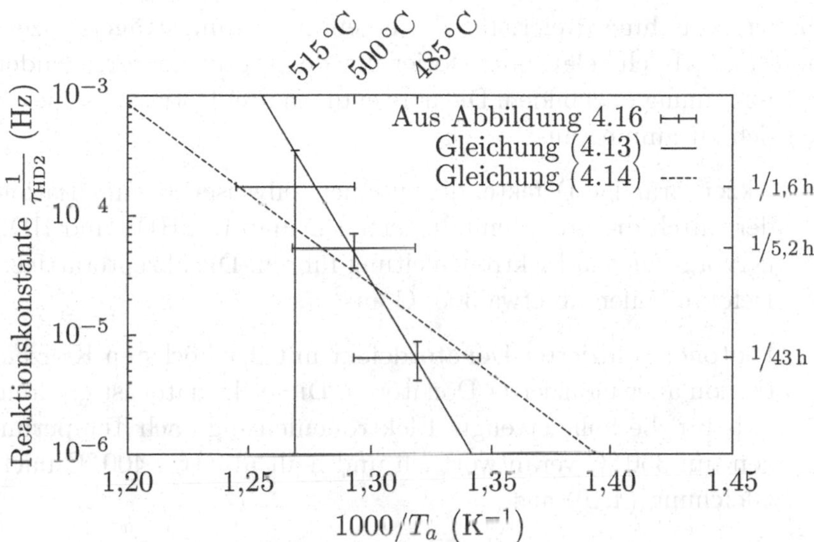

Abbildung 4.17 – Arrhenius-Auftragung der inversen Zeitkonstanten für die Abnahme der Ladungsträgerkonzentration im Ausheiltemperaturbereich zwischen 485 °C und 515 °C

tatsächlichen Probentemperaturen während der Temperungen auf. Im Rahmen dieser Unsicherheiten ist auch eine Beschreibung der temperaturabhängigen Zeitkonstanten der Dissoziation des Donatorkomplexes HD2 mittels

$$\frac{1}{\tau_{\mathrm{HD2}}(T_a)} = 1{,}2 \cdot 10^{15}\,\mathrm{Hz} \cdot \exp\left(-\frac{3\,\mathrm{eV}}{k_B T_a}\right) \tag{4.14}$$

zulässig (gestrichelte Linie in Abbildung 4.17). Die Werte der effektiven Dissoziationsenergie sowie der Anlauffrequenz liegen hierbei beide in physikalisch sinnvollen Größenordnungen.

4.3.3 Nachbildung der Aktivierungskurve

Die in Abbildung 4.13 gezeigte, experimentell bestimmte Ladungsträgerkonzentration in Abhängigkeit der Ausheiltemperatur lässt sich unter der Annahme dreier, für die erzeugte Ladungsträgerkonzentration maßgeblich relevanter Dotierungsdefekte in hervorragender Übereinstimmung nachbilden. Die notwendigen drei Dotierungsdefekte setzen sich zusammen aus:

RD Akzeptorartige Defekte, die zu einer teilweisen Kompensation der durch die protoneninduzierten Donatoren HD1 und HD2 hervorgerufenen Elektronenleitung führen. Die akzeptorartigen Defekte heilen ab etwa 300 °C aus.

HD1 Protoneninduzierter Donatordefekt mit der höchsten Konzentration aller induzierter Donatoren. Dieser Donator ist größtenteils für die hohe erzeugte Elektronenleitung nach Temperungen um 350 °C verantwortlich und heilt ab etwa 400 °C nach Gleichung (4.10) aus.

HD2 Weiterer protoneninduzierter Donatordefekt mit geringerer Konzentration, auf den die, nach Temperungen um 450 °C verfügbaren Leitungselektronen zurückzuführen sind. Dieser Donatordefekt heilt ab etwa 470 °C nach Gleichung (4.14) aus.

Der Zerfall des Donatorkomplexes HD1 wird durch die im vorangehenden Abschnitt 4.3.2 gewonnene Gleichung (4.10) mit einer effektiven Dissoziationsenergie von 2,55 eV beschrieben. Für den Zerfall des zweiten Donatorkomplexes HD2 wird aufgrund der abwegigen Werte in der angenäherten Gleichung (4.13) auf eine Beschreibung durch Gleichung (4.14) mit einer effektiven Dissoziationsenergie von 3 eV ausgewichen. Der Zerfall der akzeptorartigen Defekte RD, welche zu einer teilweisen Kompensation der Dotierung nach Temperungen bei niedrigen Temperaturen unterhalb von etwa 300 °C in Abbildung 4.13 führen, wird unter den oben besprochenen Vorgaben von HD1 und HD2 an die Gesamtaktivierungskurve angenähert. Dabei ergibt sich, bei einer vorgegebenen willkürlichen Anlauffrequenz gleich der in Gleichung (4.10) eine effektive Dissoziationsenergie von etwa 2,2 eV.

Die Konzentrationen der drei benutzten Komponenten werden von hohen Temperaturen kommend einzeln an die experimentellen Konzentrationen angepasst, so dass bei jeder Annäherung je nur ein Freiheitsgrad vorliegt. So wird zunächst, unter der Annahme, dass nach einer fünfstündigen Temperung bei Temperaturen oberhalb von 450 °C nur noch der Defekt HD2 zur gemessenen Konzentration beiträgt, die gemessene Ladungsträgerkonzentration in Gleichung (4.11) eingesetzt und N^0_{HD2} bestimmt. Entsprechend wird die Konzentration von HD1 aus Gleichung (4.7) mit der nach Temperungen bei 350 °C gemessenen Ladungsträgerkonzentration bestimmt. Die Konzentration der gegendotierenden Defekte RD wird gleichermaßen ermittelt.

Abbildung 4.18 stellt die Summe der drei, im Rahmen des Aktivierungsmodells für die erzeugte Ladungsträgerkonzentration als relevant angenommenen Dotierungsdefekte[15], RD, HD1 und HD2,

$$N_s\left(T_a,t\right) = -N_{\mathrm{RD}}\left(T_a,t\right) + N_{\mathrm{HD1}}\left(T_a,t\right) + N_{\mathrm{HD2}}\left(T_a,t\right) \tag{4.15}$$

dar. Die erhaltene Aktivierungskurve nach Gleichung (4.15) liegt hervorragend auf den ebenfalls abgebildeten experimentellen Werten aus Abbildung 4.13.

4.3.4 Diskussion

Der grobe Verlauf der Aktivierungskurve protoneninduzierter Donatoren ist bereits aus jüngeren Publikationen [5, 7] zu entnehmen. Dabei wird jedoch lediglich der Einfluss der Temperatur, nicht aber deren Wechselwirkung mit der für das thermische Budget ebenso bedeutenden Dauer der Temperung betrachtet. Die Zuordnung effektiver Dissoziationsenergien zu den relevanten induzierten Donatorenkomplexen in der vorliegenden Arbeit anstelle der üblichen Angabe grober Ausheiltemperaturen ist neu und ermöglicht erstmalig eine sinnvolle

[15] Das hier vorgestellte Aktivierungsmodell geht von einer vollständigen Ionisierung der Dotierungsdefekte, sowie von einer unveränderten Ladungsträgerbeweglichkeit relativ zu entsprechend phosphordotiertem Siliziumsubstrat aus.

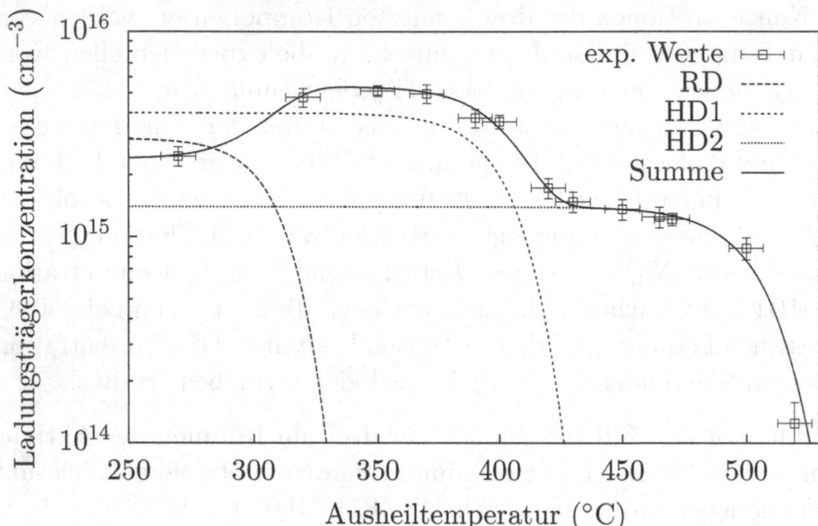

Abbildung 4.18 – Nachbildung der Aktivierung in Proben nach der Implantation von Protonen mit einer Energie von 2,5 MeV und einer Dosis von $4 \cdot 10^{14}\,p^{+}cm^{-2}$ in Abhängigkeit der Temperatur einer anschließenden fünfstündigen Temperung

Berücksichtigung des thermischen Budgets auf die Konzentrationen der induzierten Donatoren.

Die aus der Annäherung an die Zerfallskinetik um 400 °C für die Dissoziation von HD1 gefundenen Werte in Gleichung (4.10) sowohl der Anlauffrequenz von einigen 10^{14} Hz als auch der effektiven Dissoziationsenergie von (2,55 ± 0,5) eV liegen beide in physikalisch sinnvollen Größenordnungen für die Schwingungsfrequenz beziehungsweise die effektive Bindungsenergie etwa einer Silizium-Wasserstoffbindung in einem Siliziumkristall.[16] Die entsprechenden Werte für die Anlauffrequenz sowie die effektive Dissoziationsenergie der Donatorspezies

[16] Der nach der hier verwandten Methode gefundene Wert für die Anlauffrequenz von HD1 ist selbstverständlich nicht zur Identifikation des Defektes mit einem durch Absorptionsspektroskopie charakterisierten Defektes geeignet.

HD2 um 500 °C, nach der Annäherung in Gleichung (4.13), liegen mit etwa 10^{40} Hz beziehungsweise etwa 7 eV hingegen deutlich ausserhalb des sinnvollen Bereichs. Im Rahmen der großen Unsicherheit der Ausheiltemperaturen bei den hier verwandten Proben lassen sich allerdings auch noch Werte von etwa 10^{15} Hz für die Anlauffrequenz sowie 3 eV für die effektive Dissoziationsenergie in Gleichung (4.14) rechtfertigen. Die hier angesetzte Anlauffrequenz liegt mit etwa 10^{15} Hz leicht oberhalb des Bereiches für Molekülschwingungen bis in den oberen Terahertz-Bereich. Die Dissoziationsenergie von 3 eV ist in Einklang mit der experimentell bestimmten Dissoziationsenergie von 2,6 eV bis 3,2 eV [217] beziehungsweise $(3{,}3 \pm 0{,}3)$ eV [218] von stabilen Gitterleerstellenagglomeraten in stark strahlengeschädigtem, kristallinem Silizium, sowie mit der simulierten Ablösearbeit einer Gitterleerstelle etwa von einem Fünffachgitterleerstellenkomplex [215]. Van de Walle [213] findet in *ab initio* Simulationen ebenfalls sehr vergleichbare Barrierenenergien für die Dissoziation von Gitterleerstellen-Wasserstoffkomplexen. Für die Bindungsenergie eines Wasserstoffatoms an eine vollständig mit Wasserstoff abgesättigte Einfachgitterleerstelle findet van de Walle 2,1 eV. Zur Ablösung eines Wasserstoffatoms aus einem Komplex einer Einfachgitterleerstelle mit nur einem Wasserstoffatom beträgt die Barrierenenergie für das Wasserstoffatom hingegen 2,6 eV. Um eine Neubildung der jeweiligen Komplexe zu verhindern, muss das Wasserstoffatom nach seiner Ablösung von den Gitterleerstellen aus deren Reaktionsvolumina entfernt werden. Wird hierfür die von van Wieringen und Warmoltz [29] gefundene Migrationsbarriere des Wasserstoffs von etwa 0,5 eV herangezogen, ergeben sich für die beiden Fälle Dissoziationsenergien von 2,6 eV, beziehungsweise 3,1 eV. Die im Rahmen der vorliegenden Arbeit experimentell bestimmten effektiven Dissoziationsenergien weisen eine gute Übereinstimmung mit diesen Werten auf.

Die zuvor vorgestellten Versuche können keine Aussage darüber liefern, was mikroskopisch in den untersuchten Proben beim Übergang zwischen den beiden Plateaus zwischen 320 °C und 370 °C sowie zwischen 420 °C und 470 °C geschieht. Im vorgestellten Modell nach

Gleichung (4.15) wird von der Bildung zweier protoneninduzierter Donatorenkomplexe bei niedrigen Temperaturen unter 300 °C ausgegangen,[17] die sukzessive ab etwa 370 °C beziehungsweise ab etwa 485 °C ausheilen. Die Bildung weiterer Donatoren mit einer ähnlichen thermischen Stabilität wie HD1 oder HD2 kann dabei nicht ausgeschlossen werden.

Der aus der Annäherung von Gleichung (4.7) an die in Abbildung 4.14 dargestellten Zerfallskurven bei Ausheiltemperaturen von 370 °C und 400 °C gewonnene Wert für die überlagernde, zeitlich stabile Ladungsträgerkonzentration N^0_{HD2} liegt mit etwa $2{,}0 \cdot 10^{15}\,\mathrm{cm}^{-3}$ noch merklich über jenem Wert der gemessenen Ladungsträgerkonzentration von $1{,}2 \cdot 10^{15}\,\mathrm{cm}^{-3}$ nach einer Temperung bei 470 °C. Dies kann als Hinweis auf einen weiteren Donatorkomplex mit einer leicht höheren thermischen Stabilität im Vergleich zum Donatordefekt HD1 betrachtet werden.[18] Die für die Annäherung an die experimentellen Daten in Abbildung 4.14 verwandte Gleichung (4.7) lässt jedoch nur den Zerfall einer Spezies mit genau einer Zerfallskonstante zu. Auf die gute Übereinstimmung des Modells mit lediglich zwei Donatorenspezies mit den experimentellen Daten in Abbildung 4.18 hat dieser Umstand jedoch keine nachteilige Auswirkung.

Alternativ zur sukzessiven Dissoziation der zwei Donatorenspezies HD1 und HD2 wäre beispielsweise auch eine teilweise oder vollständige Umwandlung des Donators HD1 in HD2 um 400 °C denkbar. Von

[17] Dabei wird entsprechend Abschnitt 4.2 davon ausgegangen, dass sich aus den strahleninduzierten Primärdefekten bereits bei niedrigen Temperaturen die intrinsischen Kernkomplexe der späteren Wasserstoffdonatoren bilden. Der mit dem thermischen Budget diffundierende Wasserstoff kann diese Kernkomplexe anschließend dekorieren und in die elektrisch aktiven Donatoren überführen.

[18] In Abschnitt 4.5 ab Seite 165 wird eine weitere sauerstoffkorrelierte Donatorenspezies in der strahlengeschädigten Schicht in tiegelgezogenem Silizium beobachtet. Diese zusätzliche Donatorenspezies heilt dabei in dem Ausheiltemperaturbereich zwischen HD1 und HD2 aus. Es ist durchaus anzunehmen, dass dieser Donator auch in zonengeschmolzenem Silizium gebildet wird. Aufgrund der wesentlich geringeren Sauerstoffkonzentration im zonengeschmolzenen Silizium, wird dessen Konzentration jedoch ebenfalls wesentlich geringer sein.

einem Ausheilen eines Donatorkomplexes mit einer Ionisationsenergie von 75 meV in wasserstoffhaltigem tiegelgezogenem Silizium nach einer Elektronenbestrahlung bei fast simultanem Auftreten eines zweiten Donatorkomplexes mit einer Ionisationsenergie von 50 meV um eine Ausheiltemperatur von etwa 375 °C bis 400 °C berichten Hatakeyama *et al.* [219] sowie Markevich *et al.* [4]. Die von den Autoren untersuchten, nachweislich wasserstoffkorrelierten Donatorenkomplexe treten jedoch ausschließlich in tiegelgezogemen Silizium auf [220].[19] Von einer derartigen Umwandlung von wasserstoffkorrelierten Donatoren, in deren Folge die charakteristische Signatur eines Donatordefektes erst um 400 °C auftritt, wird in protonenbestrahltem zonengeschmolzenem Silizium nicht berichtet (siehe Tabelle 2.1 auf Seite 31). Eine andere Möglichkeit zur Erklärung der Aktivierungskurve unter der Verwendung lediglich eines Donatorkomplexes wäre der teilweise Zerfall dieses Donators in zwei Stufen. Denkbar wäre dies durch den Zerfall einer zweiten elektrisch nicht aktiven Defektspezies, beispielsweise eines Interstitiellenkomplexes, um 400 °C, deren Zerfallsprodukte sich an einen Teil der Donatorkomplexe anlagern können, wodurch letztere elektrisch inaktiv oder vernichtet würden. In einer zweiten Stufe um 500 °C würde dann schließlich der Donatordefekt selber instabil.

Abbildung 4.19 zeigt die Konzentrationen der freien Ladungsträger gewonnen aus Kapazitäts-Spannungsmessungen in Abhängigkeit der Probentemperatur bei Temperaturen unterhalb von 50 K nach Temperungen bei 350 °C sowie 470 °C.[20] Die Ladungsträgerkurven unter-

[19]Der nachfolgende Abschnitt 4.5 ab Seite 165 beschäftigt sich ausführlicher mit der Situation in protonenimplantiertem tiegelgezogenem Silizium.

[20]Bei den hier verwandten Kapazitäts-Spannungsmessungen wird die Reaktion des Stromes auf eine an die Sperrschicht angelegte Kleinsignalspannung gemessen. Dabei erfolgten die Messung in diesem Fall notwendigerweise mit einem parallelen Ersatzschaltbild. Im Moment des Ausfrierens der Majoritätenspezies bei sehr kleinen Temperaturen wird jedoch der serielle Widerstand der zu messenden Probe stark erhöht, was zu einer Unauswertbarkeit der im parallalen Ersatzschaltbild erhaltenen Werte führte. Die aus diesen Messungen entnommenen Steigungen sollen daher nicht als tatsächliche Ionisationsenergie der Donatoren verstanden werden. Mit Hilfe dieser Energien wird hier lediglich eine qualitative Unterscheidung der verschiedenen Donatoren angestrebt.

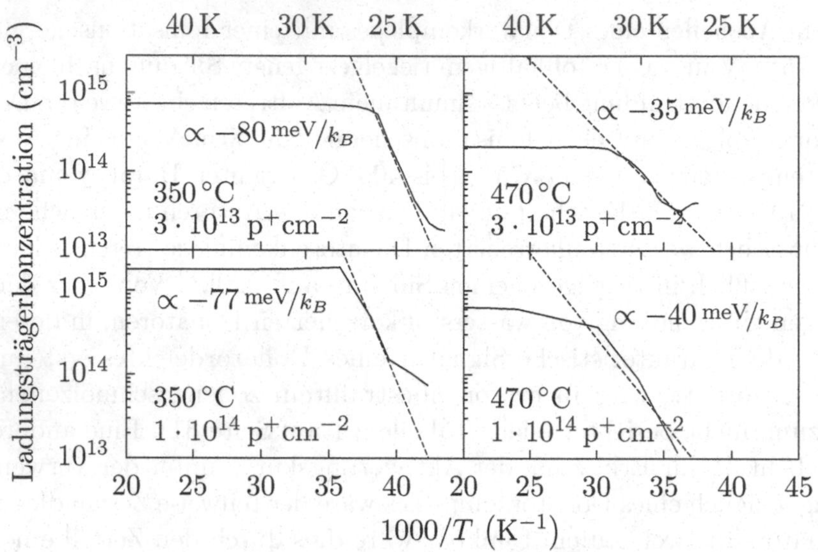

Abbildung 4.19 – Aus Kapazitäts-Spannungsmessungen bei niedrigen Probentemperaturen unter 50 K gewonnene Ladungsträgerkonzentrationen in Proben nach einer protonenimplantation mit einer Energie von 2,3 MeV mit unterschiedlichen Dosen durch einen 50 µm dicken Aluminiumabsorber und anschließenden Temperungen

scheiden sich dabei signifikant zwischen den unterschiedlichen Temperungen. Während die Ladungsträgerkonzentration bei ihrem Einbruch unterhalb von 30 K nach einer Temperung bei 350 °C eine negative Steigung von 77–80 $^{\mathrm{meV}}/_{k_B}$ aufweist, fallen die Kurven in bei 470 °C getemperten Proben mit einer deutlich flacheren negativen Steigung von 35–40 $^{\mathrm{meV}}/_{k_B}$ ab. Dieses deutlich unterschiedliche Ausfrierverhalten der freien Majoritätsladungsträger nach Temperungen bei 350 °C und 470 °C deutet, wie im Modell angenommen, auf zwei unterschiedliche Donatordefekte hin, die je nach Temperung jeweils den relevanten Anteil der verfügbaren Majoritäten bereitstellen. Bei einer einfachen Ausheilung eines Donatortypes in zwei Stufen, wäre eine Änderung der Kurven in Abbildung 4.19 in dieser Form nicht zu erwarten. Abbildung A.3 im Anhang dieser Arbeit zeigt zum Vergleich das gemessene Ausfrierverhalten der freien Ladungsträger in phosphordotiertem Silizium. Die Annahme der Bildung wenigstens zweier relevanter Donatorenkomplexe und deren sukzessiver Ausheilung im Aktivierungsmodell nach Gleichung (4.15) sowie die Schlussfolgerungen aus Abbildung 4.19 stimmen auch mit den Beobachtungen von Hartung und Weber [114] überein. Die Autoren beobachten zwar einen Donatordefekt mit einer Ionisationsenergie von 34,1 meV mittels photothermischer Ionisationsspektroskopie, der erst nach Temperungen ab 400 °C auftritt, dieser Donator tritt jedoch nur in neutronenbestrahltem und anschließend mit einem Wasserstoffplasma behandelten Proben auf und auch dort nicht in vorwiegender Konzentration. In protonenbestrahlten Proben wird dieser, erst ab 400 °C auftretende Donator nicht beobachtet [112, 114]. Bei den in protonenbestrahltem zonengeschmolzenem Silizium beobachteten wasserstoffkorrelierten Donatorenkomplexen berichten die Autoren von einer signifikanten Änderung der realtiven Konzentrationen der jeweiligen Donatoren. So hat nach Temperungen bei 300 °C ein Donator mit einer Ionisationsenergie von 35,8 meV die größte Amplitude der gemessenen Signale. Nach Temperungen bei 500 °C überwiegt hingegen das Signal eines Donators mit einer Ionisationsenergie von 38,6 meV. Nach Temperungen bei der dazwischen liegenden Temperatur von 400 °C sind die Signale beider Donatoren in etwa gleich ausgeprägt. Ebenso in Übereinstimmung mit der Annahme nach Gleichung (4.15) sind die Ergebnisse von Pokotilo *et al.* [11]. Die Autoren berichten von der Bildung zweier Donatoren mit unterschiedlicher thermischer Stabilität nach einer Protonenimplantation, die beide bereits nach Temperungen bei 350 °C vorliegen. Während die Konzentration eines der beiden Donatoren mit bistabilem Verhalten[21] mit zunehmender Ausheiltemperatur und ab 475 °C gänzlich verschwindet, bleibt die Konzentration des zweiten, monostabilen Donators bis mindestens 475 °C erhalten.

[21] Wie bereits zuvor besprochen, konnte das von den Autoren in Referenz [11] berichtete bistabile Verhalten eines der beiden dort untersuchten Donatoren bei entsprechenden Experimenten im Rahmen dieser Arbeit nicht nachvollzogen werden. Siehe auch Abschnitt 4.4.4.

4.4 Einfluss der Implantationsparameter auf die Profile

Die Bildung der wasserstoffkorrelierten Donatoren ist begrenzt auf jene Schicht im bestrahlten Siliziumsubstrat, in der sich Strahlendefekte und Wasserstoff überlagern. Neben der zuvor im Abschnitt 4.2 untersuchten temperungsabhängigen Verteilung des Wasserstoffs, ist folglich die Verteilung der strahleninduzierten Kristallschäden maßgebend für das erzeugte Wasserstoffdonatorenprofil. Im Gegensatz zum implantierten Wasserstoff sind die erzeugten Kristallschäden, zumindest nach ihrer Agglomeration zu Sekundärdefekten, unter den in der vorliegenden Arbeit verwendeten Bedingungen ortsstabil. Über die Implantationsparameter der Ionendosis und -energie lässt sich nach Kapitel 2.5 die Konzentration und Tiefenverteilung der Wasserstoffdonatoren vorgeben. Die Veränderung der Verteilung der induzierten Primärdefekte in Abhängigkeit der Implantationsenergie der Protonen ist in Abbildung 2.3 auf Seite 53 dargestellt.

Der vorliegende Abschnitt behandelt zunächst den Einfluss der Implantationsenergie auf die nach einer Temperung gemessene Verteilung der Wasserstoffdonatoren. Im Anschluß wird der Einfluss der Protonendosis hierauf untersucht. Dabei tritt die im vorangehenden Abschnitt 4.3 bereits erwähnte Abweichung der induzierten Ladungsträgerverteilung von der Verteilung der Primärdefekte nach Temperungen oberhalb von etwa 400 °C mit steigender Protonendosis zunehmend deutlich auf. Bei der Erzeugung äquivalenter Schadenskonzentrationen durch eine alternative Bestrahlung mit Heliumionen wurde eine derartige Veränderung der Profilform nicht reproduziert.

4.4.1 Einfluss der Protonenenergie

Abbildung 4.20 zeigt mittels *SRIM* [164] simulierte Primärdefektprofile und zugehörige, experimentell gemessene Ladungsträgerprofile, erzeugt durch die Implantation von Protonen mit drei verschiedenen

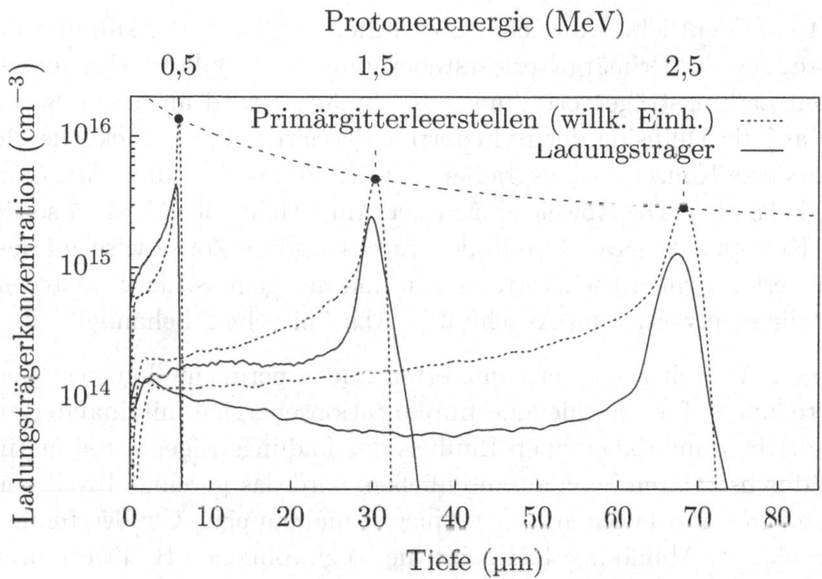

Abbildung 4.20 – Experimentell gemessene Ladungsträgerprofile und simulierte Profile von Primärgitterleerstellen [164] erzeugt durch Protonenbestrahlungen mit drei unterschiedlichen Implantationsenergien zwischen 0,5 MeV und 2,5 MeV und einer Dosis von $4 \cdot 10^{14}\,\mathrm{p^+cm^{-2}}$ nach einer Temperung bei 470 °C für 5 h. Die Ladungsträgerprofile verstehen sich abzüglich der Substratdotierung.

Energien und anschließender Temperung bei 470 °C für 5 h. Die simulierten Verteilungen des Wasserstoffs nach der Implantation können Abbildung 4.3 auf Seite 90 entnommen werden. Das Profil der erzeugten Wasserstoffdonatorenkomplexe weist, sehr ähnlich der Tiefenverteilung der strahlungsinduzierten Primärgitterleerstellen, eine ausgedehnte durchstrahlte Zone und ein daran anschließendes ausgeprägtes Maximum auf. Mit zunehmender Protonenenergie und Eindringtiefe der Protonen erstreckt sich die durchstrahlte Zone, welche sich durch einen vergleichsweise geringen Konzentrationsgradienten auszeichnet, tiefer in die bestrahlte Probe. Zugleich tritt eine Aufweitung des Maximums um R_m auf. Für sämtliche Profile in Abbildung 4.20

tritt eine deutliche Abweichung zwischen der Form der simulierten Verteilung der Primärgitterleerstellen und der Profilform der gemessenen Ladungsträgerverteilung auf. Zunächst wird an dieser Stelle der auf die Diffusion der induzierten Primärdefekte zurückgehende veränderte Konzentrationsgradient an der Flanke des Maximums um R_m behandelt. Die Abweichungen der Amplituden der Maxima sowie der Konzentrationsverläufe in der durchstrahlten Zone zwischen den simulierten Primärdefektverteilungen und den gemessenen Donatorenverteilungen werden im Anschluß in Abschnitt 4.4.2 behandelt.

Um die Aufweitungen der simulierten und experimentell gemessenen Verteilungen für verschiedene Implantationsenergien miteinander zu vergleichen und dabei einen Einfluss der Ladungsträgerverteilung in der durchstrahlten Zone auszuschließen, wird das jeweilige Profil von R_m zu größeren Tiefen um R_m gespiegelt und mit einer Gaußverteilung angenähert. Abbildung 4.21 zeigt die so gewonnenen Halbwertsbreiten der simulierten Primärdefektverteilungen und der experimentell gemessenen Ladungsträgerverteilungen in Abhängigkeit der Implantationsenergie der Protonen.

Die Abhängigkeit der Halbwertsbreiten von der Protonenenergie lässt sich dabei sowohl für die simulierten Verteilungen der Primärdefekte wie auch für die gemessenen Ladungsträgerverteilungen gut mit

$$s_{\mathrm{fwhm}} = \exp\left(\sqrt{\frac{E_{p^+}}{E_0}} - 1\right) \cdot g_d \tag{4.16}$$

annähern, wobei E_{p^+} die Implantationsenergie der Protonen und E_0 sowie g_d Konstanten für die Anpassung der Funktion sind. Während E_0 und damit der Exponentialterm in Gleichung (4.16) für die experimentell gemessenen wie die simulierten Verteilungen gleich ist, ist g_d für die gemessenen Ladungsträgerverteilungen um einen Faktor 1,25 größer als für die Primärdefektverteilungen. Bei der Simulation der Primärdefektverteilung verbleiben die erzeugten Punkdefekte am Ort

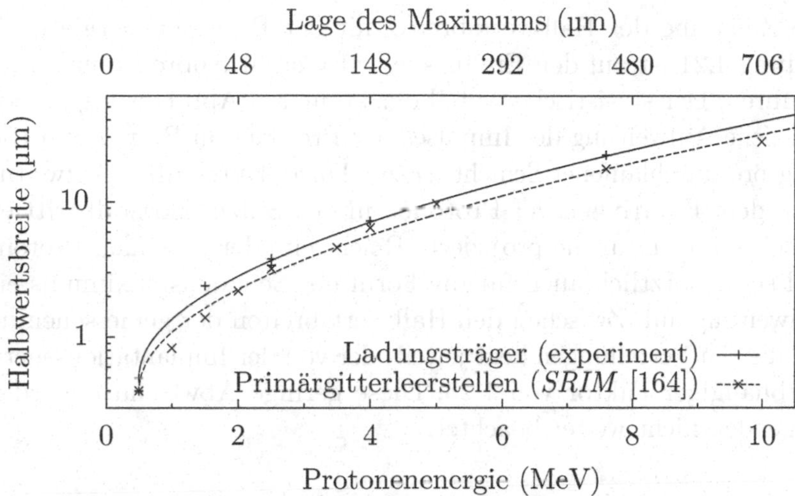

Abbildung 4.21 – Halbwertsbreiten von simulierten Primärgitterleerstellenverteilungen [164] sowie von experimentell gemessenen Ladungsträgerverteilungen nach der Implantation einer Protonendosis von $4 \cdot 10^{14}\,p^{+}cm^{-2}$ und einer Temperung bei 470 °C für 5 h für verschiedene Protonenenergien

ihrer Entstehung.[22] Eine weitere Diffusion der bereits bei Raumtemperatur hoch mobilen Primärdefekte [160] bleibt in dieser Simulation unberücksichtigt. Unter der Annahme, dass die simulierte Primärdefektverteilung dem tatsächlichen Entstehungsort bei der Bestrahlung im Experiment entspricht, lässt sich die größere Halbwertsbreite der experimentellen Ladungsträgerverteilungen im Vergleich zu den simulierten Verteilungen mit der Diffusion der erzeugten Primärdefekte nach und während der Implantation begründen. Bis zu deren Reaktion zu ortsstabilen Sekundärdefekten wird die Defektverteilung durch die Diffusion dieser Punktdefekte aufgeweitet.

[22] Der Entstehungsort sei zu verstehen als jener Ort, an dem der betreffende Punktdefekt nach dem Erliegen der Stoßkaskade zur Ruhe kommt, ungeachtet eventueller thermischer Diffusionsprozesse. Für diesen Ort sind der Ort der primären Wechselwirkung sowie der gegebenenfalls an den Rückstoßkern übertragene Impuls und die weitere Abbremsung der Rückstoßkernes durch das umgebende Substrat maßgebend.

Die Zunahme der Halbwertsbreite mit der Protonenenergie in Abbildung 4.21 ist auf den Einfluss der atomaren Abbremsung zurückzuführen. Der statistische Anteil der atomaren Abbremsung hat eine deutliche Aufweitung des Impulses der Protonen in Betrag und Richtung pro durchlaufener Schicht dx zur Folge. Durch diese Aufweitung nach dem Eindringen der Protonen in den Siliziumkristall tritt entsprechend auch für die projizierte Reichweite der einzelnen Protonen und somit letztlich auch für die Form des Schadensmaximums eine Aufweitung auf. Zwischen den Halbwertsbreiten der gemessenen und simulierten Verteilungen liegt jeweils der von der Implantationsenergie unabhängiger Faktor von 1,25. Diese geringe Abweichung wird im Folgenden nicht weiter beachtet.

4.4.2 Einfluss der implantierten Ionendosis

Der Einfluss der implantierten Dosis auf die zu erwartende Menge an erzeugten stabilen Defekten ist abhängig davon, ob die beim Eindringen der einzelnen Protonen in den Kristall erzeugten Primärdefekte in relevantem Umfang untereinander wechselwirken oder nicht. Tritt zwischen einzelnen Protonen und den von ihnen erzeugten Primärdefekten keine Wechselwirkung auf, so können die stabilen, die anschließende Temperung überdauernden Sekundärdefekte nur jeweils aus von einem einzelnen Proton erzeugten Schaden bestehen. Die zu erwartende Konzentration der entsprechenden Sekundärdefekte wäre somit als linear von der Anzahl der implantierten Protonen abhängig anzunehmen.

Abbildung 4.22 zeigt ein simuliertes Primärdefektprofil zusammen mit zwei experimentellen Ladungsträgerprofilen nach der Implantation einer Protonendosis von $4 \cdot 10^{14}\,\mathrm{p^+cm^{-2}}$ mit einer Energie von 2,5 MeV und einer Temperung bei den jeweiligen Temperaturen von 350 °C und 470 °C. Die gezeigten Ladungsträgerprofile in Abbildung 4.22 entsprechen den nach den Implantationen und Temperungen gemessenen Profilen abzüglich der Grunddotierung der verwandten Proben von etwa $3 \cdot 10^{13}\,\mathrm{cm^{-3}}$. Die gezeigten Profile zeigen also nur die durch die

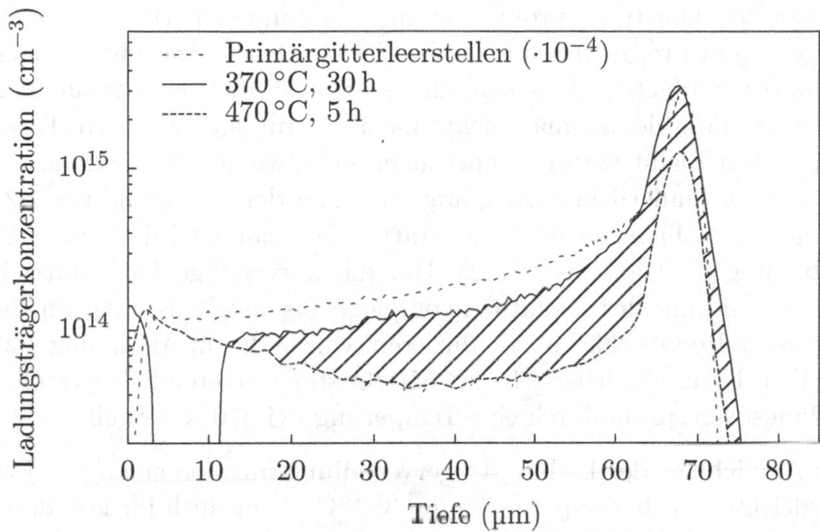

Abbildung 4.22 – Simulierte Verteilung der Primärgitterleerstellen [164] sowie gemessene Ladungsträgerprofile nach einer Protonenimplantation mit einer Dosis von $4 \cdot 10^{14}\,p^+\,cm^{-2}$ mit einer Energie von 2,5 MeV und anschließender Temperung. Die Ladungsträgerprofile verstehen sich abzüglich der jeweiligen Substratdotierungen.

Protonenimplantation erzeugte zusätzliche Dotierung. Zwischen den bei den beiden Temperaturen erzeugten Profilen tritt ein signifikanter Unterschied zu Tage, der abschließend ab Seite 143 unter Zuhilfenahme einer zusätzlichen Implantation von Heliumionen diskutiert wird. Aufgrund des starken Einflusses der Ausheiltemperatur auf die Profilform wird die Abhängigkeit der erzeugten Ladungsträgerprofile von der Protonendosis nach Temperungen um 350 °C und bei 470 °C im Folgenden getrennt behandelt.

Dosisabhängigkeit nach Temperungen um 350 °C Bei Temperungen um 350 °C spielt die im vorangehenden Abschnitt 4.2 besprochene Diffusion des implantierten Wasserstoffs durch die durchstrahlte Schicht eine entscheidende Rolle bei der Ausbildung des protoneninduzierten Donatorenprofils. Die in Abbildung 4.7 a) auf Seite 99 dargestellten Profile weisen in der bereits mit den protoneninduzierten Donatoren aufgefüllten Schicht eine starke Ähnlichkcit zur simulierten Verteilung der Primärdefekte nach der Implantation auf. Diese Ähnlichkeit bleibt bis zu Temperungen bei etwa 400 °C erhalten, wobei ein kontinuierlicher Übergang zwischen den in Abbildung 4.22 gezeigten Profilen mit der Temperatur beobachtet wird (siehe auch Abbildung 4.12 auf Seite 112). Um die notwendige Diffusionszeit zur Ausbildung der Donatorenkomplexe bis möglichst nah an die durchstrahlte Oberfläche zu reduzieren, wurde das in Abbildung 4.22 für den Temperaturbereich um 350 °C stellvertretend dargestellte Ladungsträgerprofil durch eine Temperung bei 370 °C erstellt.

Die Ähnlichkeit der Ladungsträgerverteilung mit den erzeugten Primärdefekten nach Temperungen um 350 °C bleibt auch für geänderte Protonendosen erhalten. Dabei weist die Konzentration der erzeugten zusätzlichen Ladungsträger eine deutliche Abhängigkeit von der implantierten Protonendosis auf. In Abbildung 4.23 sind die entnommmenen Ladungsträgerkonzentrationen abzüglich der Grunddotierung der verwendeten phosphordotierten Proben jeweils am Maximum der erzeugten Donatorenprofile gegen die implantierte Protonendosis nach einer anschließenden Temperung bei 350 °C aufgetragen.

Die gemessene Ladungsträgerkonzentration $N_{s,\max}$ weist bis zu einer Dosis von $4 \cdot 10^{14}\,\mathrm{p^+cm^{-2}}$ eine schwach sublineare Abhängigkeit von der Dosis Φ_{p^+} des implantierten Wasserstoffs auf, mit:

$$N_{s,\max}(350\,°\mathrm{C}) \;\propto\; \Phi_{\mathrm{p}^+}^{0,84\pm0,06}. \tag{4.17}$$

Oberhalb einer implantierten Dosis von 4–$6 \cdot 10^{14}\,\mathrm{p^+cm^{-2}}$ tritt in Abbildung 4.23 ein abrupter Abfall der effektiv gemessenen Ladungsträgerkonzentration am Maximum des Profils auf. Ab dieser Dosis zeigt die gemessene Ladungsträgerkonzentration nur noch eine sehr schwache Abhängigkeit von der implantierten Protonendosis. Dieser Effekt bei hohen Protonendosen wird in Proben aus verschiedenen Versuchsserien (A07 und Q10) beobachtet und tritt unabhängig von

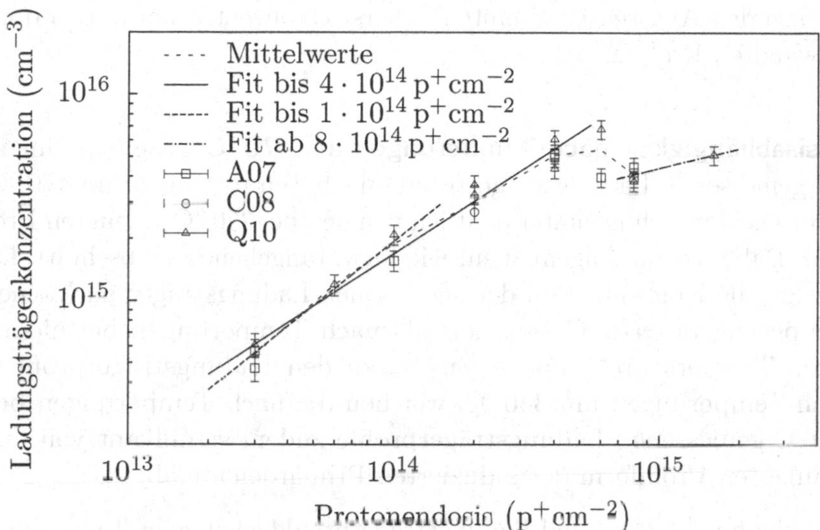

Abbildung 4.23 – Abhängigkeit der induzierten Ladungsträgerkonzentrationen am Maximum der erzeugten Profile von der Protonendosis nach der Implantation von Protonen mit 2,5 MeV und anschließender Temperung bei 350 °C für 5 h. Unterschiedliche Symbole entsprechen jeweils einer Probenserie.

der Implantationstemperatur zwischen etwa 140 °C und etwa 330 °C auf.

Die aus Abbildung 4.23 entnehmbare Sättigungskonzentration der erzeugten Wasserstoffdonatorenkomplexe von etwa $5 \cdot 10^{15}$ cm^{-3} entspricht in etwa der Konzentration des in den Proben vorkommenden Sauerstoffs nach Tabelle A.1 im Anhang. Eine Beteiligung von Sauerstoff an den nach wie vor unbekannten Wasserstoffdonatorenkomplexen ist hiernach naheliegend. Auch Klug [182] sowie Klug, Lutz und Meijer [221] berichten von einer Sättigung der Konzentration erzeugter Wasserstoffdonatorenkomplexe nach einer mehrstufigen Temperung bei Temperaturen bis zu 400 °C bei einer Konzentration von 1–2·10^{16} cm^{-3}. Diese Sättigungskonzentration entspricht ebenfalls der von den Autoren bestimmten Sauerstoffkonzentration in den dort verwandten Proben.

Dosisabhängigkeit nach Temperungen um 470 °C Die experimentell gemessenen Ladungsträgerprofile nach Temperungen um 470 °C unterscheiden sich mitunter deutlich von den bei 350 °C erzeugten Profilen. Dabei ist im Allgemeinen, wie im vorangehenden Abschnitt 4.3 gezeigt, die Konzentration der gemessenen Ladungsträger nach einer Temperung bei 470 °C geringer, als nach Temperungen bei niedrigeren Temperaturen. Im Gegensatz zu den Ladungsträgerprofilen nach Temperungen um 350 °C, weichen die nach Temperungen bei 470 °C gemessenen Ladungsträgerprofile zudem signifikant von der simulierten Profilform der induzierten Primärdefekte ab.

In Abbildung 4.24 a) sind Ladungsträgerprofile nach einer Temperung bei 470 °C für verschiedene Protonendosen gezeigt. Die darin ebenfalls abgebildeten Primärdefektprofile sind um einen Faktor von 10^{-4} reduziert und skalieren in den Abbildungen linear mit der implantierten Protonendosis. Die durch die Protonenbestrahlung und anschließende Temperung erzeugten zusätzlichen Ladungsträger korrelieren bis zu Protonendosen von etwa $1\text{–}2 \cdot 10^{14}\,\mathrm{p^+cm^{-2}}$ gut mit der simulierten Verteilung der Primärgitterdefekte. Mit zunehmenden Protonendosen tritt jedoch eine deutliche Abweichung der gemessenen Ladungsträgerverteilungen von der simulierten Profilform auf. Während die Ladungsträgerkonzentration an der durchstrahlten Oberfläche für alle gezeigten Dosen linear mit der implantierten Protonendosis zunimmt, bleibt die Ladungsträgerkonzentration in zunehmender Tiefe deutlich hinter der Erwartung bei einem angenommenen linearen Zusammenhang zurück. Die Ladungsträgerkonzentrationen in verschiedenen Tiefen der Profile sind in Abbildung 4.24 b) über die implantierte Protonendosis aufgetragen. Die gezeigten Werte entstammen zwei verschiedenen Versuchsserien, A07 und Q10. In beiden Serien tritt die in Abbildung 4.24 a) gezeigte Verkippung des Ladungsträgerprofils mit zunehmenden Protonendosen deutlich auf. Die Dosis, ab welcher die Profile ein lokales Minimum zwischen der durchstrahlten Oberfläche

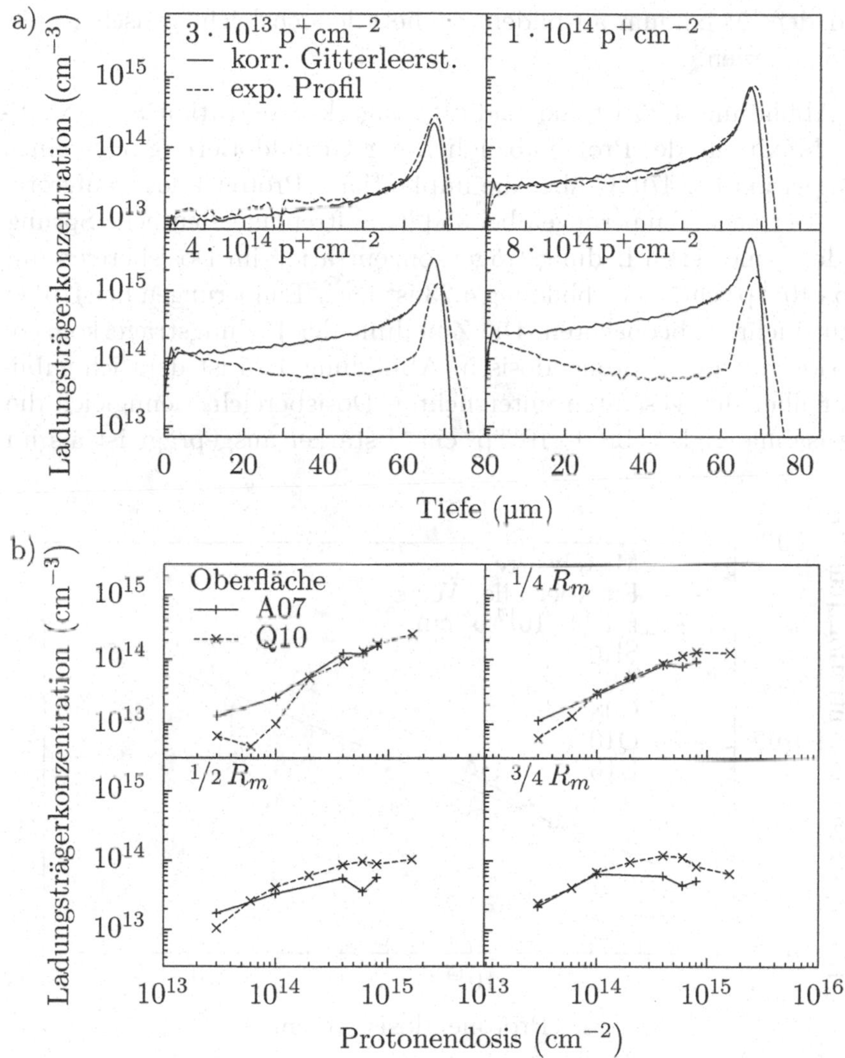

Abbildung 4.24 – a): Profile der Ladungsträger (A07) und der simulierten Primärgitterleerstellen [164] für unterschiedliche Protonendosen mit einer Energie von 2,5 MeV nach einer Temperung bei 470 °C für 5 h. Die Profile verstehen sich abzüglich der Substratdotierung.

b): Ladungsträgerkonzentrationen in ausgewählten Tiefen in Abhängigkeit der implantierten Protonendosis.

und dem Maximum ausbilden, variiert jedoch leicht zwischen den beiden Serien.

In Abbildung 4.25 ist die Ladungsträgerkonzentration am jeweiligen Maximum der Profile abzüglich der Grunddotierung nach einer Temperung bei 470 °C über die implantierte Protonendosis aufgetragen. Der nach Temperungen bei 350 °C auftretende, deutliche Sprung in der gemessenen Ladungsträgerkonzentration im Dosisbereich um 4–6 $\cdot 10^{14}$ p^+cm^{-2} in Abbildung 4.23 ist nach Temperungen bei 470 °C nicht mehr zu beobachten. Die Zunahme der Ladungsträgerkonzentration mit der Protonendosis in Abbildung 4.25 ist deutlich sublinear über den gesamten untersuchten Dosisbereich, wenngleich die Dosisabhängigkeit bis $1 \cdot 10^{14}$ p^+cm^{-2} stärker ausgeprägt ist als im

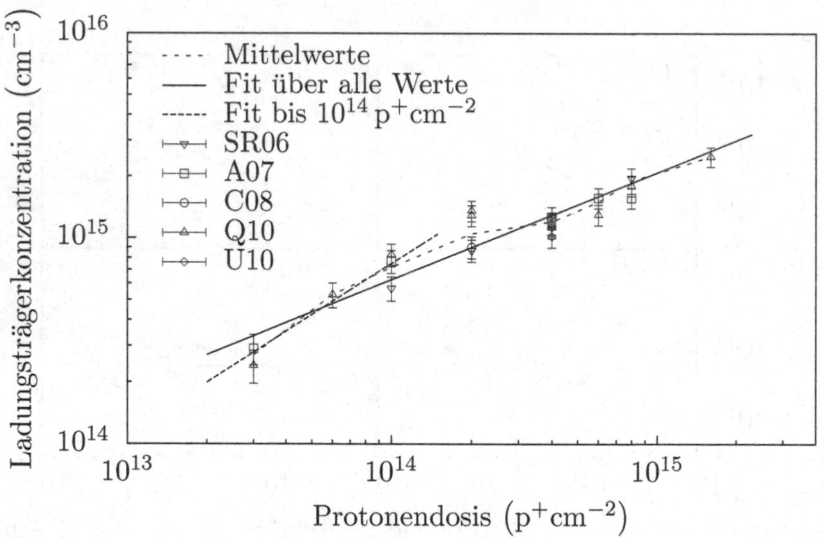

Abbildung 4.25 – Abhängigkeit der induzierten Ladungsträgerkonzentrationen am Maximum der erzeugten Profile von der Protonendosis nach der Implantation von Protonen mit 2,5 MeV und anschließender Temperung bei 470 °C für 5 h. Unterschiedliche Symbole entsprechen jeweils einer Probenserie.

darüberliegenden Dosisbereich. Bei einer Annäherung über den gesamten in Abbildung 4.25 dargestellten Dosisbereich ergibt sich für die Proportionalität der gemessenen Ladungsträgerkonzentration $N_{s,\max}$ von der Dosis $\Phi_{\mathrm{p}+}$ eine wurzelförmige Abhängigkeit:

$$N_{s,\max}\,(470\,°\mathrm{C}) \propto \Phi_{\mathrm{p}+}^{0,52\pm0,04}\,. \tag{4.18}$$

Die bei den Variationen der Protonendosis beobachtete wurzelförmige Abhängigkeit nach Ausheilungen bei 470 °C tritt auch bei Variationen der Protonenenergie, wie beispielsweise in Abbildung 4.20 auf Seite 131 dargestellt, auf. Aufgrund der, mit der Protonenenergie zunehmenden, Aufweitung der Schadensprofile, nimmt deren Maximalkonzentration an R_m ab. In Abbildung 4.26 ist der bei einer direkten

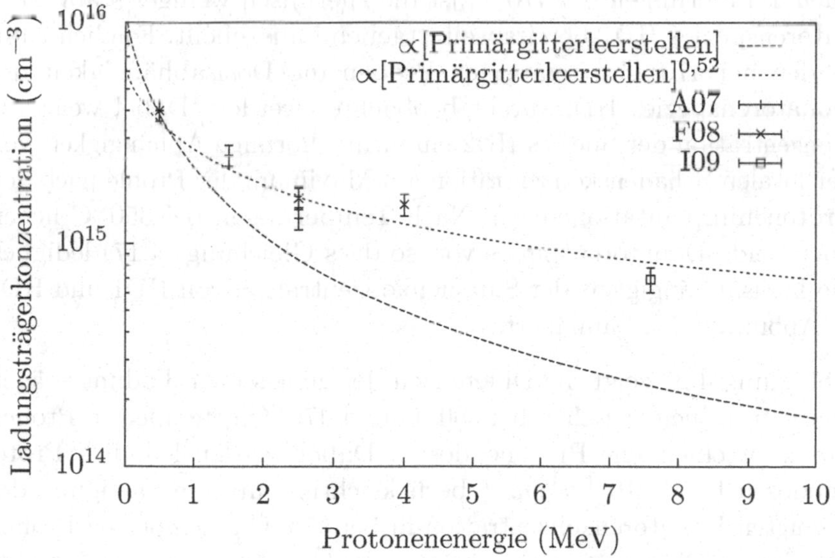

Abbildung 4.26 – Konzentrationen der induzierten Ladungsträger am Maximum der erzeugten Profile in Abhängigkeit der Protonenenergie bei einer implantierten Dosis von $4 \cdot 10^{14}\,\mathrm{p^+cm^{-2}}$ und anschließender Temperung bei 470 °C für 5 h in zonengeschmolzenem sowie in tiegelgezogenem Silizium. Unterschiedliche Symbole entsprechen jeweils einer Probenserie.

Proportionalität zwischen den simulierten Primärdefekten und der gemessen Ladungsträgerkonzentration erwartete Verlauf der Maximalkonzentration über die Protonenenergie aufgetragen. Die ebenfalls eingetragenen experimentellen Werte folgen jedoch der Kurve für eine annähernd wurzelförmige Abhängigkeit der resultierenden Ladungsträgerkonzentration von der lokalen Primärdefektkonzentration nach den voranstehenden Ergebnissen.

Dosisabhängigkeit der Spezies HD1 Nach dem Verständnis aus vorangehendem Abschnitt 4.3 werden nach der Protonenimplantation zwei maßgebliche Donatorenfamilien, HD1 und HD2, gebildet. Beide Donatoren überlagern sich zu der gemessenen Ladungsträgerkonzentration. Bei den vorangehenden Untersuchungen der Dosisabhängigkeit nach Temperungen bei 470 °C ist die thermisch weniger stabile Donatorenspezies HD1 bereits weitestgehend ausgeheilt. Folglich kann in den bei 470 °C getemperten Proben die Dosisabhängigkeit der Donatorenspezies HD2 direkt beobachtet werden. Dabei weist die Konzentration der Spezies HD2 eine wurzelförmige Abhängigkeit von der lokalen Schadenskonzentration am Maximum der Profile nach den Protonenimplantationen auf. Nach Temperungen bei 350 °C liegen noch beide Donatorenspezies vor, so dass Gleichung (4.17) lediglich die Dosisabhängigkeit der Summenkonzentration von HD1 und HD2 in Abbildung 4.23 annähert.

Abbildung 4.27 zeigt die Differenzen der gemessenen Ladungsträgerkonzentrationen zwischen bei 350 °C und 470 °C getemperten Proben für unterschiedliche Protonendosen. Dabei werden lediglich Protonendosen bis $4 \cdot 10^{14}\,\mathrm{p^+cm^{-2}}$ berücksichtigt, um die Sättigung der erzeugten Donatorenkonzentration in bei 350 °C getemperten Proben bei einer Konzentration von etwa $5 \cdot 10^{15}\,\mathrm{cm^{-3}}$ bei dieser Betrachtung auszuschließen. Unter der Annahme, dass nach Temperungen bei 350 °C beide wasserstoffkorrelierten Donatorenspezies HD1 und HD2 vorliegen und nur ein vernachlässigbarer Anteil der Spezies HD2 nach Temperungen bei 470 °C bereits ausgeheilt ist, stellt die in Abbildung 4.27 gezeigte Differenz die Konzentration der Spezies HD1

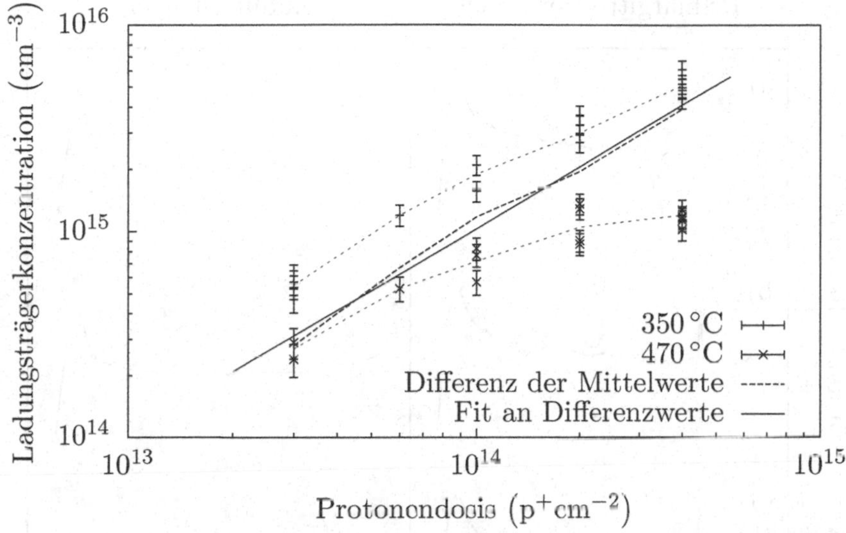

Abbildung 4.27 – Konzentrationen der induzierten Ladungsträger am Maximum der erzeugten Profile nach fünfstündigen Temperungen bei 350 °C und 470 °C sowie deren Differenz für Protonendosen im Bereich zwischen $3 \cdot 10^{13}$–$4 \cdot 10^{14}$ p^{+}cm^{-2} bei einer Protonenenergie von 2,5 MeV

dar. Die so gewonnenen Konzentrationswerte der erzeugten Wasserstoffdonatorenspezies HD1 weisen eine lineare Anhängigkeit von der implantierten Protonendosis auf, mit:

$$N_s\,(350\,°\mathrm{C}) - N_s\,(470\,°\mathrm{C}) = N_{\mathrm{HD1}} \propto \Phi_{\mathrm{p}^+}^{0{,}99 \pm 0{,}06}. \qquad (4.19)$$

4.4.3 Einfluss zusätzlicher Strahlenschäden aus Koimplantationen mit Heliumionen

Abbildung 4.28 zeigt die Tiefenverteilungen von simulierten Primärdefekten und nach einer Temperung bei 470 °C gemessenen Ladungsträgern in mit Protonen und Heliumionen koimplantierten Proben. Bei den bisher in diesem Abschnitt besprochenen Versuchen wurden der für die Bildung der wasserstoffkorrelierten Donatoren notwendige

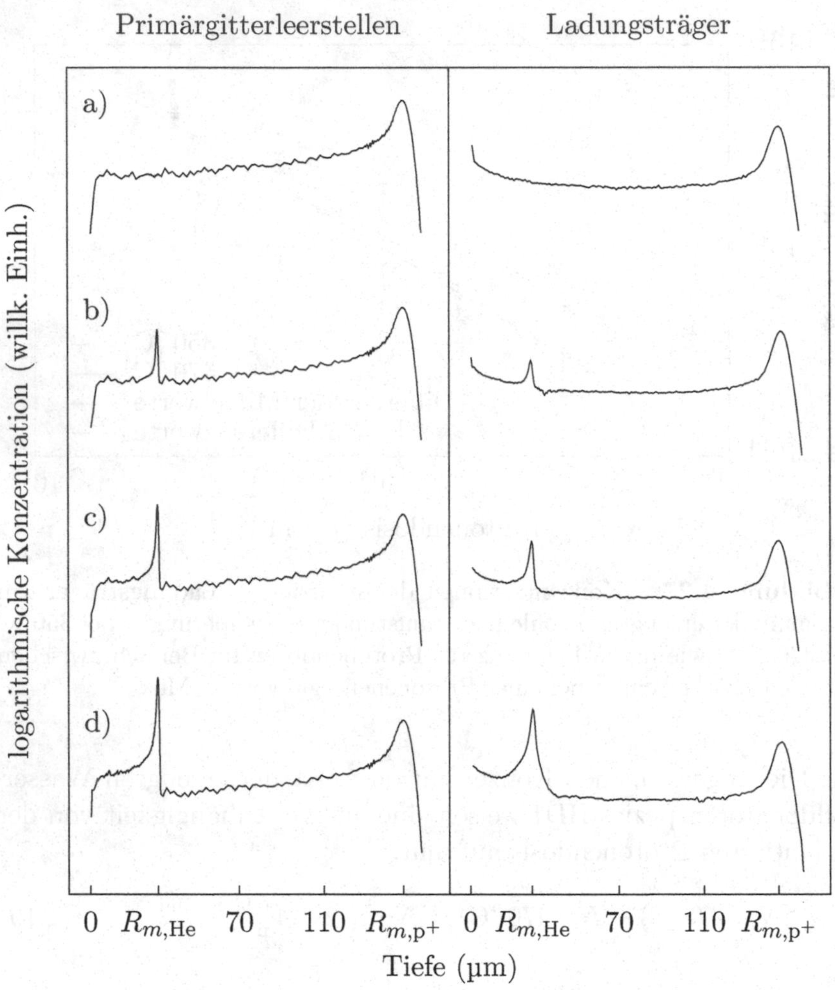

Abbildung 4.28 – Simulierte Primärdefekt- und experimentell gemessene Ladungsträgerprofile nach der Koimplantation von Heliumionen mit einer Energie von 6 MeV und unterschiedlichen Dosen (s. u.) mit Protonen mit einer Energie von 4 MeV und einer Dosis von $6 \cdot 10^{14}\,\text{p}^+\text{cm}^{-2}$ nach anschließender Temperung bei 470 °C für 15 h. Die Ladungsträgerprofile verstehen sich abzüglich der Substratdotierung.
a) ohne Koimplantation; b) $4 \cdot 10^{12}\,\text{He}\,\text{cm}^{-2}$; c) $1{,}6 \cdot 10^{13}\,\text{He}\,\text{cm}^{-2}$; d) $6{,}4 \cdot 10^{13}\,\text{He}\,\text{cm}^{-2}$

Wasserstoff sowie die Strahlenschäden stets mittels einer einzigen Protonenimplantation in die Proben eingebracht. Dabei ist das Verhältnis der Strahlenschäden zum implantierten Wasserstoff fest vorgegeben. Durch die Koimplantation von Helium in protonenimplantierte Proben wurde im Folgenden das Verhältnis der Strahlenschäden zum Wasserstoff entkoppelt, wodurch weitergehende Informationen über die Ursache der wurzelförmigen Abhängigkeit der Konzentration der Spezies HD2 von der implantierten Dosis erhalten werden. Durch die Erzeugung zusätzlicher Kristalldefekte und deren Wandlung in Wasserstoffdonatorenkomplexe nach deren Dekoration mit dem ebenfalls implantierten Wasserstoff wird zudem gezeigt, dass die Bildung der Wasserstoffdonatorenkomplexe in protonenimplantiertem Silizium defektlimitiert ist.

Nach einer ausreichend langen Diffusionszeit von 15 h bei 470 °C traten in dem ausgebildeten Ladungsträgerprofil in der heliumbestrahlten Schicht bis etwa 30 µm unter der bestrahlten Oberfläche[23] zusätzliche Wasserstoffdonatorenkomplexe auf. Die Anzahl dieser zusätzlichen Donatoren nimmt dabei mit der koimplantierten Heliumdosis zu. Im Falle der Koimplantation einer Heliumdosis von $6{,}4 \cdot 10^{13}\,\mathrm{He\,cm^{-2}}$ mit einer Protonendosis von $6 \cdot 10^{14}\,\mathrm{p^{+}cm^{-2}}$ übersteigt die Konzentration des Maximums der heliuminduzierten Donatorenkomplexe die der protoneninduzierten Donatoren deutlich (siehe Abbildung 4.28 d). Unabhängig von der koimplantierten Heliumdosis bleibt dabei die Anzahl der durch eine alleinige Protonenimplantation induzierten Donatoren als Hintergrunddotierung unverändert erhalten (vergleiche Abbildung 4.28 a).

In Abbildung 4.29 a) sind die Profile der ausschließlich durch die Koimplantation der Heliumionen induzierten Wasserstoffdonatorenkomplexe in der betroffenen Schicht bis etwa 40 µm unter der durchstrahlten Oberfläche dargestellt. Um die Verteilung und Konzentration der

[23]Die projizierte Reichweite von Heliumionen mit einer Energie von 6 MeV beträgt in Silizium etwa 31,5 µm. In den hier behandelten Proben der Serie P10 lag die tatsächliche Reichweite im Siliziumsubstrat aufgrund einer vor der Implantation nicht entfernten Dickoxidschicht in geringeren Tiefen.

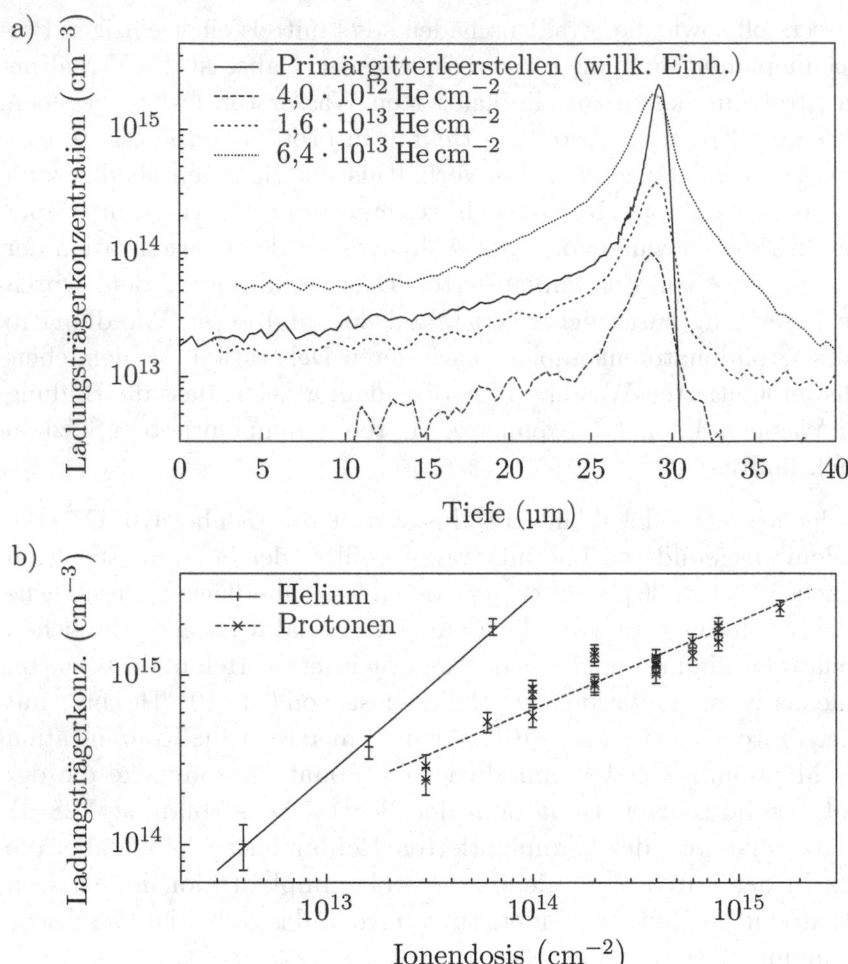

Abbildung 4.29 – a): Profile der zusätzlichen Ladungsträger induziert durch eine Koimplantation von Heliumionen mit einer Energie von 6 MeV und Protonen mit einer Energie von 4 MeV und einer Dosis von $6 \cdot 10^{14}\,\mathrm{p^+cm^{-2}}$ nach einer Temperung bei 470 °C für 15 h. Die gezeigten Profile sind jeweils um die Grunddotierung sowie um das Ladungsträgerprofil ohne Heliumkoimplantation reduziert.

b): Maxima der helium- oder protoneninduzierten Profile in Abhängigkeit der jeweiligen Ionendosis (vergleiche Abbildung 4.25) heliuminduzierten Wasserstoffdonatorenkomplexe zu betrachten, wird von jedem Profil der koimplantierten Proben in Abbildung 4.28 b–d) die Grunddotierung sowie die in Abbildung 4.28 a) gezeigte Verteilung der protoneninduzierten Wasserstoffdonatorenkomplexe abgezogen. Die in Abbildung 4.29 a) ebenfalls gezeigte, simulierte Primärdefektverteilung weist ein stärker ausgeprägtes Maximum auf, als die gemessenen Ladungsträgerverteilungen. Die Profilformen der beiden Verteilungen entsprechen sich jedoch darüber hinaus gut. Im deutlichen Gegensatz zu der Abhängigkeit der Profilform von der Dosis der implantierten Protonen in Abbildung 4.24 a), bleibt die Profilform der heliuminduzierten Wasserstoffdonatorenkomplexe für alle koimplantierten Heliumdosen erhalten. Dies gilt insbesondere für den Konzentrationsgradienten in der durchstrahlten Schicht. Hierbei übersteigt sowohl die simulierte Dichte der induzierten Primärdefekte als auch die Konzentration der letzlich erzeugten Donatoren jene Konzentrationen, bei denen das protoneninduzierte Ladungsträgerprofil bereits deutlich von der allgemeinem Form des Primärschadensprofils abweicht.

Die aus den Profilen in Abbildung 4.29 a) entnommenen Spitzenkonzentrationen sind in der zugehörigen Abbildung 4.29 b) zusammen mit den Spitzenkonzentrationen von protoneninduzierten Ladungsträgerprofilen in Abhängigkeit der Dosis der jeweils verwendeten Ionen aufgetragen. Im deutlichen Gegensatz zu den protoneninduzierten Donatorenkomplexen nach einer Temperung bei 470 °C lässt sich die Konzentration der heliuminduzierten Wasserstoffdonatorenkomplexe mit

$$N_{s,\mathrm{He}}\,(470\,°\mathrm{C}) \;\propto\; \Phi_{\mathrm{He}}^{1{,}06\pm0{,}07} \tag{4.20}$$

in etwa proportional zur koimplantierten Heliumdosis annähern.

4.4.4 Diskussion

Vorangehend werden experimentelle Ergebnisse zur Abhängigkeit der erzeugten Wasserstoffdonatorenprofile von der implantierten Dosis nach Temperungen im Temperaturbereicht der Spezies HD1 beziehungsweise HD2 vorgestellt. Dabei wird eine wurzelförmige Abhängigkeit der erzeugten Donatorenkonzentration von der implantierten Protonendosis am Maximum der Profile beobachtet. Zudem tritt im Bereich der durchstrahlten Zone bei erhöhten Dosen eine Veränderung des Konzentraionsgradienten auf, wodurch die qualitative Profilform signifikant verändert wird. Die Ursachen dieser Beobachtungen sind unbekannt und werden in der Litaratur auch nicht einheitlich dargestellt. So finden sich, im Folgenden dargestellt, sowohl Berichte, die eine Sublinearität der Dosisabhängigkeit bestätigen, als auch solche, die lediglich lineare Zusammenhänge wiedergeben. Über eine mögliche Ursache der sublinearen Dosisabhängigkeit der Donatorenkonzentration finden sich auch von jenen Autoren, die diese beobachten, keine Hinweise. Der hier berichtete Effekt der veränderlichen Profilform ist bislang noch nicht untersucht. Mit Hilfe von zusätzlichen Untersuchungen an Proben in Abhängigkeit eines oberflächennahen Sauerstoffprofils wird in diesem Abschnitt ab Seite 152 Sauerstoff als mögliche Ursache dieser Verkippung diskutiert. Durch eine Koimplantation von Heliumionen und Protonen wird das Verhältnis der Strahlenschäden zu dem implantierten Wasserstoff beeinflusst. An Hand der durch diese Koimplantationsversuche gewonnenen Daten wird anschließend ab Seite 156 der Einfluss der intrinsischen Punktdefektkonzentration als mögliche Ursache des Effektes untersucht. Da beide Untersuchungen keine Erklärung für die Profilverkippung zu hohen Protonendosen liefern, wird abschließend ab Seite 161 eine mögliche dritte Erklärung aufbauend auf die lokale Wasserstoffkonzentration diskutiert.

In einem Großteil der in Kapitel 2.3 vorgestellten Publikationen zu protoneninduzierten Donatorenkomplexen findet sich keine ausdrückliche Untersuchung des Einflusses der Protonendosis auf die Konzentration der induzierten Donatoren über einen aussagekräftigen

Dosisbereich. In einigen Publikationen werden allerdings Ergebnisse aus verschiedenen Arbeiten zusammen aufgetragen und so, ungeachtet unterschiedlicher Protonenenergien und Temperungsbedingungen, miteinander verglichen. Diese Parameter haben allerdings, wie in dem vorangehenden Teil des aktuellen Kapitels der vorliegenden Arbeit aufgezeigt wurde, einen deutlichen Einfluss zum einen auf die induzierte Ladungsträgerkonzentration sowie zum anderen auf deren beobachtete Proportionalität zur implantierten Protonendosis. Ein direkter Schluss auf die Abhängigkeit der erzeugten Ladungsträgerkonzentrationen von der implantierten Protonendosis aus Werten bei unterschiedlichen Parametern ist daher nicht zulässig. In jenen Veröffentlichungen, die den Einfluss der Protonendosis unter ansonsten konstanten Parametern untersuchen, finden sich sowohl Befunde mit einer als linear angesehenen Abhängigkeit als auch solche, die eine sublineare Abhängigkeit beobachten.

Nach Temperungen bei 350 °C für 30 min berichtet Wondrak [9] von einer linearen Zunahme der maximalen Ladungsträgerkonzentration in sowohl tiegelgezogenem als auch zonengeschmolzenem Silizium mit der implantierten Protonendosis, welches der Beobachtung in der vorliegenden Arbeit bei der entsprechenden Temperatur entspricht. Die Untersuchungen von Wondrak liegen dabei, mit einer verwendeten Protonenenergie von 3 MeV und Dosen zwischen $1 \cdot 10^{11}\,\mathrm{p^+cm^{-2}}$ und $1 \cdot 10^{14}\,\mathrm{p^+cm^{-2}}$, teilweise im Parameterbereich der vorliegenden Arbeit. Allerdings liegen die von Wondrak gefundenen Spitzenkonzentrationen, unter Berücksichtigung der höheren Protonenenergie, um etwa einen Faktor 5 über den hier vorgestellten Ergebnissen.

Nemoto, Yoshimura und Nakazawa [10] berichten hingegen von einer sublinearen Zunahme der protoneninduzierten Donatoren mit der implantierten Dosis nach sehr kurzen Temperungen für 60 s bei 350 °C. Das hierbei von den Autoren verwandte thermische Budget liegt deutlich unterhalb dem der bei den vorliegenden Untersuchungen genutzten Temperungen bei 350 °C für 5 h. Aus den gemessenen Schichtkonzentrationen finden die Autoren einen Exponentialfaktor von umgerechnet lediglich $0{,}3 \pm 0{,}09$.[24] Dieser Wert ist deutlich geringer als der in der vorliegenden Arbeit in Gleichung (4.17) festgestellte Wert von $0{,}84 \pm 0{,}06$. Es ist anzunehmen, dass sich in den von Nemoto, Yoshimura und Nakazawa untersuchten Proben nach der vergleichsweise kurzen Temperung von 60 s noch weitere strahleninduzierte Defekte befanden, die in den hier untersuchten Proben nach den hier angewandten Temperungen bereits ausgeheilt waren. Diese zusätzlichen Defekte können, sofern sie noch existieren, unter Umständen kompensierend auf die gebildeten Donatoren wirken und somit die Messergebnisse beeinflussen. Weiterhin ist die Bildung der untersuchten Donatorendefekte bei kurzen Temperungen durch die Diffusion des Wasserstoffs limitiert. Demnach ist es ferner möglich, dass die gebildete Donatorenkonzentration in den von Nemoto, Yoshimura und Nakazawa untersuchten Proben noch nicht der vollen bei dieser Temperatur ausbildbaren Konzentration entsprach. Nach den Ergebnissen aus dem vorangehenden Abschnitt 4.3 ist die Temperzeitabhängigkeit der gemessenen Wasserstoffdonatorenkonzentrationen ausreichend mit der Dissoziation der beiden Donatorenspezies beschrieben. Weitere zeitabhängige Prozesse sind hier also nicht mehr relevant. Derartige Effekte können in der vorliegenden Arbeit daher ausgeschlossen werden.

Nach fünfstündigen Temperungen bei 470 °C finden Komarnitskyy und Hazdra [7], im Gegensatz zur vorliegenden Arbeit, eine etwa lineare Dosisabhängigkeit der gemessenen Schichtkonzentration der

---

[24] Nemoto, Yoshimura und Nakazawa zeigen in Abbildung 2 der Referenz [10] eine Abnahme der Dotierungseffizient η mit der Dosis, wobei sie η als das Verhältnis der gemessenen Schichtkonzentration N_Σ der induzierten Ladungsträger zur implantierten Protonendosis definieren. Dabei finden sie η nach einer Temperung proportional zu $\Phi_{\mathrm{p}^+}^{-0,70\pm0,09}$. Es gilt:

$$\eta = \frac{N_\Sigma}{\Phi_{\mathrm{p}^+}} = \eta_0 \Phi_{\mathrm{p}^+}^{-0,70\pm0,09}$$

und somit:

$$N_\Sigma \propto \Phi_{\mathrm{p}^+}^{0,30\pm0,09}.$$

protoneninduzierten Ladungsträger, erzeugt durch die Implantation von Protonen mit einer Energie von 700 keV in zonengeschmolzenem Silizium. Die Autoren implantierten allerdings nur Dosen bis zu $1 \cdot 10^{14}\,\mathrm{p^+cm^{-2}}$. Abbildung 4.25 ist zu entnehmen, dass dies jedoch nicht im Widerspruch zu den hier gefundenen Ergebnissen steht. Für Dosen unterhalb von etwa $1 \cdot 10^{14}\,\mathrm{p^+cm^{-2}}$ bei einer Implantationsenergie von 2,5 MeV wird auch in der vorliegenden Arbeit eine stärkere Dosisabhängigkeit beobachtet, als die in Gleichung (4.18) angenäherte Proportionalität zu $\Phi_{\mathrm{p}^+}^{0,52\pm0,04}$. Die im Rahmen der vorliegenden Arbeit erbrachten experimentellen Daten, speziell unterhalb einer Protonendosis von $1 \cdot 10^{14}\,\mathrm{p^+cm^{-2}}$, reichen jedoch für eine Bewertung dieser Beobachtung nicht aus. Eine Ursache für eine vermeintliche Änderung der Dosisabhängigkeit zwischen niedrigen und hohen Dosen bleibt im Rahmen der vorliegenden Arbeit ungeklärt.

Pokotilo *et al.* [11] berichten ebenfalls von einer sublinearen Zunahme der Konzentration von protoneninduzierten Wasserstoffdonatorenkomplexen mit der implantierten Dosis zwischen $1 \cdot 10^{13}\,\mathrm{p^+cm^{-2}}$ und $1 \cdot 10^{16}\,\mathrm{p^+cm^{-2}}$ nach einer Temperung bei 475 °C. Aus den von Pokotilo *et al.* veröffentlichten Daten ist für die nach Temperungen bei 475 °C beobachtete Donatorenspezies, in Übereinstimmung mit den in der vorliegenden Arbeit erbrachten Befunden, eine etwa wurzelförmige Abhängigkeit von der implantierten Protonendosis zu entnehmen.[25] Die Dauer der Ersttemperung von 20 min in der experimentellen Arbeit von Pokotilo *et al.* ist jedoch bedeutend kürzer, als die in der vorliegenden Arbeit verwandten Zeiten. Allerdings beobachten die Autoren nach Temperungen unterhalb von 475 °C zusätzlich die Bildung eines bistabilen Donators, dessen Konzentration linear mit der implantierten Protonendosis ansteigt. Der Beitrag dieses bistabilen Wasserstoffdonators zu den verfügbaren Ladungsträgern lässt sich, wie in Kapitel 2.3.2 bereits beschrieben, nach den Autoren in Abhängigkeit

[25] Die von Pokotilo *et al.* gemessene maximale Ladungsträgerkonzentration in Abbildung 3 der Referenz [11] steigt, abzüglich des auf die bistabilen Wasserstoffdonatoren zurückzuführenden Anteils und abzüglich der Substratdotierung von etwa $3 \cdot 10^{15}\,\mathrm{cm^{-3}}$, in etwa proportional zu $\Phi_{\mathrm{p}^+}^{0,4}$.

der Temperatur einer Zweittemperung bei Temperaturen zwischen Raumtemperatur und 300 °C einstellen. Nach den Ergebnissen von Pokotilo *et al.* werden bei einer Ersttemperung bei 350 °C beide Donatorentypen gebildet, während nach Temperungen bei 475 °C nur noch die monostabile Spezies mit einer sublinearen Dosisabhängigkeit zurückbleibe. Diese von Pokotilo *et al.* berichtete Bildung einer bistabilen Donatorenspezies, deren mittels Kapazitäts-Spannungsmessungen bestimmter Beitrag zu den freien Leitungselektronen durch die Temperatur einer Zweittemperung einstellbar sei, kann im Rahmen der vorliegenden Arbeit jedoch nicht nachvollzogen werden. Entsprechend den von den Autoren in Referenz [11] verwandten Parametern wurden hierzu Proben mit einer implantierten Protonendosis von $1 \cdot 10^{14}\,\mathrm{p^+cm^{-2}}$ bei 350 °C getempert. Die Proben wurden allerdings, entgegen der von den Autoren genutzten Temperzeit von 60 s, in der vorliegenden Arbeit für 5 h getempert, um reproduzierbare Ergebnisse sicherzustellen und im hier untersuchten Parameterbereich zu bleiben. Anstelle der von den Autoren verwandten Protonenenergie von 300 keV, entsprechend einer projizierten Reichweite von 3,1 µm, wurden in der vorliegenden Arbeit Protonen mit einer Energie von 2,3 MeV durch einen 50 µm dicken Aluminiumabsorber hindurch implantiert, welches in einer mittleren Protonenenergie von 250 keV nach Durchlaufen des Aluminiumabsorbers und einer zugehörigen projizierten Reichweite von 2,4 µm im Siliziumsubstrat resultiert. Bei anschließenden Nachtemperungen, entsprechend den Vorgaben aus Referenz [11], bei 200 °C für 20 min beziehungsweise bei 100 °C für 15 h ergaben sich keine messbaren Variationen der mittels Kapazitäts-Spannungsmessungen bestimmten Ladungsträgerkonzentration.

Einfluss eines Sauerstoffprofils auf protoneninduzierte Ladungsträgerprofile Während der Herstellungsprozesse von Halbleiterbauelementen werden verschiedene Prozessschritte bei hohen Temperaturen um oder über 1000 °C durchgeführt. So treten in zonengeschmolzenem Silizium herstellungsbedingt mitunter hohe Konzentrationen von Gitterleerstellenagglomeraten, sogenannten *D-Defekten*, auf, welche die Eigenschaften von Leistungshalbleiterbauelementen empfindlich stören können [222]. Durch eine Oxidation des Halbleitersubstrats vor Beginn der Prozesskette bei Temperaturen um 1100 °C für mehrere Stunden werden an der oxidierten Oberfläche Eigenzwischengitteratome erzeugt, die, nach ihrer Diffusion in das Substrat, die dortigen Gitterleerstellenagglomerate vernichten können [223]. Bei derartigen Hochtemperaturprozessen kann in das sonst sauerstoffarme zonengeschmolzene Silizium ein deutliches Sauerstoffprofil eingebracht werden. Um in möglichst guter Deckung mit dem Anwendungsfall zu bleiben, wurden die in der vorliegenden Arbeit untersuchten Proben vor der Implantation einem hohen thermischen Budget unter sauerstoffhaltiger Atmosphäre ausgesetzt. Das hierbei auf der Oberfläche der Siliziumproben erzeugte Siliziumoxid wurde anschließend nasschemisch entfernt.

In sauerstoffreichem Silizium ist die Bildung von zusätzlichen Donatoren bei Temperungen im Temperaturbereich zwischen 400 °C und 470 °C bekannt [24, 25]. Die Bildung von sauerstoffkorrelierten Donatoren wird zusätzlich durch die Anwesenheit von Wasserstoff [26–28], Strahlenschäden [224, 225] oder beidem [118, 220] gefördert. Durch die erhöhte Sauerstoffkonzentration in der oberflächennahen Schicht in den standardmäßig oxidierten Proben in der vorliegenden Arbeit können zusätzlich zu den wasserstoffkorrelierten Donatoren weitere sauerstoffkorrelierte Donatoren gebildet werden, die das Profil ersterer überlagern.[26] Die zusätzlichen sauerstoffkorrelierten Donatoren sind durch die Konzentration des verfügbaren Sauerstoffs begrenzt. Zudem zeigen Klug [182] sowie Klug, Lutz und Meijer [221] in aktuellen Arbeiten in Übereinstimmung mit den in diesem Abschnitt in Abbildung 4.23 dargestellten Werten eine Begrenzung der maxima-

[26] Der Einfluss der erhöhten Grundkonzentration von Sauerstoff auf das protoneninduzierte Ladungsträgerprofil wird in Abschnitt 4.5 ausführlicher behandelt. Abbildung 4.36 auf Seite 171 zeigt darin eine deutliche Übereinstimmung der wasserstoffkorrelierten Donatorenprofile in Substraten mit niedriger und hoher Sauerstoffgrundkonzentration nach dem Abzug des mutmaßlichen Profils der sauerstoffinduzierten Donatoren.

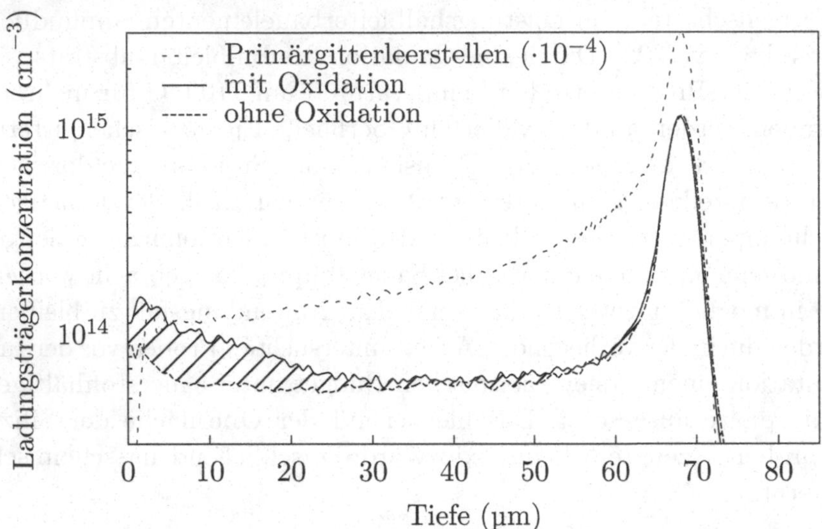

Abbildung 4.30 – Simulierte Verteilung der Primärgitterleerstellen [164] sowie Ladungsträgerprofile nach einer Protonenimplantation mit $4 \cdot 10^{14}\,p^+cm^{-2}$ und 2,5 MeV und anschließender Temperung bei 470 °C für 5 h in Proben mit und ohne Oxidationsschritt vor der Implantation. Die Ladungsträgerprofile verstehen sich abzüglich der Substratdotierung.

len Wasserstoffdonatorenkonzentration auf die Konzentration des im Substrat vorhandenen Sauerstoffs.

Das durch die entsprechende Vorbehandlung erzeugte Sauerstoffprofil erreicht an der Oberfläche eine durch die Löslichkeit des Sauerstoffs im Silizium bei der Oxidationstemperatur vorgegebene Konzentration von einigen $10^{17}\,cm^{-3}$. In einer Tiefe von etwa 30 µm unter der Probenoberfläche unterschreitet die Sauerstoffkonzentration den Wert $10^{16}\,cm^{-3}$ und nähert sich mit zunehmender Tiefe dem Sauerstoffgehalt des zonengeschmolzenen Siliziums von etwa $3 \cdot 10^{15}\,cm^{-3}$ an. Abbildung 4.30 zeigt Ladungsträgerprofile in Proben mit und ohne Oxidationsschritt vor der Implantation von Protonen mit einer Energie von 2,5 MeV und einer Dosis von $4 \cdot 10^{14}\,p^+cm^{-2}$ nach einer anschließenden Temperung bei 470 °C für 5 h. In der oberflächennahen

Schicht der Proben mit einer erhöhten Sauerstoffkonzentration wird, im Vergleich zu der Probe ohne vorhergehende Oxidation, eine höhere Ladungsträgerkonzentration gemessen. Die grundsätzliche Abweichung der gemessenen Ladungsträgerverteilung von der Profilform der induzierten Primärdefekte kann mit dem zusätzlichen Sauerstoffprofil allerdings nicht erklärt werden. Unabhängig von der Voroxidation weichen beide experimentell gemessenen Profile in Abbildung 4.30 deutlich von der simulierten Primärdefektverteilung ab. Während die simulierte Kurve stetig bis zu ihrem Maximum bei R_m ansteigt, ist der Konzentrationsgradient in der durchstrahlten Schicht bis in eine Tiefe von etwa 60 µm im Experiment ungeachtet der Oxidation deutlich kleiner. Ferner tritt das lokale Minimum der Ladungsträgerkonzentration in der durchstrahlten Zone in Proben, die mit 4 MeV schnellen Protonen und einer Dosis von $6 \cdot 10^{14}\,p^{+}cm^{-2}$ implantiert wurden (siehe Abbildung 4.28 a), in einer Tiefe von etwa 80 µm auf. Der beobachtete negative Konzentrationsgradient der protoneinduzierten Ladungsträgerkonzentration erstreckt sich also bei diesen Parametern deutlich über das erhöhte Sauerstoffprofil aus der Voroxidation hinaus und kann nicht mit dem negativen Konzentrationsgradienten des Sauerstoffprofils in dieser Schicht erklärt werden.

Durch die Anwesenheit von Wasserstoff wird die Diffusionskonstante des Sauerstoffs in kristallinem Silizium heraufgesetzt [27, 226, 227]. Durch die erhöhte strahleninduzierte Defektkonzentration um R_m und die dadurch geförderte Bildung von sauerstoffkorrelierten Donatoren kann diese Defektschicht als Senke für die Sauerstoffdiffusion wirken. Dadurch vermag der Sauerstoff sich in dieser Schicht anzusammeln, welches zu einer Abnahme der Sauerstoffkonzentration in der Umgebung führt. Würde dies in relevantem Umfang in den hier diskutierten Proben stattfinden, könnte es, unter der Annahme, dass der Sauerstoff zumindest teilweise an der Bildung des Donatorenprofils beteiligt sei, eine Abnahme der beobachteten Konzentration in der Region vor dem Schadensmaximum begründen. Personnic *et al.* [228] beobachten nach einer Protonenimplantation mit einer Energie von 40 keV tatsächlich eine Ansammlung von Sauerstoff um die projizierte Reichweite in

Silizium mit einer hohen Sauerstoffgrundkonzentration nach Temperungen bei 400 °C. Die von den Autoren aus diesen Ergebnissen abgeleitete effektive Aktivierungsenergie der wasserstoffgeförderten Sauerstoffdiffusion beträgt 2,1 eV. Die Aktivierungsenergie ist damit allerdings deutlich zu hoch, um eine merkliche Änderung der Sauerstoffverteilung in den hier behandelten Proben hervorzurufen, welche die veränderte Profilform der induzierten Ladungsträgerverteilung über eine Beteiligung des Sauerstoffs an der Donatorenbildung zu begründen im Stande wäre. Zudem wird bei den hier behandelten experimentellen Ergebnissen keine Zeitabhängigkeit des Konzentrationsgradienten in der durchstrahlten Zone beobachtet, welche bei einer Begründung basierend auf der Diffusion einer weiteren beteiligten Spezies neben dem Wasserstoff jedoch zu erwarten wäre.

Untersuchung der Wandlungseffizienz von Primärdefeken in Wasserstoffdonatoren Die Erzeugungseffizienz stabiler Sekundärdefekte aus strahlungsinduzierten Primärdefekten liegt für Protonen bei Raumtemperaturimplantationen aufgrund der hohen Rekombinationswahrscheinlichkeit der erzeugten Frenkel-Paare im Bereich weniger Prozent [167, 229]. Die Bildungseffizienz der in der vorliegenden Arbeit untersuchten Wasserstoffdonatorenkomplexe hieraus ist wegen der möglichen Bildung weiterer Defekte (siehe beispielsweise Abbildung 2.4 auf Seite 59) sowie der teilweisen Ausheilung von Strahlenschäden während der notwendigen Temperung zur Aktivierung der Donatoren abermals geringer.

Abbildung 4.31 zeigt die gemessene Konzentration erzeugter Ladungsträger pro induzierter Primärgitterleerstelle über die Tiefe unter der durchstrahlten Oberfläche für Ladungsträgerprofile nach der Implantation von Protonen (Abbildung 4.31 a) oder Heliumionen (Abbildung 4.31 b) und einer anschließenden Temperung bei 470 °C für 5 h beziehungsweise 15 h. Die gezeigten Aktivierungsprofile wurden aus den vorliegenden Daten gewonnen, indem in jeder Tiefe das Verhältnis der gemessenen Ladungsträgerkonzentration zur simulierten Primärgitterleerstellenkonzentration bestimmt wurde. Dabei wurden nur die durch die jeweilige Implantation zusätzlich hervorgerufenen Ladungsträger berücksichtigt, also die Konzentration der nicht auf die betrachtete Implantation zurückzuführenden Ladungsträger zuvor vom gemessenen Konzentrationswert abgezogen. Bei den nur protonenimplantierten Proben in Abbildung 4.31 a) wurde die jeweilige Grunddotierung der Proben abgezogen, während bei den mit Heliumionen und Protonen koimplantierten Proben in Abbildung 4.31 b) zusätzlich die durch die Protonenimplantation hervorgerufenen Wasserstoffdonatoren abgezogen wurden.

Die protoneninduzierten Ladungsträgerprofile folgen für Protonendosen bis etwa 1–2 $\cdot$ $10^{14}\,p^{+}cm^{-2}$ gut der simulierten Primärdefektverteilung skaliert um einen Faktor von etwa 10^{-4} (siehe Abbildung 4.24 a) auf Seite 139). Die sich für diese Protonendosen ergebenden Aktivierungsprofile sind dementsprechend verhältnismäßig flach bei einem Wert von etwa $8 \cdot 10^{-5}$–$1 \cdot 10^{-4}$ Donatoren pro Primärgitterleerstelle. Diese flachen Aktivierungsprofile sind zu Gunsten der Übersichtlichkeit in Abbildung 4.31 a) nicht dargestellt. Mit zunehmenden Protonendosen ab $4 \cdot 10^{14}\,p^{+}cm^{-2}$ tritt eine Änderung der Aktivierung des induzierten Wasserstoffdonatorenprofils über die Tiefe auf. Während die Aktivierung an der durchstrahlten Oberfläche in Abbildung 4.24 a) mit zunehmenden Protonendosen in etwa konstant bei 10^{-4} Donatoren pro Primärgitterleerstelle bleibt, nimmt sie in größeren Tiefen mit zunehmender Protonendosis deutlich ab. Dabei erreichen die Minima des Aktivierungsprofils Werte von $3 \cdot 10^{-5}$, $1 \cdot 10^{-5}$ und $4 \cdot 10^{-6}$ Donatoren pro Primärgitterleerstelle für Protonendosen von $4 \cdot 10^{14}\,p^{+}cm^{-2}$, $8 \cdot 10^{14}\,p^{+}cm^{-2}$ beziehungsweise $1{,}6 \cdot 10^{15}\,p^{+}cm^{-2}$. Die Minima liegen jeweils in einer Tiefe von etwa 60 µm unter der durchstrahlten Oberfläche und damit deutlich vor dem Maximum der Strahlenschäden sowie der induzierten Ladungsträgerverteilung bei 68 µm (vergleiche beispielsweise Abbildung 4.24 a) auf Seite 139). Die Aktivierung am Maximum der Ladungsträger- und Primärdefektprofile nimmt mit zunehmender Protonendosis ebenfalls ab, bleibt aber für alle Dosen deutlich über dem jeweiligen Minimum des Aktivierungsprofils.

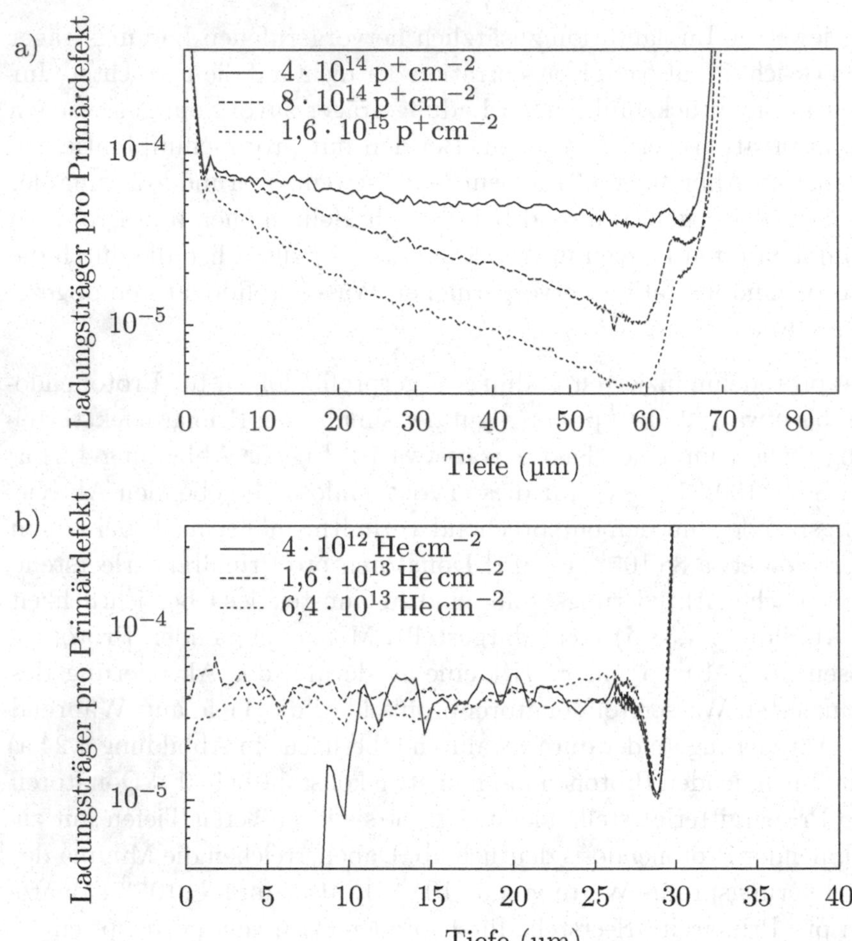

Abbildung 4.31 – a): Aktivierungsprofile der erzeugten Wasserstoffdonatorenkomplexe nach der Implantation von Protonen mit einer Energie von 2,5 MeV mit unterschiedlichen Dosen und anschließender Temperung bei 470 °C für 5 h. Die Daten entstammen der Messserie Q10.
b): Aktivierungsprofile von heliuminduzierten Wasserstoffdonatorenkomplexen erzeugt durch eine Koimplantation von Heliumionen mit einer Energie von 6 MeV mit unterschiedlichen Dosen und Protonen mit einer Energie von 4 MeV mit einer Dosis von $6 \cdot 10^{14}\,\mathrm{p^+cm^{-2}}$ und anschließender Temperung bei 470 °C für 15 h.

Der abrupte Anstieg der Aktivierung bei einer Tiefe von etwa 70 µm ist ein Artefakt der errechneten Aktivierungsprofile aus den simulierten Primärdefektprofilen und den gemessenen Ladungsträgerprofilen. Bei der Simulation der Primärdefektverteilung mit *SRIM* [164] wird die Diffusion der erzeugten Punktdefekte bei Temperaturen über 0 K nicht berücksichtigt. In Folge dieser Diffusion der induzierten Primärdefekte vor ihrer Agglomeration zu den räumlich stabilen Punktdefektkomplexen, die den Kern der späteren wasserstoffkorrelierten Donatoren ausmachen, sind die beiden Profile unterschiedlich stark aufgeweitet, was in der Region hinter dem Maximum des Ladungsträgerprofils zu einer starken Überschätzung der Aktivierung in Abbildung 4.24 a) führt.

Die Aktivierungsprofile der heliuminduzierten Wasserstoffdonatoren in Abbildung 4.31 b) zeigen im Gegensatz zu den Aktivierungsprofilen der protoneninduzierten Wasserstoffdonatoren keine Abhängigkeit von der implantierten Dosis. Die Aktivierung bleibt vergleichsweise konstant bei einem Wert von etwa $5 \cdot 10^{-5}$ Donatoren pro Primärgitterleerstelle. Die sehr niedrige Aktivierung in der oberflächennahen Schicht der mit einer Heliumdosis von $4 \cdot 10^{12}$ He cm^{-2} implantierten Probe ist ein Artefakt, welches auf die Subtraktion der protoneninduzierten Ladungsträger von dem entsprechenden Ladungsträgerprofil in Abbildung 4.28 b) und die nur sehr geringe Differenz der beiden Profile zurückgeht. Das ebenfalls dosisunabhängige Minimum der Aktivierungsprofile in einer Tiefe von etwa 29 µm in Abbildung 4.31 b) ist bereits in Abbildung 4.29 a) aus der weniger scharf lokalisierten Verteilung der Ladungsträger im Vergleich zu den simulierten Primärdefekten um ihr Maximum zu entnehmen und geht ebenfalls auf die nicht berücksichtigte Diffusion der bestrahlungsinduzierten Punktdefekte zurück.

Die durch die Protonen- beziehungsweise Heliumbestrahlung induzierten Primärdefektkonzentrationen sind dabei in den beiden gezeigten Versuchen in Abbildung 4.31 in etwa gleich groß (vergleiche Abbildung 4.29 b). Am Maximum seines Schadensprofiles erzeugt ein mit einer Energie von 6 MeV implantiertes Heliumion im statistischen

Mittel etwa die zwanzig- bis dreißigfache Menge an Primärdefekten eines mit einer Energie von 2,5 MeV implantierten Protons. Aufgrund der Ähnlichkeit der physikalischen Wechselwirkung der beiden Ionenspezies mit dem bestrahlten Silizium ähneln sich auch die dabei induzierten Schäden [230, 231]. Jedoch ist durch den erhöhten Energietransfer der Heliumionen auf das Siliziumkristallgitter die relative Wahrscheinlichkeit zur Bildung von intrinsischen Defektkomplexen, wie beispielsweise der Doppelgitterleerstelle, gegenüber der Bildungswahrscheinlichkeit von Defekten mit extrinsischen Edukten, wie dem *A-Zentrum*, erhöht [232]. Im Fall eines elastischen Kernstoßes kann ein Heliumkern, im Vergleich zu einem Proton gleicher Energie, die vierfache Rückstoßenergie auf den gestoßenen Siliziumkern übertragen. Die aus der nachfolgenden Rückstoßkaskade zu erwartende Anzahl an Gitterversetzungen nach dem Kinchin-Pease-Modell (siehe Gleichung (2.27) auf Seite 51) ist entsprechend erhöht. Die in einer Rückstoßkaskade erzeugten Punktdefekte sind sehr stark lokalisiert und haben so eine entsprechend hohe Wechselwirkungswahrscheinlichkeit untereinander, woraus sich im Gleichungssystem (2.29) auf Seite 55 eine Verschiebung hin zu den entsprechenden Reaktionsprodukten ergibt. Aus der erhöhten Wechselwirkungswahrscheinlichkeit der Defekte untereinander resultiert auch eine erhöhte Annihilationswahrscheinlichkeit der Frenkel-Paare. Daraus folgt, dass bei gleicher absoluter Konzentration der Primärdefekte in protonen- und heliumbestrahltem Silizium aufgrund der stärkeren Lokalisierung des heliuminduzierten Schadens eine vergleichsweise erhöhte Annihilationswahrscheinlichkeit für den heliuminduzierten Schaden auftritt. Dies bewirkt letzlich eine verminderte Bildungswahrscheinlichkeit der stabilen Sekundärdefektkomplexe, die den Kern der wasserstoffkorrelierten Donatoren ausmachen und somit die in Abbildung 4.31 beobachtete geringere durchschnittliche Aktivierung der heliuminduzierten Donatoren im Vergleich zu den protoneninduzierten Donatoren.

Einfluss erhöhter Wasserstoffkonzentration auf die lokale Dotierungseffizienz Neben der Fähigkeit des Wasserstoffs, die strahlungsinduzierten Punktdefektkomplexe, die den Kern der wasserstoffkorrelierten Donatoren ausmachen, zu dekorieren und damit zu einem Defekt mit einem dotierenden Niveau umzuwandeln, besitzt der Wasserstoff die Eigenart eine Vielzahl sonstiger, elektrisch aktiver Defekte im Silizium zu passivieren (siehe beispielsweise Referenz [16]). Die Passivierung von substitutionellen Donator- oder Akzeptoratomen, wie Phosphor oder Bor, durch Wasserstoff basiert auf der Aufnahme des von dem Dopanden abgegebenen Elektrons beziehungsweise Defektelektrons durch ein Wasserstoffatom. Aufgrund der vergleichsweise schwachen Bindungsenergie eines Ladungsträgers an das somit gebildete Proton oder Wasserstoffanion, ist eine derartige Passivierung von flachen Dopanden nur bis zu vergleichsweise geringen Temperaturen von etwa 150 °C stabil [17, 23]. Thermisch deutlich stabiler sind Passivierungsreaktionen, die auf kovalenten Bindungen des Wasserstoffs mit offenen Bindungen des Defekts beruhen. Bei Wasserstoffdonatorenkomplexen, die durch eine Helium- [233] oder Protonenimplantation [234] gefolgt von einer anschließenden Wasserstoffeindiffusion aus einem Wasserstoffplasma an der Probenoberfläche erzeugt wurden, wird eine Abnahme der erzeugten Ladungsträgerkonzentration mit der Dauer der Plasmabehandlung beobachtet. Während nach kurzen Plasmazeiten die injizierte Menge Wasserstoff ausreicht, um bei verschiedenen Temperaturen zwischen 350 °C und 500 °C mit den durch die vorangehende Bestrahlung erzeugten Defekten wasserstoffkorrelierte Donatorenkomplexe zu bilden, wird bei längeren Plasmazeiten durch die zunehmende Menge an Wasserstoff in der Probe eine vollständige Passivierung der Wasserstoffdonatorenkomplexe beobachtet. Die hier vorgestellten experimentellen Daten legen einen ebensolchen Passivierungsmechanismus als Ursache für die veränderliche Aktivierung innerhalb eines Profils der hier untersuchten strahleninduzierten Donatorenkomplexe nahe.

In Abbildung 4.32 sind ein simuliertes Profil der strahlungsinduzierten Punktdefektkomplexe, die den Kern der wasserstoffkorrelierten

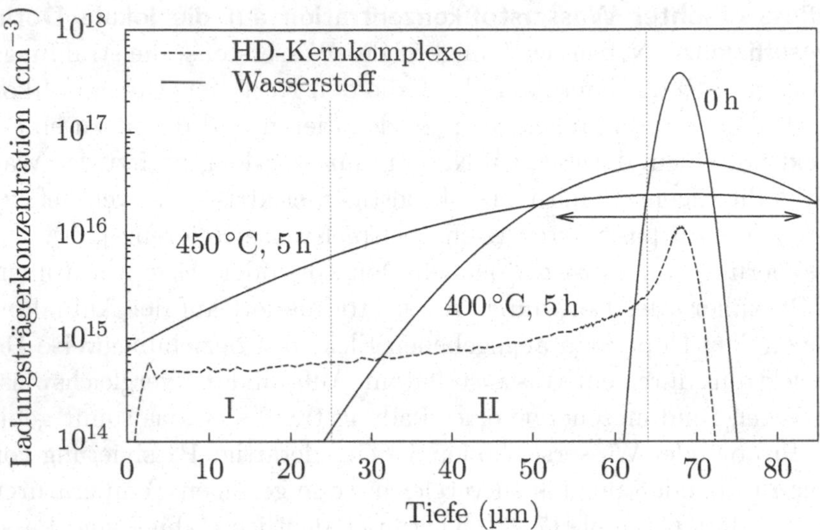

Abbildung 4.32 – Skizze der Verteilung der strahlungsinduzierten Punktdefektkomplexe, die den Kern der wasserstoffkorrelierten Donatoren ausmachen (HD-Kernkomplexe) und der Wasserstoffverteilung gemäß dem empirischen Diffusionsmodell aus Abschnitt 4.2 für drei unterschiedliche Temperungen

Donatoren ausmachen und die Wasserstoffverteilung für unterschiedliche Temperungen nach dem empirischen Diffusionsmodell in Abschnitt 4.2 dargestellt. Das Verhältnis des freien Wasserstoffs zu den Kernkomplexen ist im Übergangsbereich zwischen der durchstrahlten Zone und dem steilen Anstieg zum Maximalwert des Schadensprofils (Schicht II in Abbildung 4.32) maximal. Wird nun angenommen, dass einmal gebildete wasserstoffkorrelierte Donatorenkomplexe durch eine Überdekoration mit weiterem Wasserstoff elektrisch passiviert werden können, so wird die Wahrscheinlichkeit einer derartigen Passivierung mit dem Verhältnis des Wasserstoffs pro Donatorkomplex zunehmen. Entsprechend den skizzierten Verhältnissen der beiden Spezies in Abbildung 4.32, ist die zu erwartende relative Konzentration des Wasserstoffs nach einer Temperung genau im Übergangsbereich zwischen der durchstrahlten Zone und dem steilen Anstieg zum Maximalwert des Schadensprofil maximal. Daraus resultiert eine, an dieser Stelle des Profils maximale, relative Passivierung der induzierten Donatoren und hieraus folgend ein Minimum des Aktivierungsprofils. Dieses Bild entspricht gut der Beobachtung in Abbildung 4.31 a). Am Maximum des induzierten Schadensprofils ist das zu erwartende Verhältnis des Wasserstoffs zu den induzierten Donatorenkomplexen dagegen geringer, welches entsprechend zu einer weniger stark ausgeprägten Verminderung der Aktivierung führt. Aufgrund der, im empirischen Diffusionsmodell nicht berücksichtigten, Wirkung der Oberfläche als Senke auf die Wasserstoffdiffusion, ist die Wasserstoffkonzentration in der oberflächennahen Schicht stets vergleichsweise gering. Obgleich die Wasserstoffkonzentration in der oberflächennahen Schicht I ausreicht, um die Kernkomplexe der Donatoren ausreichend mit Wasserstoff zu dekorieren, um diese in einen flachen Donatorzustand zu überführen, ist die Konzentration des Wasserstoffs nicht hoch genug, um zu einer signifikanten Überdekoration zu führen. In der oberflächennahen Schicht wäre also für alle Dosen und Zeiten mit einer unverminderten Aktivierung zu rechnen. Im nachfolgenden Kapitel 6 wird dieses Modell wieder aufgegriffen. Mit diesem Verständnis lässt sich die im Experiment beobachtete Profilform mit einer sehr guten Übereinstimmung aus der simulierten Primärdefektverteilung reproduzieren (siehe Abbildung 6.5 auf Seite 235).

Unerklärt bleibt mit vorangehender Hypothese jedoch der Unterschied in der Dosisabhängigkeit der Profilformen nach Temperungen unterhalb von etwa 400 °C und oberhalb dieser Temperatur, dargestellt in Abbildung 4.22 auf Seite 135. In Einklang mit der experimentellen Beobachtung wäre obige Erklärung, wenn sie nur für die Wasserstoffdonatorenspezies HD2 gelte. Jedoch widerspräche dies der Beobachtung einer Passivierung der Donatoren durch ein Wasserstoffüberangebot aus einer Plasmaquelle auch bei einer Temperatur von 350 °C durch Job *et al.* [233, 234]. Eine weitere Erklärungsmöglichkeit bietet eine temperaturabhängige Verfügbarkeit von freiem Wasserstoff. Obgleich bereits bei Temperaturen unterhalb von 400 °C eine Diffusion des implantierten Wasserstoffs stattfindet, die zur Ausbildung des Wasserstoffdonatorenprofils in Richtung der durchstrahlten Oberfläche führt, findet eine starke Freisetzung des implantierten Wasserstoffs in kristallinem Silizium erst bei Temperungen oberhalb von 400 °C statt [3, 33, 235]. Aus der Untersuchung der Spaltungskinetik von Siliziumscheiben nach dem *Smart-Cut*-Verfahren bei unterschiedlichen Temperaturen schließen Personnic *et al.* [236] mittels kombinierter Sekundärionenmessungen und Fouriertransformations-Infrarotspektroskopien auf die Migration des implantierten Wasserstoffs von ebenfalls implantationsinduzierten Fangstellen zu den ausgedehnten Fehlstellen als limiterenden Prozess bei der Ostwald-Reifung. Dabei beobachten die Autoren eine Verminderung der zur Abspaltung notwendigen Zeit zwischen 350 °C und 450 °C um etwa drei Größenordnungen, woraus sie eine Aktivierungsenergie von $(2{,}3 \pm 0{,}1)$ eV für den die Reifung limitierenden Ablöseprozess des Wasserstoffs von den Fangstellen ableiten. Die Menge an freigesetztem Wasserstoff pro Zeiteinheit und somit die Konzentration des für eine Passivierungsreaktion zur Verfügung stehenden freien Wasserstoffs liegt hiernach bei Temperungen oberhalb von 400 °C deutlich höher, als bei niedrigeren Temperaturen. Die höhere Verfügbarkeit von Wasserstoff bei diesen Temperaturen vermag die erst bei diesen Temperaturen beobachtete Profilverkippung zu erklären.

Das Auftreten der veränderlichen Aktivierung nach Temperungen oberhalb von 400 °C und die damit einhergehende wurzelförmige Abhängigkeit der Maximalkonzentration des Wasserstoffdonatorenprofils mit der implantierten Wasserstoffdosis kann in dieser Arbeit reproduzierbar gezeigt werden. Die zusätzlich durchgeführte Studie an Helium und Wasserstoff koimplantierten Proben liefert hierzu wertvolle Erkenntnisse. So ist ein aus heliuminduzierten Kristallschäden erzeugtes Wasserstoffdonatorenprofil weder von der Verkippung des Konzentrationsgradienten in der durchstrahlten Zone noch von der sublinearen Dosisabhängigkeit betroffen. Somit kann die durch die Bestrahlungen erzeugte Konzentration intrinsischer Kristalldefekte als Ursache für die beobachtete Profilveränderung und verminderte Aktivierung ausgeschlossen werden. Die darüberhinaus angestrengten

Überlegungen über eine mögliche Wasserstoffüberdekoration der Donatorenkomplexe können im Rahmen der vorliegenden Arbeit jedoch nicht experimentell belegt werden.

4.5 Donatorenprofile in tiegelgezogenem Silizium

Die bislang in der vorliegenden Arbeit vorgestellten Ergebnisse beschäftigen sich vornehmlich mit protoneninduzierten Ladungsträgerprofilen in sauerstoffarmem zonengeschmolzenem Silizium. Die Begrenzung auf zonengeschmolzenes Silizium bedeutet jedoch für den Anwendungsfall der Protonendotierung eine wesentliche Einschränkung. Obgleich zonengeschmolzenes Silizium für die Anwendung als Ausgangsmaterial bei der Fertigung von Leistungshalbleiterbauelementen generell aufgrund seiner höheren Reinheit und der geringeren Schwankung der Substratdotierung gegenüber tiegelgezogenem Silizium bevorzugt wird, besitzt tiegelgezogenes Silizium in der signifikant kostengünstigeren Herstellung und allem voran in der Möglichkeit, Kristallstäbe mit deutlich größeren Radien herzustellen, bedeutende Vorteile.

Der aktuelle Abschnitt untersucht daher protoneninduzierte Ladungsträgerprofile in tiegelgezogenem Silizium. Dieses Material unterscheidet sich durch einen höheren Sauerstoff- und Kohlenstoff- sowie einen geringeren Stickstoffgehalt von dem zuvor behandelten zonengeschmolzenem Silizium. Die Sauerstoffkonzentration des verwendeten Substrates beträgt etwa $3 \cdot 10^{17}\,\mathrm{cm}^{-3}$. Die Konzentration des Kohlenstoffes wurde zu einigen $10^{14}\,\mathrm{cm}^{-3}$ bestimmt. Die höhere Konzentration extrinsischer Defekte im tiegelgezogenen Silizium beeinflusst zunächst deutlich die effektive Diffusion des implantierten Wasserstoffs. Hierdurch wird die bei einer gegebenen Temperatur notwendige Temperdauer, bis zur vollständigen Ausbilden des Wasserstoffdonatorenprofils bis zur durchstrahlten Oberfläche verlängert. Abbildung 4.33 zeigt eine Arrhenius-Auftragung einer in tiegelgezogenem Silizium nach dem in

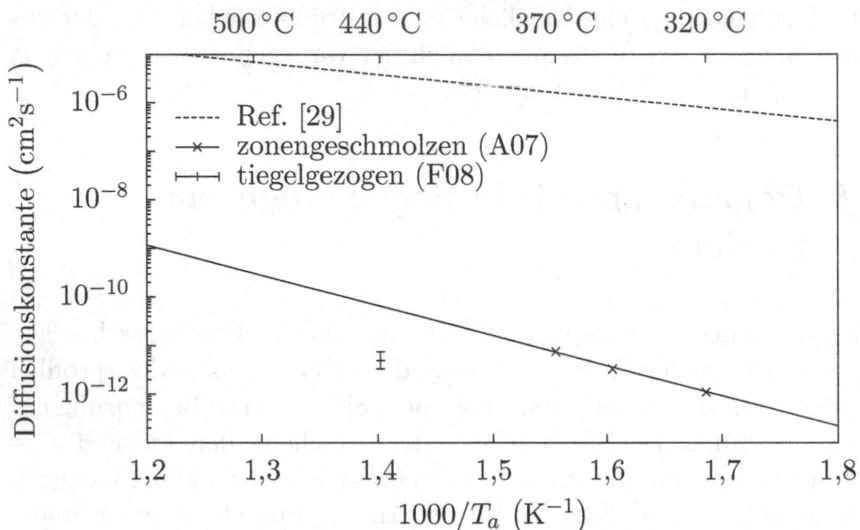

Abbildung 4.33 – Arrhenius-Auftragung der effektiven Diffusionskonstanten von Wasserstoff in Silizium in zonengeschmolzenem und tiegelgezogenem Silizium. Vergleiche auch Abbildung 4.8 auf Seite 103.

Abschnitt 4.2.2 genutzten Verfahren gewonnenen Diffusionskonstante nebst den in zonengeschmolzenem Silizium bestimmten Diffusionskonstanten nach Abbildung 4.8. Die bei einer Temperatur von 440 °C gefundene Diffusionskonstante in tiegelgezogenem Silizium liegt hiernach über eine Größenordnung unter dem bei gleicher Temperatur nach Gleichung (4.5) in zonengeschmolzenem Silizium erwarteten Wert.

Im Folgenden werden zunächst die im tiegelgezogenen Silizium erzeugten Ladungsträgerprofile dargestellt und mit den entsprechenden Profilen aus zonengeschmolzenem Material verglichen. Im Anschluss werden die Unterschiede der induzierten Profile in den beiden Substraten auf die Bildung einer zusätzlichen Donatorenspezies zurückgeführt, deren thermisches Verhalten sich deutlich von dem der Wasserstoffdonatorenkomplexe abhebt.

4.5.1 Einfluss des Grundmaterials auf die Aktivierung und Form protoneninduzierter Ladungsträgerprofile

Ladungsträgerprofile, die in tiegelgezogenem Silizium durch eine Protonenimplantation und eine anschließende Temperung in dem zuvor auch benutzten Parameterbereich zwischen etwa 300 °C und 500 °C erzeugt werden, weisen mehrere Charakteristika auf, in denen sie sich deutlich von den in zonengeschmolzenem Silizium erzeugten Ladungsträgerprofilen unterscheiden. Abbildung 4.34 stellt entsprechende Ladungsträgerprofile in zonengeschmolzenem und tiegelgezogenem Silizium nach einer Temperung bei 470 °C gegenüber. Wie in den vorangehenden Abschnitten wird dabei nur der durch die Protonenimplantation und anschließende Temperung induzierte Anteil der gemessenen La-

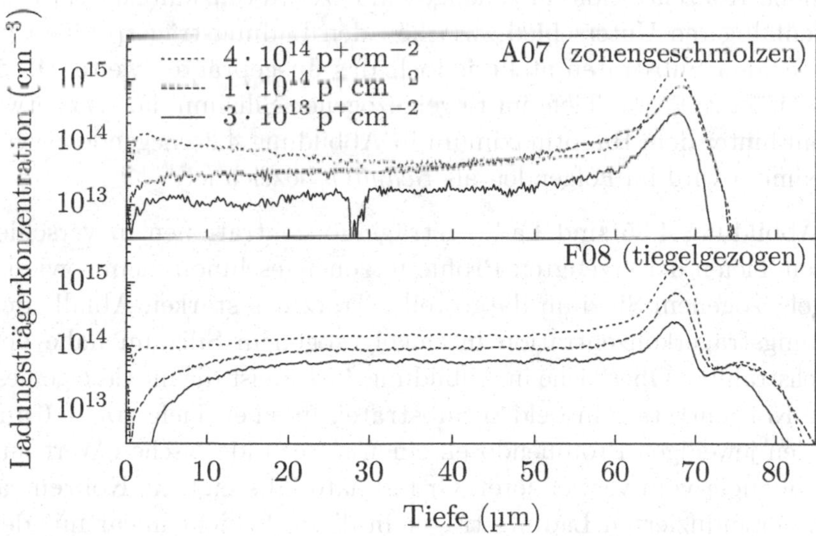

Abbildung 4.34 – Protoneninduzierte Ladungsträgerprofile in zonengeschmolzenem (A07, oben) und tiegelgezogenem Silizium (F08, unten) nach der Implantation von Protonen mit einer Energie von 2,5 MeV und verschiedenen Dosen und einer anschließenden Temperung bei 470 °C für 5 h

dungsträger gezeigt. Hierzu wurde die in der entsprechenden Probe in größeren Tiefen unter der bestrahlten Schicht gemessene Ladungsträgerkonzentration vom jeweiligen Profil abgezogen. Im Bereich ihrer Maxima um R_m ähneln sich die Profile in den beiden Grundmaterialien zunächst. In der durchstrahlten Zone, zwischen Tiefen von etwa 20 µm bis 60 µm, tritt hingegen eine merklich erhöhte Ladungsträgerkonzentration im tiegelgezogenen Substrat auf. Zudem weist das Ladungsträgerkonzentrationsprofil in diesem Bereich eine im Vergleich zum zonengeschmolzenen Material vernachlässigbare Steigung auf. In Tiefen von weniger als 10–15 µm fällt die Ladungsträgerkonzentration, vor allem bei den niedrigeren Protonendosen in Abbildung 4.34, im tiegelgezogenem Silizium in Richtung der Oberfläche sehr stark ab. Entsprechend bleibt die im tiegelgezogenen Material an der Oberfläche ermittelte Ladungskonzentration deutlich hinter der entsprechenden Konzentration im zonengeschmolzenen Silizium zurück. Den augenfälligsten Unterschied zwischen den Ladungsträgerprofilen in den beiden Substraten stellt jedoch das ausgeprägte zweite Maximum in etwa 75 µm Tiefe im tiegelgezogenen Silizium dar. Das etwa 10 µm hinter dem Hauptmaximum in Abbildung 4.34 liegende zweite Maximum wird im Folgenden als *Schulter* bezeichnet.

In Abbildung 4.35 sind Ladungsträgerkonzentrationen in verschiedenen Tiefen der erzeugten Profile in zonengeschmolzenem sowie in tiegelgezogenem Silizium dargestellt. Trotz des starken Abfalls der Ladungsträgerkonzentration in tiegelgezogenem Silizium nahe der durchstrahlten Oberfläche in Abbildung 4.34, weist die mittlere gemessene Konzentration in beiden Substraten in einer Tiefe von 4–6 µm bei den jeweiligen Protonendosen einen nahezu identischen Wert auf. Unabhängig vom verwendeten Grundmaterial steigt die Konzentration der induzierten Ladungsträger in dieser Schicht linear mit der Protonendosis an. Die Konzentration der Ladungsträger in der durchstrahlten Zone, gemittelt über die Schicht um 33–35 µm Tiefe, liegt im tiegelgezogenen Material unabhängig von der implantierten Protonendosis deutlich über dem entsprechenden Wert im zonengeschmolzenen Silizium. Die Konzentrationswerte am globalen Maximum der indu-

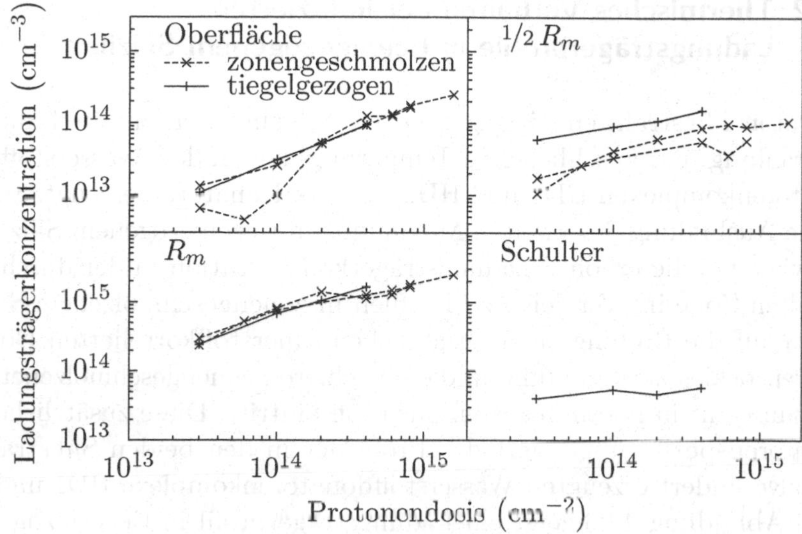

Abbildung 4.35 – Ladungsträgerkonzentrationen in ausgewählten Tiefen nach Protonenimplantationen mit einer Energie von 2,5 MeV und einer Temperung bei 470 °C für 5 h in zonengeschmolzenem (Serien A07 und Q10; vergleiche Abbildung 4.24 auf Seite 139) und tiegelgezogenem Silizium (Serie F08). Alle Werte verstehen sich abzüglich der gemessenen Ladungsträgerkonzentrationen im jeweiligen nichtdurchstrahlten Teil.

zierten Profile folgen im tiegelgezogenen Silizium gut der zuvor in Abschnitt 4.4.2 besprochenen wurzelförmigen Dosisabhängigkeit der Werte im zonengescholzenen Silizium.

Die ebenfalls in Abbildung 4.35 gezeigten Maximalwerte des zweiten Maximums im tiegelgezogenen Material weisen keine relevante Abhängigkeit von der Protonendosis auf. Die Position dieses zweiten Maximums weist hingegen sehr wohl eine signifikante Abhängigkeit von der Protonendosis auf. Mit zunehmender Protonendosis verlagert sich die Position dieses Maximums stets in größere Tiefen. Zugleich bleibt die Entfernung zwischen den beiden ausgebildeten Maxima bei festgehaltener Protonendosis unabhängig der Protonenenergien zwischen 2,5 MeV und 7,6 MeV konstant bei etwa 10–15 µm.

4.5.2 Thermisches Verhalten der induzierten Ladungsträgerprofile in tiegelgezogenem Silizium

In protonenbestrahltem tiegelgezogenem Silizium werden durch die Bestrahlung und anschließende Temperung, neben den Wasserstoffdonatorenkomplexen HD1 und HD2, weitere Donatoren erzeugt. So ist die Ausbildung des zweiten Maximums in tiegelgezogenem Silizium wie auch die erhöhte Ladungsträgerkonzentration in der durchstrahlten Zone im Vergleich zu Profilen in zonengeschmolzenem Silizium auf die Bildung einer zusätzlichen sauerstoffkorrelierten Donatorenspezies zurückzuführen, die im reineren zonengeschmolzenen Silizium nicht in relevanter Konzentration auftritt. Diese zusätzliche Donatorenspezies überlagert das Profil der in den beiden Substraten unverändert erzeugten Wasserstoffdonatorenkomplexe HD1 und HD2. Abbildung 4.36 zeigt ein Ladungsträgerprofil in tiegelgezogenem Silizium nach einer Protonenimplantation mit einer Dosis von $4 \cdot 10^{14}\,\mathrm{p^+cm^{-2}}$ abzüglich der gemessenen Ladungsträgerkonzentration N_{Schulter} von $3{,}3 \cdot 10^{13}\,\mathrm{cm^{-3}}$ des zweiten Maximums[27] sowie das entsprechende Profil in zonengeschmolzenem Silizium. Dabei wurde der Wert N_{Schulter} konstant über die gesamte Tiefe des Ladungsträgerprofils im tiegelgezogenen Substrat abgezogen. Das so korrigierte Ladungsträgerprofil weist eine sehr deutliche Übereinstimmung mit jenem im zonengeschmolzenem Silizium auf. Auch die bei der implantierten Dosis von $4 \cdot 10^{14}\,\mathrm{p^+cm^{-2}}$ bereits einsetzende Verkippung des Ladungsträgerprofils im zonengeschmolzenen Silizium[28] ist in dem korrigierten Ladungsträgerprofil im tiegelgezogenem Silizium zu erkennen.

Neben der fehlenden Abhängigkeit von der Protonendosis weisen diese im tiegelgezogenen Silizium zusätzlich gebildeten Donatoren ein auffällig anderes thermisches Verhalten als die in beiden Substraten gebildeten Wasserstoffdonatorenkomplexe auf. Abbildung 4.37 a) zeigt

[27] Das unkorrigierte Ladungsträgerprofil ist in Abbildung 4.34 auf Seite 167 dargestellt.

[28] Vergleiche Abschnitt 4.4.2.

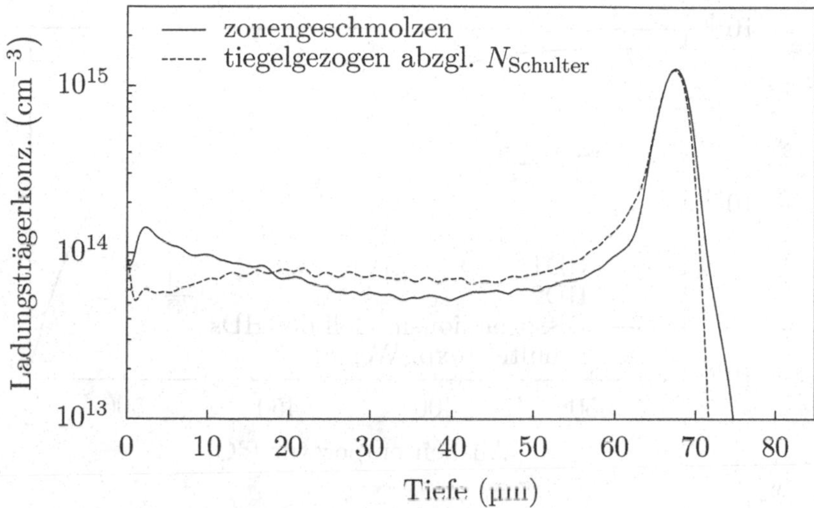

Abbildung 4.36 – Ladungsträgerprofile in zonengeschmolzenem (A07) und tiegelgezogenem Silizium (F08) erzeugt durch die Implantation von Protonen mit einer Energie von 2,5 MeV mit einer Dosis von $4 \cdot 10^{14}\,\text{p}^{+}\text{cm}^{-2}$ nach anschließender Temperung bei 470 °C für 5 h. Das Ladungsträgerprofil im tiegelgezogenen Silizium ist um die Ladungsträgerkonzentration des zweiten Maximums N_{Schulter} von $3{,}3 \cdot 10^{13}\,\text{cm}^{-3}$ vermindert.

die gemessene Konzentration N_{Schulter} der Ladungsträger am zweiten Maximum in einer Tiefe von etwa 75 µm in Abhängigkeit der Ausheiltemperatur sowie die Aktivierung der Wasserstoffdonatorenkomplexe nach Gleichung (4.15) aus Abschnitt 4.3.3 in willkürlichen Einheiten. Während die Konzentration der Wasserstoffdonatorenkomplexe in dem Ausheiltemperaturbereich zwischen 440 °C und 485 °C nahezu unverändert bleibt, nimmt die gemessene Konzentration der im tiegelgezogenen Silizium zusätzlich erzeugten Donatoren bereits ab 440 °C stark ab. Das Ausheilverhalten dieser Spezies korreliert dabei mit keiner der beiden Wasserstoffdonatorenspezies.

Durch die geringere thermische Stabilität dieser zusätzlichen Donatoren im tiegelgezogenen Silizium gegenüber den in beiden Substraten

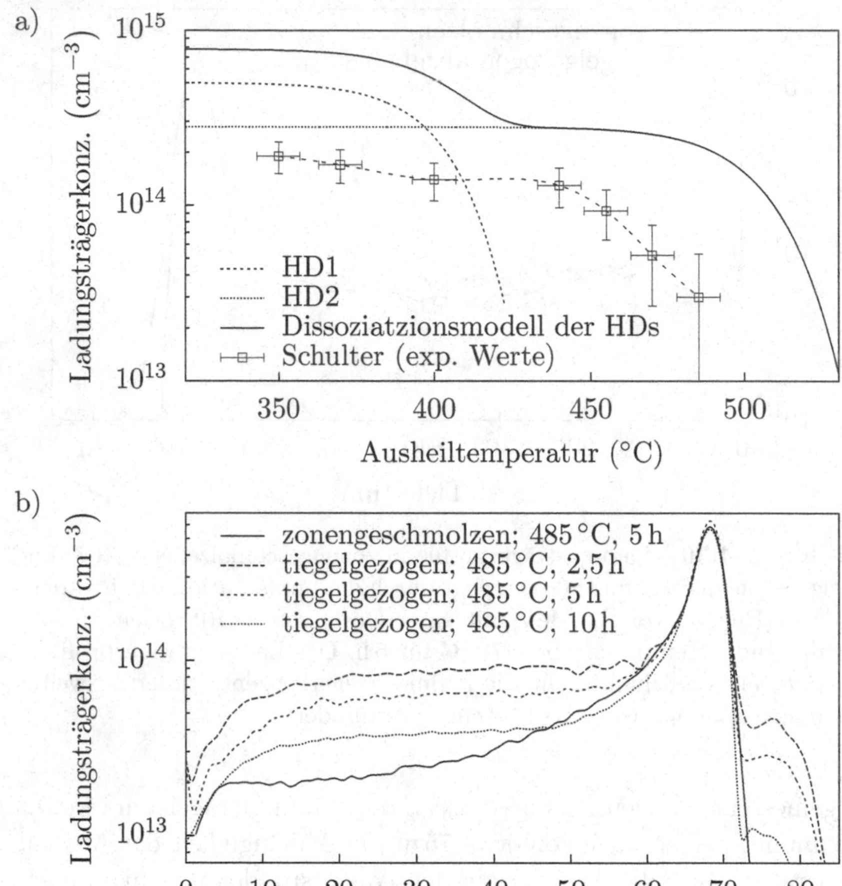

Abbildung 4.37 – a): Ladungsträgerkonzentration des zweiten Maximums (Schulter) in tiegelgezogenem Silizium in Abhängigkeit der Temperatur einer fünfstündigen Temperung. Zum Vergleich ist die nach Gleichung (4.15) vorhergesagte Aktivierung der Wasserstoffdonatoren für eine beliebige Konzentration N_{HD}^0 ebenfalls eingezeichnet.
b): Ladungsträgerprofile in zonengeschmolzenem (A07) und tiegelgezogenem Silizium (F08) erzeugt durch die Implantation von Protonen mit einer Energie von 2,5 MeV mit einer Dosis von $1 \cdot 10^{14}\,\mathrm{p^+cm^{-2}}$ und anschließender Temperungen bei 485 °C für verscheidene Zeiten zwischen 2,5 h und 10 h

erzeugten Wasserstoffdonatorenkomplexen entsteht ein Fenster im thermischen Budget, in dem erstere Donatoren bereits zu großen Teilen ausheilen, während die Wasserstoffdonatorenkomplexe HD2 noch existieren. Dieser Temperaturbereich ist allerdings, gemessen an der Genauigkeit der Temperaturregelung üblicher Hochtemperaturöfen, verhältnismäßig schmal. Abbildung 4.37 b) zeigt Ladungsträgerprofile in tiegelgezogenem sowie in zonengeschmolzenem Silizium nach unterschiedlich langen Temperungen bei 485 °C.[29] Bei dieser Temperatur nimmt die Konzentration der zusätzlichen Donatoren bereits nach Temperdauern im Bereich weniger Stunden deutlich ab. Während die Ladungsträgerkonzentration am Maximum der induzierten Profile nahezu unverändert bleibt, nimmt die Konzentration in der durchstrahlten Zone sowie die Amplitude des zweiten Maximums in den tiegelgezogenen Proben mit zunehmender Dauer der Temperung ab. Das resultierende Ladungstragerprofil in den tiegelgezogenen Siliziumproben nähert sich dabei gut dem im zonengeschmolzenen Silizium gemessenen Ladungsträgerprofil an.

4.5.3 Diskussion

In Siliziumkristallen mit einer erhöhten Sauerstoffkonzentration, wie beispielsweise den im vorliegenden Kapitel untersuchten tiegelgezogenen Proben, ist die Bildung von zusätzlichen sauerstoffkorrelierten Donatoren bekannt, durch die effektiv eine erhöhte Elektronenleitung

[29] Die in Abbildung 4.37 b) gezeigten Profile wurden, entgegen den im vorangehenden Abschnitt 4.3.2 untersuchten Profilen, in einem manuell beschickbaren Muffelofen mit zugeführter Temperatursonde erzeugt. Hierdurch ergab sich eine signifikant höhere Temperaturgenauigkeit während der Temperung. Bei der hierfür genutzten Temperatur von 485 °C konnten die Proben jedoch nicht aus dem Ofen entfernt werden und mussten in diesem abkühlen. Die Angabe der Temperzeit ist hierdurch sehr ungenau, wodurch die Angabe einer Dissoziationsrate, wie vorangehend für die Wasserstoffdonatorenkomplexe geschehen, nicht sinnvoll ist. Das Durchlaufen des Temperaturbereiches, indem es zu einer erneuten Bildung von thermischen Donatoren kommen kann (siehe nachfolgend), erfolgte dennoch rasch genug, um eine merkliche Nachbildung auszuschließen.

hervorgerufen wird [24–26]. Die beobachtete Bildung dieser sogenannten *thermischen Donatoren* zeigt sich dabei abhängig von dem aufgewandten thermischen Budget. In akzeptordotiertem Material kann deren Bildung, je nach Konzentration des primären Dotierstoffes, zu einer Inversion des Leitungstyps von Löcher- zu Elektronenleitung führen [237]. Diese thermischen Donatoren, die sich bei Temperungen im Temperaturbereich zwischen etwa 300 °C und 500 °C bilden, bestehen aus verschieden langen Ketten von Sauerstoffatomen [238], wobei sich die Ionisationsenergie eines jeweiligen Donatordefektes bei einem Anschluss eines weiteren Sauerstoffatoms an den bestehenden Komplex leicht vermindert [239]. Die Bildungs- [240] und Vernichtungsraten [241] der unterschiedlichen Ketten bei einer gegebenen Temperatur variieren je nach deren Länge, so dass die Konzentrationsverhältnisse der verschieden langen Ketten untereinander vom thermischen Budget der Probe abhängen.

Die bekannten sauerstoffkorrelierten thermischen Donatoren fassen sich in mehrere Gruppen zusammen. So existiert eine Familie von zweifach ionisierbaren thermischen Donatoren mit Ionisationsenergien zwischen 41 meV und 70 meV sowie zwischen 116 meV und 157 meV für die Einfach- beziehungsweise die Zweifachionisation des Donators [241]. Darüber hinaus berichten Newman *et al.* [242, 243] von drei Familien jeweils einfach ionisierbarer Donatoren, die aus einem Sauerstoffkomplex mit je einem zusätzlichen Fremdatom beziehungsweise möglicherweise einer zusätzlichen Gitterleerstelle bestehen. Die Ionisationsenergien dieser Donatoren liegen zwischen 34 meV und 40 meV [243]. Nach Temperungen bei Temperaturen oberhalb von etwa 450 °C tritt in zugleich stickstoff- und sauerstoffreichem Silizium zudem eine weitere Klasse thermischer Donatoren mit Ionisationsenergien um 35 meV auf [244, 245].

Die Bildung eines n-kettigen Sauerstoffkomplexes $\mathrm{TD}(n)$[30] geschieht durch Aneinanderlagerung von mobilen Sauerstoffatomen an einen niederwertigeren Komplex $\mathrm{TD}(n-1)$ beziehungsweise durch die Ab-

[30] TD steht kurz für engl. *thermal donor*.

spaltung eines Sauerstoffatoms von einem höherwertigeren Komplex $\mathrm{TD}(n+1)$: [31]

$$\mathrm{TD}(n-1) + \mathrm{O_i} \underset{k_{\mathrm{r},n}}{\overset{k_{\mathrm{h},n}}{\rightleftharpoons}} \mathrm{TD}(n). \tag{4.21}$$

Die Reaktionskonstante $k_{\mathrm{h},n}$ für die Bildung eines Sauerstoffkomplexes der Länge n ist proportional zur Summe $\sum^{x} D_x\,(T)$ der Diffusionskonstanten seiner Edukte. Für die Anlagerung eines Sauerstoffmonomers $\mathrm{O_i}$ an einen bestehenden Sauerstoffkomplex $\mathrm{TD}(n)$ nach obiger Reaktionsgleichung (4.21) gilt:

$$k_{\mathrm{h},n} = 4\pi \left(D_{\mathrm{TD}(n)}\,(T) + D_{\mathrm{O}}\,(T) \right) r_{\mathrm{Reak}}. \tag{4.22}$$

Bereits früh wurde von Fuller und Logan [26] von einer erhöhten Bildung thermischer Donatoren in Proben, die unter einer Wasserstoffatmosphäre gezogen wurden, berichtet. Brown *et al.* [27] führen dies auf eine verstärkte Diffusion des Sauerstoffs in der Gegenwart von Wasserstoff zurück. Dabei vermindert der Wasserstoff über einen gepaarten Diffusionsmechanismus mit dem Sauerstoff dessen effektive Migrationsbarriere deutlich [226, 227]. Die für die katalytische Förderung der Bildung von thermischen Donatoren durch diesen Mechanismus mindestens benötigte Konzentration von Wasserstoff von etwa $10^8\,\mathrm{cm^{-3}}$ [43, 44] ist dabei extrem niedrig.

Die wasserstoffgeförderte Bildung thermischer Donatoren lässt sich bei inhomogenen Wasserstoffverteilungen, etwa durch die kontrollierte Eindiffusion des Wasserstoffs aus einem Plasma an der Probenoberfläche, nutzen, um in löcherleitendem Grundmaterial Diodenübergänge bei einem verhältnismäßig geringen thermischen Budget zu erzeugen [249].

[31] Neben dem Zusammenschluss eines mobilen interstitiellen Sauerstoffmonomers mit einer Sauerstoffkette muss auch die Reaktion höherwertiger Sauerstoffketten miteinander berücksichtigt werden, deren Migrationsbarriere deutlich unter der des Monomers liegen kann [246–248]. Die entsprechende Erweiterung des Gleichungssystems ist nicht Gegenstand der vorliegenden Arbeit und wird dem geneigten Leser überlassen.

Bei derartigen Plasmaprozessen werden jedoch, neben der unterstützten Bildung der rein sauerstoffkorrelierten thermischen Donatoren, weitere Donatorenkomplexe gebildet [250, 251]. Bei dieser zusätzlichen Spezies handelt es sich wahrscheinlich um eine der von Newman *et al.* [242, 243] beobachteten einfachionisierbaren Sauerstoffdonatorenfamilien [252], wobei Wasserstoff das angelagerte Fremdatom an den Komplex darstellt.

Obgleich in den in der vorliegenden Arbeit untersuchten tiegelgezogenen Siliziumproben zweifelsohne sauerstoffkorrelierte thermische Donatoren gebildet werden,[32] sind diese nur zu einem sehr geringen Teil an der absolut gemessenen Ladungsträgerkonzentration in dem bestrahlten Gebiet beteiligt. Die in größeren Tiefen deutlich unter der durch die Protonenbestrahlung beeinflussten Schicht gemessene Ladungsträgerkonzentration weist einen für die Bildung thermischer Donatoren typischen Verlauf mit der Temperatur der Temperung auf. So steigt die Zahl der freien Elektronen mit zunehmender Temperatur bis etwa 420 °C bei konstant gehaltener fünfstündiger Temperdauer an, wobei sie einen Spitzenwert von etwa $5 \cdot 10^{13}\,\mathrm{cm}^{-3}$ erreicht. Nach Temperungen bei Temperaturen oberhalb von 440 °C nimmt die durch die Bildung der thermischen Sauerstoffdonatoren hervorgerufene Konzentration freier Elektronen wieder ab. Damit weisen die in den untersuchten Proben erzeugten thermischen Donatoren eine andere Maximalkonzentration sowie ein signifikant anderes thermisches Verhalten als jene Donatorenspezies auf, die die erhöhte Ladungsträgerkonzentration in der bestrahlten Schicht verursacht.[33] Die in den untersuchten tiegelgezogenen Proben gemessene, erhöhte Ladungsträgerkonzentration bis etwa 10–15 µm hinter dem Hauptmaximum

[32] Dabei ist davon auszugehen, dass eine Förderung der Bildung der thermischen Donatoren durch die Anwesenheit des implantierten Wasserstoffs vorliegt. Nach dessen Diffusion während einer Temperung wird sich der Wasserstoff deutlich über die bestrahlte Schicht hinaus ausdehnen und so auch in größeren Tiefen die Diffusionskonstante des Sauerstoffs erhöhen. Ein Verhalten, wie es von den mit einem Oberflächenplasma behandelten Proben berichtet wird [249], wurde in der vorliegenden Arbeit nicht beobachtet, aber auch nicht gezielt gesucht.

[33] Vergleiche Abbildung 4.37 a) auf Seite 172.

muss aufgrund ihres thermischen Verhaltens, wie auch wegen ihrer Tiefenverteilung auf eine durch die Bestrahlung induzierte Gruppe sauerstoffkorrelierter Donatoren zurückgehen.

Markevich *et al.* [4, 118, 253–256] beobachten in einer Vielzahl von Untersuchungen die Bildung dreier Donatorenkomplexe nach einer thermischen Behandlung von elektronenbestrahltem sauerstoff- und wasserstoffhaltigem Silizium. Dabei verwenden die Autoren Proben aus tiegelgezogenem Silizium mit einer Sauerstoffkonzentration zwischen einigen $10^{17}\,\mathrm{cm}^{-3}$ bis etwa $1\cdot10^{18}\,\mathrm{cm}^{-3}$, welche bei 1000 °C bis 1200 °C mit einer Wasserstoffkonzentration von einigen $10^{14}\,\mathrm{cm}^{-3}$ bis etwa $1\cdot10^{15}\,\mathrm{cm}^{-3}$ angereichert wurden. Die Donatorenkomplexe wurden durch eine Bestrahlung mit hochenergetischen Elektronen mit einer Dosis von einigen $10^{15}\,\mathrm{e}^-\mathrm{cm}^{-2}$ bis $10^{16}\,\mathrm{e}^-\mathrm{cm}^{-2}$ und anschließenden dreißigminütigen Temperungen bei Temperaturen bis 600 °C erzeugt. Die von den Autoren beobachteten Donatoren treten ausschließlich in tiegelgezogenem, nicht aber in zonengeschmolzenem Silizium auf.[34] Ein Auslassen der Elektronenbestrahlung oder des Wasserstoffeindiffusionsschrittes verhindert das Auftreten dieser Donatorenkomplexe [118]. Yarykin und Weber [257] zeigen die Bildung zumindest eines der von Markevich *et al.* erzeugten Donatorenkomplexe auch in elektronenbestrahltem tiegelgezogenem Silizium bei nachträglichem Einbringen von Wasserstoff durch nasschemisches Ätzen.

Anhand von Fouriertransformations-Infrarotspektroskopie zeigen Markevich *et al.* die Erzeugung von bis zu drei Donatoren mit unterschiedlichen Konzentrationen je nach Temperung. Dabei tritt nach Temperungen zwischen 250 °C und 425 °C ein elektrisch aktiver Donatordefekt mit einer optisch gemessenen Ionisationsenergie von etwa 43 meV auf [118, 258]. Dieser Donatordefekt weist ein ungewöhnliches bistabiles Verhalten auf, welches zu einer scheinbaren Lage des Energieniveaus aus elektrischen Messungen von etwa 76 meV unter der Leitungsbandunterkante führt [220]. Bei Temperungen oberhalb von

[34] Markevich *et al.* verweisen in diesem Zusammenhang auf eine im Russischen verfasste Veröffentlichung von Korshunov *et al.* [220]. Freundliche Übersetzung durch S. Jatmanov und Dr. V. Komarnitskyy.

etwa 400 °C verschwindet der bistabile Donator bei einem zeitgleichen Auftreten eines monostabilen Donatordefekts.

Markevich *et al.* [4] und Langhanki *et al.* [259, 260] beobachten in tiegelgezogenem und elektronenbestrahltem Silizium mittels Elektronenspinresonanzmessungen Spektren, die sehr gut mit den von Newman *et al.* [242, 243] in unbestrahltem tiegelgezogenem Silizium gemessenen Spektren der wasserstoffkorrelierten Sauerstoffdonatorenspezies übereinstimmen. Die Elektronenspinresonanz-Charakteristik dieser Donatorendefekte tritt bereits nach einer einfachen Temperung von wasserstoffhaltigem tiegelgezogenem Silizium bei 470 °C für 10 h auf, ihre Bildung wird allerdings durch eine vorhergehende Elektronenbestrahlung stark gefördert [4]. Entgegen der zunächst vermuteten Identität zumindest eines der nach der Elektronenbestrahlung erzeugten Donatoren als ein VO–H Komplex [253, 258], bestehend aus einem *A-Zentrum* mit einem angelagerten Wasserstoffatom, zeigen die simulierten Eigenschaften des C_iO_i–H Komplexes aus je einem interstitiellem Kohlenstoff- und Sauerstoffatom mit einem Wasserstoffatom nach Ergebnissen von Coutinho *et al.* [261] eine gute Übereinstimmung mit dem experimentell beobachteten Verhalten des oben besprochenen bistabilen Defektes.

Weiterhin in interessanter Übereinstimmung mit den experimentellen Befunden des Ausheilens des bistabilen Defektes bei zeitgleicher Bildung eines monostabilen Donators mit einer Ionistationenergie von 37 meV [118] sind Ergebnisse von Ewels *et al.* [262] und Coutinho *et al.* [261], wonach dem C_iO_{2i}–H Komplex weiterhin ein flaches Donatorniveau, nicht aber mehr das bistabile Verhalten des C_iO_i–H Komplexes zugesprochen wird. Dabei kann sich der monostabile C_iO_{2i}–H Komplex aus seinem bistabilen Vorläufer C_iO_i–H durch die Anlagerung eines weiteren Sauerstoffatoms bilden, welches bei höheren thermischen Budget zu erwarten ist. Desweiteren zeigt die aus der Simulation gewonnene Vorhersage der elektrischen Inaktivität des mit einem weiteren Wasserstoffatom dekorierten C_iO_i–H_2 Komplexes eine gute Übereinstimmung mit der experimentell beobachteten Abnahme der

Konzentration der gebildeten Donatoren nach längerer Plasmabehandlung und entsprechend erhöhten Wasserstoffkonzentrationen [252].

Die im aktuellen Kapitel untersuchten tiegelgezogenen Proben weisen nach Tabelle A.1 neben einer erhöhten Konzentration von Sauerstoff von etwa $3 \cdot 10^{17}\,\mathrm{cm}^{-3}$ zugleich eine erhöhte Konzentration von Kohlenstoff von bis zu $6 \cdot 10^{14}\,\mathrm{cm}^{-3}$ auf. Damit sind nebst dem implantierten Wasserstoff sämtliche Edukte für die Bildung der COH-Donatorenkomplexe vorhanden. Dabei könnte der für die vermeintliche Bildung der COH-Komplexe notwendige interstitielle Kohlenstoff in den untersuchten Proben aus dem im Ausgangsmaterial substitutionell vorliegenden Kohlenstoff durch die Reaktion mit bei der Bestrahlung induzierten Eigenzwischengitteratomen erzeugt werden [263],

$$\mathrm{C_s} + \mathrm{Si_i} \longrightarrow \mathrm{C_i}, \tag{4.23}$$

wobei das Eigenzwischengitteratom vernichtet wird.

Die Gegenwart von Eigenzwischengitteratomen in der bestrahlten Schicht setzt somit die durch die verfügbare Konzentration von interstitiellem Kohlenstoff limitierte Bildung der COH-Donatorenkomplexe drastisch herauf. Die Identifizierung der zusätzlich gebildeten Donatorenspezies als COH-Donatorenkomplexe erklärt somit auch deren Auftreten ausschließlich in der bestrahlten Schicht.

Durch die sehr hohe Beweglichkeit der Eigenzwischengitteratome bereits bei niedrigen Temperaturen [160, 264] können die um R_m erzeugten Eigenzwischengitteratome in größere Tiefen der bestrahlten Probe diffundieren und dort ebenfalls eine Bildung der COH-Donatorenkomplexe hervorrufen. Hierdurch wird das, dem Hauptmaximum um etwa 10–15 µm vorgelagerte, zweite Maximum gebildet.[35]

[35] Eine mögliche Erklärung des zweiten Maximums in tiegelgezogenem Silizium durch kanalgeführte Protonen mit entsprechend erhöhter Reichweite erscheint nicht sinnvoll. Zum einen kann eine vermeintliche Kanalführung nicht die beobachtete Abhängigkeit vom Ziehverfahren des genützten Materials erklären. Zum anderen müsste eine Kanalführung von etwa 10 % der Protonen angenommen werden, welches wesentlich über dem nach Gleichung (2.26) zu erwartenden Prozentsatz läge.

Das leicht ausgeprägte lokale Minimum zwischen den beiden Maxima mag auf die Bildung der elektrisch inaktiven, zweifachwasserstoffdekorierten COH_2-Komplexe aufgrund der hohen Wasserstoffkonzentration um R_p zurückzuführen sein. Ferner ist in der Nähe des Hauptmaximums die Konzentration an Gitterleerstellen während der Implantation sehr hoch, so dass die Frenkel-Rekombinationsreaktion von Gitterleerstellen und Eigenzwischengitteratomen in Konkurrenz zu der Bildungsreaktion des interstitiellen Kohlenstoffs nach Gleichung (4.23) tritt, wodurch das lokale Minimum ebenfalls erklärt werden könnte.

Wie im zonengeschmolzenen Silizium kann im Rahmen der vorliegenden Arbeit auch im tiegelgezogenen Substrat kein Verhalten der gemessenen Ladungsträgerkonzentration beobachtet werden, welches auf eine Bistabilität der gebildeten Donatoren hinweist. Dabei wurden tiegelgezogene Siliziumproben nach einer Implantation von Protonen mit einer Energie von 2,5 MeV mit einer Dosis von $2 \cdot 10^{14}\,p^{+}cm^{-2}$ zunächst bei 485 °C für 5 h getempert und anschließend entweder bei 300 °C für 10 min oder bei 100 °C für 15 h nachgetempert und auf Raumtemperatur abgeschreckt. Eine Änderung der nachfolgend gemessenen Ladungsträgerkonzentrationen tratt dabei weder am Maximum bei R_m noch in der durchstrahlten Zone oder am zweiten Maximum bei $R_m + 10\,\mu m$ auf. Nach den Vorhersagen von Ewels *et al.* [262] und Coutinho *et al.* [261] weist nur der C_iO_i–H Komplex, nicht aber der C_iO_{2i}–H Komplex bistabiles Verhalten auf. Da das Verhältnis von Sauerstoff zu Kohlenstoff in den hier benützten tiegelgezogenen Siliziumproben etwa 1000:1 beträgt, ist entsprechend auch mit einer bevorzugten Bildung des monostabilen C_iO_{2i}–H Komplexes zu rechnen, womit das beobachtete Fehlen eines thermisch bistabilen Donators begründet werden kann.

Eine weitere Bestätigung für die Annahme, dass es sich bei dem in der bestrahlten Schicht zusätzlich zu den Wasserstoffdonatorenkomplexen gebildeten Donator um einen anderen als einen rein sauerstoffkorrelierten thermischen Donator handelt, liefern in Abbildung 4.38 gezeigte Ladungsträgerprofile in zweifach getemperten Proben. Nach einer Ersttemperung bei 485 °C, bei der die Konzentration sowohl der Was-

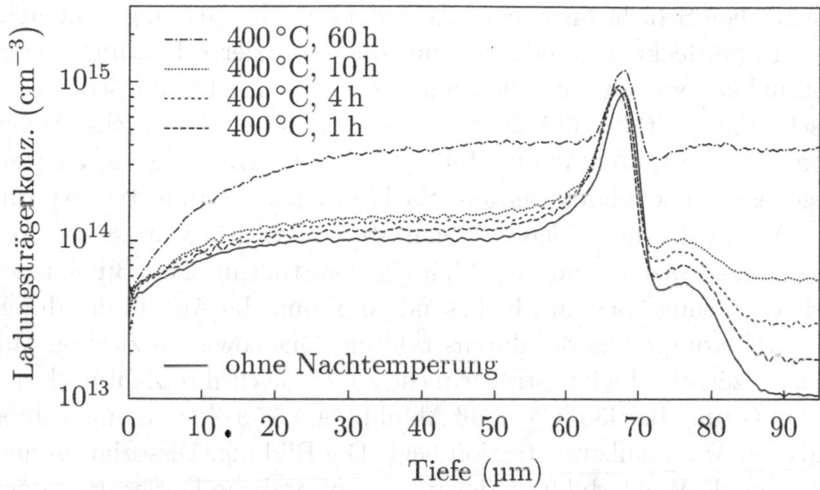

Abbildung 4.38 – Ladungsträgerprofile in tiegelgezogenem Silizium erzeugt durch die Implantation von Protonen mit einer Energie von 2,5 MeV und einer Dosis von $2 \cdot 10^{14}\,p^+cm^{-2}$ nach einer anschließenden Ersttemperung bei 485 °C für 5 h und verschieden langen Zweittemperungen bei 400 °C

serstoffdonatoren als auch die der vermeintlichen C_iO_{2i}–H Komplexe bereits deutlich unter ihrem jeweiligen Maximalwert nach Temperungen bei niedrigeren Temperaturen lag, wurden die Proben einer zweiten Temperung für lange Zeiten bei 400 °C unterzogen. Von den sauerstoffkorrelierten thermischen Donatoren ist bekannt, dass sowohl ihre Bildung als auch ihr Verschwinden reversibel sind.[36]

Die Konzentration der in Abbildung 4.38 gezeigten Ladungsträgerprofile nimmt mit der Dauer der Zweittemperung bei 400 °C stark zu. Dabei steigt die Konzentration im gesamten Profil, mit Ausnahme der ober-

[36]Das Auftreten und Verschwinden von aktiven thermischen Donatoren in Abhängigkeit des thermischen Budgets lässt sich mit einem System gekoppelter Reaktionsgleichungen zwischen den verschieden langen Sauerstoffketten beschreiben. Je nach Temperatur variieren die dynamischen Gleichgewichte des Reaktionsgleichungssystems, wodurch sich die Verhältnisse der verscheidenlangen Ketten zueinander ändern [241].

flächennahen Schicht bis in eine Tiefe von etwa 15–20 µm, gleichmäßig an und überdeckt nach 60 h das protoneninduzierte Ladungsträgerprofil nahezu vollständig. Die Zunahme der freien Ladungsträger ist ausschließlich auf die Bildung sauerstoffkorrelierter thermischer Donatoren zurückzuführen, die unabhängig vom bestrahlungsinduzierten Schadensprofil gebildet werden. So bleibt das Ladungsträgerprofil nach Abzug der in größeren Tiefen ab etwa 90 µm gemessenen Ladungsträgerkonzentration unabhängig vom thermischen Budget der Zweittemperung konstant. Insbesondere nimmt die Anzahl der durch den COH-Komplex in der durchstrahlten Zone sowie im zweiten Maximum erzeugten Ladungsträger nicht zu, obgleich ihre Zahl nach der Ersttemperung bei 485 °C gemäß Abbildung 4.37 a) bereits unter ihrer möglichen Maximalkonzentration liegt. Die Bildung, Dissoziation und ausbleibende Wiederbildung der für die zusätzliche Dotierung in der bestrahlten Schicht verantwortlichen Donatorenkomplexe unterscheidet sich hiernach fundamental von jener der thermischen Donatoren, welches ihrer Identifikation mit dem C_iO_{2i}–H Komplex entspricht.

Eine für den Anwendungsfall durchaus kritische Nachbildung von Donatoren bei verhältnismäßig geringen thermischen Budgets, wie sie im Zweifelsfalle während der Betriebslebensdauer eines Halbleiterleistungsbauelements auftreten können, konnte bei einer Zweittemperung bei 300 °C für 100 h nicht beobachtet werden.[37] Sowohl die Wasserstoffdonatorenkomplexe, als auch die zusätzlich gebildeten C_iO_{2i}–H Donatorenkomplexe sind bei derartigen thermischen Budgets, bei entsprechender Ersttemperung stabil gegen eine Neubildung sowie eine Dissoziation. In tiegelgezogenem Substrat ist die Nachbildung von thermischen Donatoren bei erhöhten Temperaturen bekannt und muss im Falle von protonendotierten Proben, ebenso wie in klassischen prozessierten Bauelementen, beachtet werden.

[37] In zonengeschmolzenem Substrat fällt die auf die Wasserstoffdonatorenkomplexe zurückgehende Ladungsträgerkonzentration erst nach einer Zweittemperung bei 400 °C für 100 h am Maximum des induzierten Profils leicht ab. Obgleich der beobachtete Abfall unter Beachtung des Messfehlers nur wenig signifikant ist, ist er in guter Übereinstimmung mit der Erwartung nach der in Abschnitt 4.3.2 abgeschätzten thermischen Stabilität des Donatorkomplexes HD2.

5 Strahlungsinduzierte Störstellen

Crystals are like people: it is the defects in them which tend to make them interesting!

C. J. Humphreys
Introduction to Analytical Electron Microscopy (STEM Imaging of Crystals and Defects)

Kapitel 2.5 am Anfang dieser Arbeit behandelt strahlungsinduzierte Punktdefekte sowie Defektkomplexe, die sich aus diesen, teilweise unter Beteiligung extrinsischer Defekte, im Siliziumkristall bilden können, ohne dabei auf deren elektrische Eigenschaften einzugehen. Eine Vielzahl der gebildeten Sekundärdefekte besitzt elektronische Zustände, deren Energienivaus im verbotenen Band des ungestörten kristallinen Siliziums liegen. Neben den zuvor thematisierten Wasserstoffdonatorenkomplexen zählen hierzu auch die im vorliegenden Kapitel behandelten Defekte mit tief unter der Leitungsbandkante liegenden Energieniveaus. Je nach Lage der Energieniveaus können derartige Störstellen das statische und dynamische Verhalten von Halbleiterbauelementen in gewünschter oder ungewünschter Weise stark beeinflussen. Obgleich das zentrale Anliegen der vorliegenden Arbeit die Untersuchung der Parameterabhängigkeiten von protoneninduzierten Donatorenprofilen ist, werden im Folgenden die durch die Bestrahlung ebenfalls erzeugten Störstellen mit tiefen Energieniveaus thematisiert.

Die Lebensdauer von Überschussladungsträgern in Halbleitern wird durch verschiedene Rekombinationsmechanismen bestimmt. In Silizium als indirektem Halbleiter kann dabei eine strahlende Band-Band-

Rekombination vernachlässigt werden. Bei moderaten bis niedrigen Ladungsträgerkonzentrationen ist ferner die Rekombinationsrate über Augerprozesse sehr gering, so dass intrinsische Überschussladungsträgerlebensdauern bis in den Bereich von Sekunden erreicht werden können [265]. Defekte mit elektrischen Übergängen im verbotenen Band eines Halbleiters können effektive Rekombinationszentren darstellen und somit die Lebensdauer von Überschussladungsträgern deutlich herabsetzen. Shockley und Read[1] [268] finden für die Überschussladungsträgerlebensdauer bei einer kleinen Auslenkung $\delta_{n,p}$ aus dem thermischen Gleichgewicht in einem Halbleiter mit Elektronenleitung näherungsweise:

$$\begin{aligned}\tau_{\mathrm{SRH}} =& \frac{1}{N_R v_p^{\mathrm{th}} \sigma_p^R}\left[1+\frac{N_l}{N_n+\delta_{n,p}} \exp\left(\frac{E_R-E_l}{k_B T}\right)\right]+ \\ &+\frac{1}{N_R v_n^{\mathrm{th}} \sigma_n^R} \frac{N_v}{N_n+\delta_{n,p}} \exp\left(\frac{E_v-E_R}{k_B T}\right),\end{aligned} \tag{5.1}$$

mit der thermischen Elektronen- beziehungsweise Löchergeschwindigkeit

$$v_{n,p}^{\mathrm{th}}=\sqrt{\frac{3 k_B T}{m_{n,p}^*}}. \tag{5.2}$$

Darin sind N_R die Konzentration der Rekombinationszentren und $\sigma_{n,p}^R$ deren Wirkungsquerschnitt für Elektronen beziehungsweise Löcher, $m_{n,p}^*$ die effektiven Massen der Elektronen beziehungsweise Löcher,

[1] Das Modell zur statistischen Beschreibung der Überschussladungsträgerlebensdauer durch Elektron-Loch-Rekombinationsprozesse an Störstellen wird gemeinhin als Shockley-Read-Hall-Statistik (SRH) bezeichnet. Damit werden auch Beiträge von Hall gewürdigt, welcher bereits 1951, kurz vor der allgemeineren Behandlung durch Shockley und Read, über die Abhängigkeit der Rekombinationsraten in Germaniumgleichrichterdioden von der Ladungsträgerkonzentration berichtete [266, 267]. Die für direkte Band-Band-Rekombinationsprozesse erwartete Proportionalität der Rekombinationsrate zum Produkt der Elektronen- und Löcherkonzentrationen findet Hall nur für hohe Konzentrationen derselben. Bei geringeren Überschussladungsträgerkonzentrationen beobachtet Hall den in der SRH-Statistik beschriebenen linearen Zusammenhang mit der Ladungsträgerkonzentration.

$N_{l,v}$ die effektive Zustandsdichte im Leitungs- beziehungsweise Valenzband, N_n die Elektronendichte im thermischen Gleichgewicht, E_R das Energieniveau des Rekombinationszentrums und $E_{l,v}$ das niedrigste Energieniveau des Leitungsbandes beziehungsweise das höchste Energieniveau des Valenzbandes. Aufgrund der Neutralitätsbedingung gilt die Auslenkung $\delta_{n,p}$ gleichermaßen für Elektronen und Löcher.

Ungeachtet der Beschränkung auf kleine Konzentrationsabweichungen aus dem thermischen Gleichgewicht und der Berücksichtigung von nur einem Rekombinationsniveau weist Gleichung (5.1) die Rekombinationsstellenkonzentration N_R, deren Wirkungsquerschnitt $\sigma_{n,p}^R$ sowie die Lage des zugehörigen Energieniveaus E_R als die für die effektive Ladungsträgerlebensdauer relevanten Charakteristika einer Störstelle aus. Dabei wirkt eine gegebene Störstelle nicht nur als Rekombinationszentrum, sondern, bei Ladungsträgerkonzentrationen unterhalb der Gleichgewichtskonzentration, ebenfalls als Generationszentrum, wodurch das sperrende Verhalten eines Bauelements beeinträchtigt werden kann. Aus den im aktuellen Kapitel behandelten experimentellen Ergebnissen werden eben diese Größen für die erzeugten Defektniveaus entnommen.

Im nachfolgenden Teil dieser Arbeit werden Elektronenhaftstellen[2] in der oberen Hälfte des verbotenen Bandes behandelt. Eine Identifikation der experimentell gefundenen Haftstellen mit ihren verursachenden Kristalldefekten erfolgt dabei hauptsächlich über den Vergleich ihrer Charateristika mit Literaturwerten. Bislang unbekannte Haftstellen können alleine aus den vorliegenden experimentellen Daten nicht identifiziert werden. Die vorliegende Arbeit kann jedoch mit diesem Kapitel einen Beitrag zum Verständnis des Ausheilverhaltens einiger Defekte liefern und zeigt, dass in der Literatur häufig angegebene vermeintlich charakteristische Ausheiltemperaturen bei den für die Dotierung durch Protonenbestrahlung notwendigen, vergleichsweise hohen Dosen oftmals nicht zutreffen.

[2] Als Elektronenhaftstellen werden Defektniveaus bezeichnet, welche von einem Elektron aus dem Leitungsband besetzt werden können.

5.1 Haftstellen in protonenbestrahltem Silizium

Abbildung 5.1 zeigt DLTS-Spektren in protonenimplantiertem zonengeschmolzenem Silizium nach Temperungen bei unterschiedlichen Ausheiltemperaturen zwischen 350–500 °C. In der Abbildung sind die auf die im Folgenden behandelten Haftstellen A–S zurückzuführenden Signale jeweils gekennzeichnet. Deutlich zu erkennen sind mehrere ausgeprägte Signale vor allem im Messtemperaturbereich zwischen etwa 140 K und 220 K. Diese Signale gehen auf die Haftstellen I, K, L sowie M1 und M2 zurück.

Nach einer Temperung bei 350 °C sind die Signale der Haftstellen K und M2 im DLTS-Spektrum am stärksten ausgeprägt. In Proben, die bei 400 °C getempert wurden, sind die Haftstellen K und M2 mit den zuvor deutlichsten Signalen nicht mehr sichtbar. Stattdessen können nun zwei weitere Haftstellen, L und M1, mit den höchsten Anteilen am DLTS-Spektrum beobachtet werden. Diese beiden Haftstellen werden im Spektrum nach einer Temperung bei 350 °C von K beziehungsweise M2 verdeckt. Nach einer fünfstündigen Temperung bei 470 °C nimmt die Konzentration der Haftstelle L relativ zu den Haftstellen I und M1 stark ab, so dass letztere die höchsten Konzentrationen aller nach dieser Temperung beobachteten Störstellen aufweisen. Die bis 400 °C beobachtete Haftstelle E ist nach Temperungen bei 470 °C nur mehr in sehr geringer Konzentration vorhanden und ab 500 °C aus den vorliegenden Daten nicht mehr auflösbar.

Das in Abbildung 5.1 als C bezeichnete Signal lässt sich auf mindestens zwei verschiedene Haftstellen, C1 und C2/3, zurückführen. Diese Haftstellen lassen sich, obgleich dies aufgrund des gewählten Darstellungsmaßstabes der Abbildung 5.1 nicht zu entnehmen ist, im gesamten Ausheiltemperaturbereich zwischen 350–500 °C nachweisen. Das DLTS-Spektrum nach Temperungen bei 500 °C ähnelt jenem nach 470 °C. Allerdings nimmt die Konzentration der Haftstelle L bei 173 K

[3] Alle hier und im Folgenden gezeigten DLTS-Spektren benutzen ein Frequenzfenster von 48,8 Hz.

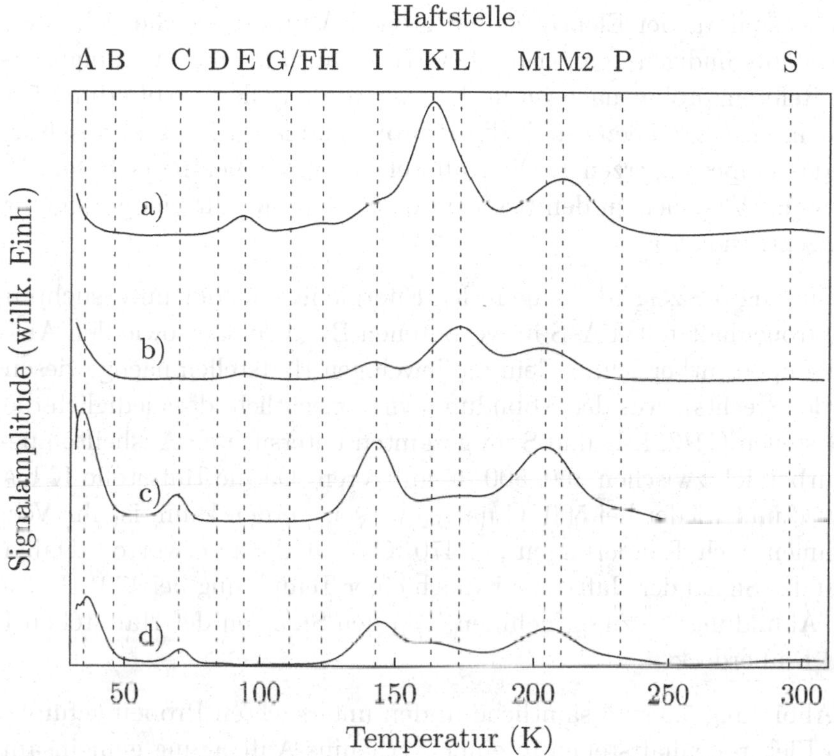

Abbildung 5.1 – DLTS-Spektren[3] in zonengeschmolzenem Silizium nach einer Protonenimplantation mit einer Energie von 2,3 MeV durch einen a) 50 µm oder b–d) 35 µm dicken Aluminiumabsorber mit einer Dosis von a) $3 \cdot 10^{13}\,p^{+}cm^{-2}$ oder b–d) $4 \cdot 10^{14}\,p^{+}cm^{-2}$ und anschließender Temperung bei a) 350 °C, b) 400 °C, c) 470 °C oder d) 500 °C für 5 h

zwischen 470 °C und 500 °C ab, wodurch die Haftstelle K im Spektrum wieder sichtbar wird. Nach Temperungen oberhalb etwa 400 °C ist das Signal der Haftstelle P im rechten Ausläufer des Signals von M1 zu beobachten. Die Haftstellen I und S lassen sich nach allen Temperungen zwischen 350–500 °C nachweisen. Die restlichen hier nicht besprochenen Haftstellen liegen in zu geringer Konzentration vor, um sie in der dargestellten Auflösung von Abbildung 5.1 zu erkennen.

Mit Ausnahme der Elektronenhaftstellen A und S, welche sich nach einer fünfstündigen Temperung bei 470 °C auch in einer unimplantierten Referenzprobe[4] nachweisen lassen, werden alle in Abbildung 5.1 genannten Haftstellen durch die Protonenimplantation und anschließende Temperung erzeugt. Die Haftstelle S liegt dabei in der Referenzprobe im Vergleich zu den bestrahlten Proben in sehr viel geringerer Konzentration vor.

Abbildung 5.2 zeigt die Lagen der Energieniveaus der untersuchten Elektronenhaftstellen A–S im verbotenen Band (links) sowie den Ausheiltemperaturbereich, in dem die jeweiligen Haftstellen nachgewiesen werden (rechts). Aus der Abbildung wird ersichtlich, dass lediglich die Haftstellen C2/3, I, K und S im gesamten untersuchten Ausheiltemperaturbereich zwischen 350–500 °C auftreten. Da die Haftstelle K bis 400 °C und wieder bei 500 °C nachgewiesen werden kann, ist ihr Vorkommen nach Temperungen bei 470 °C ebenfalls zu erwarten. Dabei wird das Signal der Haftstelle K nach einer Temperung bei 470 °C, wie aus Abbildung 5.1 zu entnehmen, von den Signalen der Haftstellen I und L überdeckt.

In Abbildung 5.3 sind sämtliche in den untersuchten Proben gefundenen Elektronenhaftstellen in einer Arrhenius-Auftragung gemeinsam dargestellt. Aus Gründen der Übersichtlichkeit wird in Abbildung 5.3 auf die experimentellen Daten verzichtet und lediglich die Annäherungen an diese Daten gezeigt. Die aus den Messungen entnommenen experimentellen Werte sind einzeln für jede Haftstelle im Anhang A.3 ab Seite 251 angefügt.

Die Haftstellen C2 und C3 liegen in der Arrhenius-Darstellung in Abbildung 5.3 sehr dicht beisammen. Im Rahmen des jeweiligen Fehlers können weder die Lagen der Energieniveaus noch die Wirkungsquerschnitte dieser beiden Haftstellen eindeutig getrennt werden. Die im Experiment als C2 beziehungsweise C3 identifizierten Signale treten zudem in keiner Probe simultan auf. Im Folgenden wird daher

[4]Ein entsprechendes DLTS-Spektrum einer unbestrahlten Referenzprobe findet sich im Anhang dieser Arbeit auf Seite 267.

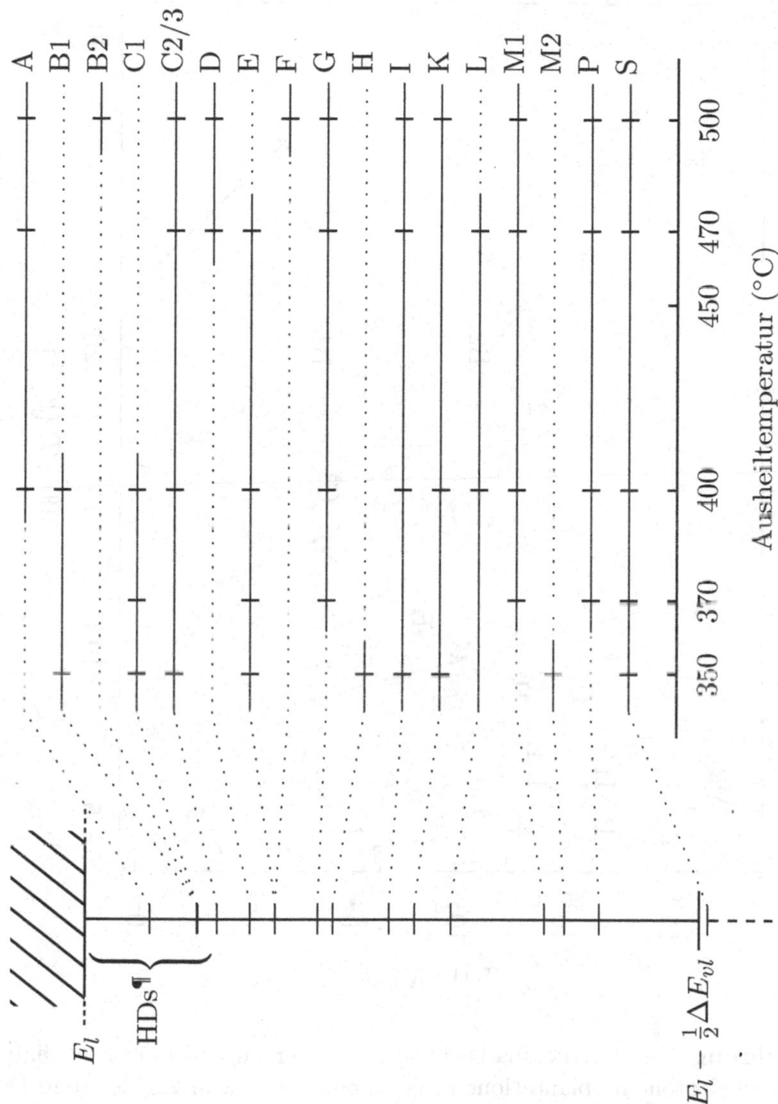

Abbildung 5.2 – Energierichtige Einordnung der untersuchten Haftstellen in der Bandlücke relativ zur Leitungsbandkante E_l (links) und Ausheiltemperaturbereich, in dem die Haftstellen auftreten (rechts).
¶: Ionisationsenergiebereich bekannter Wasserstoffdonatorenkomplexe nach Tabelle 2.1 auf Seite 31.

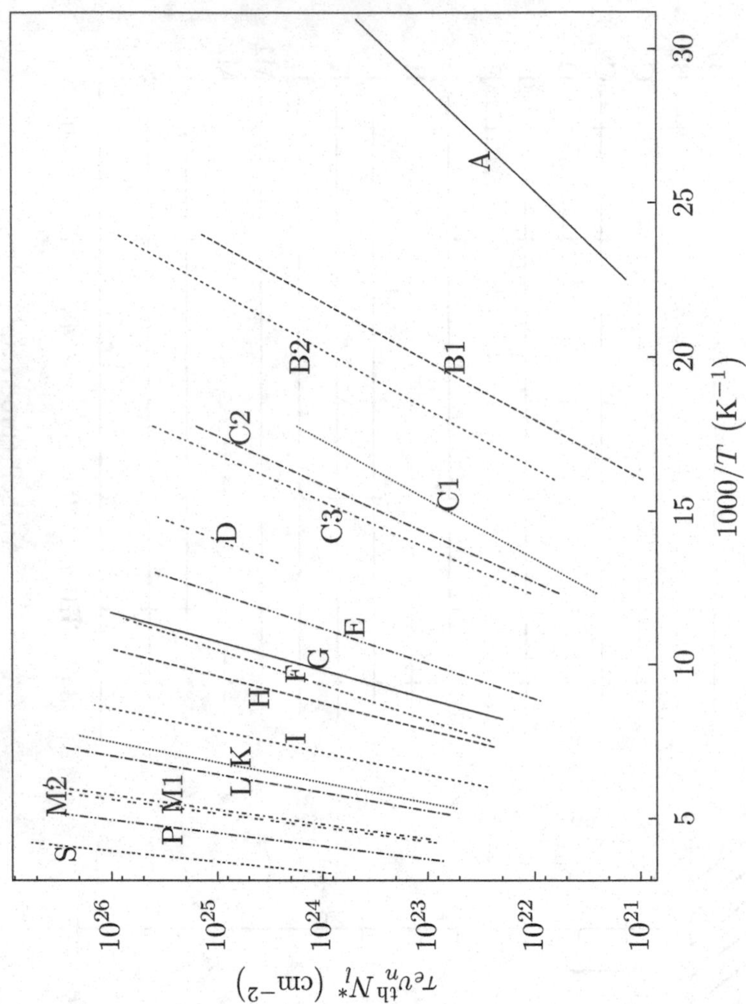

Abbildung 5.3 – Arrhenius-Darstellung der erzeugten Elektronenhaftstellen nach Protonenimplantationen mit einer Energie von 2,3 MeV und Dosen zwischen $3 \cdot 10^{13}\,\mathrm{p^+cm^{-2}}$ und $4 \cdot 10^{14}\,\mathrm{p^+cm^{-2}}$ und anschließenden Ausheilungen bei 350–500 °C für jeweils 5 h. Die Darstellung zeigt lediglich Annäherungen an die experimentellen Werte. Eine detaillierte Darstellung der einzelnen Annäherungen mitsamt den experimentellen Werten findet sich im Anhang A.3 ab Seite 251.

von einer einzigen Haftstelle C2/3 ausgegangen. Ebenfalls schwer zu trennen sind die Signale der Haftstellen F, G und H, zumal deren jeweilige Konzentrationen sehr niedrig sind. Während das Signal der Haftstelle H nach einer Ausheilung bei 350 °C in Abbildung 5.1 noch erkennbar ist, sind die Signale der Haftstellen F und G in der gezeigten Skalierung nicht sichtbar. Da zumindest nach Ausheilungen bei 500 °C beide Haftstellen F und G zugleich beobachtet werden, ist bei ihnen von unterschiedlichen, wenngleich sehr ähnlichen, Haftstellen auszugehen.

Die Signale der Haftstellen K und L sowie M1 und M2 lassen sich jeweils bereits in Abbildung 5.1 unterscheiden. Trotz der Ähnlichkeit der Signale, vor allem von M1 und M2, lassen sich die aus der Annäherung an die experimentellen Werte gefundenen Lagen der Energieniveaus eindeutig trennen. So befindet sich das Energieniveau von M1 (418 ± 7) meV unterhalb der Leitungsbandkante, während jenes von M2 (437 ± 9) meV unterhalb der Leitungsbandkante liegt.

5.2 Identifikation der erzeugten Haftstellen

Die in den protonenbestrahlten und anschließend zwischen 350 °C und 500 °C ausgeheilten Proben gefundenen Elektronenhaftstellen A–S werden im Nachfolgenden einzeln diskutiert. Dabei wird, sofern dies aus den vorliegenden experimentellen Ergebnissen hervorgeht, neben den charakteristischen Energieniveaus und Wirkungsquerschnitten der Haftstellen auch auf deren Abhängigkeit von der implantierten Protonendosis sowie auf deren Verteilung im Implantationsprofil Bezug genommen. Aus den gefunden Abhängigkeiten und Vergleichen mit der Literatur wird auf die mögliche Identität der Defekte geschlossen. Eine Zusammenfassung der experimentellen Charakteristika sowie der vorgeschlagenen Identitäten der Haftstellen findet sich im Anschluss auf Seite 215 in Tabelle 5.1.

Haftstelle A Das Signal der Haftstelle A tritt im DLTS-Spektrum zwischen etwa 33 K und 43 K auf. Aus der Annäherung an die experimentellen Werte ergibt sich $E_l - (60 \pm 8)$ meV als Lage des Energieniveaus und $(4 \pm 3) \cdot 10^{-15}$ cm^2 für den Wirkungsquerschnitt. Die Konzentration dieser Haftstelle beträgt einige Prozent bis hin zu etwa 5–10 % der erzeugten Wasserstoffdonatorenkonzentration. Aufgrund des geringen Abstandes zum Leitungsband gestaltet sich die Auswertung des Energieniveaus sowie die Konzentrationsbestimmung dieses Defektes schwierig. Eine Identifikation dieser Haftstelle durch den Vergleich mit Werten aus der Literatur ist nur eingeschränkt möglich, da die vorwiegende Anzahl der publizierten DLTS-Messungen nur bis etwa 77 K erfolgt, was zur Untersuchung dieser Haftstelle noch zu warm ist.[5] Das Energieniveau der Haftstelle A fällt mit dem ersten Ionisationsniveau eines aus sauerstoffhaltigem Silizium bekannten thermischen Doppeldonators OTDD[6] bei 70 meV unterhalb der Leitungsbandkante zusammen [269]. Die Konzentration des zweiten Ionisationsniveaus dieses thermischen Doppeldonators, welches nachfolgend als Haftstelle D behandelt wird, liegt jedoch mit nur etwa 1 ‰ der erzeugten Wasserstoffdonatorenkonzentration deutlich niedriger als die Konzentration der hier behandelten Haftstelle A. Zudem ist der Wirkungsquerschnitt dieser Haftstelle mit einigen 10^{-15} cm^2 für einen Donatordefekt deutlich zu gering. Es ist hiernach davon auszugehen, dass das Signal der Haftstelle A nur zu einem geringen Anteil durch den thermischen Doppeldonator OTDD hervorgerufen wird.

Simoen *et al.* [251] berichten ebenfalls von einer Haftstelle mit einem Energieniveau bei 73 meV unterhalb der Leitungsbandkante in unbehandeltem zonengeschmolzenem Silizium. Interessanterweise beobachten die Autoren in diesen Proben zudem eine Haftstelle mit einem Energieniveau bei $E_l - 563$ meV, welches in hervorragender Übereinstimmung zur nachfolgend besprochenen Haftstelle S ist. Si-

[5] Übliche DLTS-Messapperaturen verwenden zur Kühlung der Proben einen Stickstoffkryostaten, mit welchem Temperaturen bis hinab zum Siedepunkt des Stickstoffs bei etwa 77 K erreicht werden können.

[6] OTDD steht kurz für engl. *oxygen-related thermal double donor*.

moen *et al.* identifizieren beide Signale in Anlehnung an Ergebnisse von Lefèvre [270] mit einem Paar aus Eigenzwischengitteratomen. Die Autoren beobachten die Signale jedoch nicht mehr bei Temperungen oberhalb von 350 °C, so dass eine Identifikation der hier beobachteten Haftstellen A und S mit den von Simoen *et al.* berichteten Defekten nicht sinnvoll erscheint. Huang [271] berichtet von einer Elektronenhaftstelle mit einem Niveau 78 meV unterhalb der Leitungsbandkante und einem Wirkungsquerschnitt von $2{,}2 \cdot 10^{-15}\,\text{cm}^2$ in tiegelgezogenem Silizium, in welches Wasserstoff aus einem Plasma an der Probenoberfläche eingetrieben wurde. Huang identifiziert den verursachenden Defekt lediglich als wasserstoffkorreliert. Aufgrund des unterschiedlichen Substrates sowie der unterschiedlichen Behandlung der Proben lässt sich trotz der guten Übereinstimmung der Charakteristika des von Huang gefundenen Defektes mit der Haftstelle A nicht sicher auf den gleichen Defekt schließen.

Haftstelle B1 Die Haftstelle B1 liegt in den DLTS-Spektren in Abbildung 5.1 in der rechten Flanke des Signals der Haftstelle A und besitzt ein Energieniveau bei etwa 104 meV unterhalb der Leitungsbandkante. Dabei weist die Haftstelle B1 eine Konzentration von etwa 1 % der erzeugten Wasserstoffdonatorenkomplexe in der durchstrahlten Schicht nach der Implantation einer Protonendosis von $3 \cdot 10^{13}\,\text{p}^+\text{cm}^{-2}$ und Ausheilungen bei 350–400 °C auf. Bei höheren Protonendosen oder in Tiefen der untersuchten Proben mit einer höheren Strahlenschadenskonzentration als in der durchstrahlten Schicht, ist das Signal der Haftstelle B1 in den vorliegenden Versuchen nicht mehr zu beobachten. Dies deutet darauf hin, dass die Konzentration der Haftstelle B1 nicht oder nur schwach mit der Protonendosis korreliert ist. Der große Wirkungsquerschnitt im Bereich einiger $10^{-13}\,\text{cm}^2$ lässt die Identifikation dieser Haftstelle mit einem Donatordefekt zu. Die nicht beobachtete Abhängigkeit von der Menge der Strahlenschäden sowie die geringe Konzentration, zumindest in zonengeschmolzenem Substrat, und der Temperaturbereich, in dem diese Haftstelle B1 auftritt, lassen auf einen Defekt aus der Familie der sauerstoffkorrelierten thermischen Donatoren OTD[7] schließen [272].

Haftstelle B2 Die ausschließlich nach Temperungen bei 500 °C auftretende Haftstelle B2 weist ein Niveau bei (103 ± 6) meV unterhalb der Leitungsbandkante und einen Wirkungsquerschnitt von $(3{,}2 \pm 0{,}6) \cdot 10^{-14}\,\text{cm}^2$ auf. Im Gegensatz zur Haftstelle B1 zeigt B2 eine ausgeprägte Abhängigkeit von der implantierten Protonendosis. In der Literatur finden sich lediglich Berichte von Irmscher [273] sowie Irmscher, Klose und Maass [274] von einer vergleichbaren Haftstelle in protonenbestrahltem Silizium. Dabei finden die Autoren besagten Defekt nicht in heliumbestrahltem Silizium oder in Teilen des Tiefenprofils in protonenbestrahlten Proben, in denen kein Wasserstoff vorliegt. Die Autoren schließen hieraus auf die Beteiligung von Wasserstoff an diesem Defekt. Die Autoren berichten allerdings von einem Ausheilen des von ihnen beobachteten Defektes bereits um 150 °C, bei einer verwendeten Protonendosis von $1 \cdot 10^{10}\,\text{p}^{+}\text{cm}^{-2}$. Die deutlich unterschiedlichen Ausheiltemperaturbereiche, in denen die hier behandelte Haftstelle B2 und der von Irmscher sowie Irmscher, Klose und Maass untersuchte Defekt vorkommen, lassen eine Zuordnung der beiden Defekte untereinander nicht zu.

Haftstelle C1 Die Haftstelle C1 ist nur nach Temperungen bei 350–400 °C nachweisbar. Die Signalamplitude dieser Haftstelle ist, wie in Abbildung 5.1 zu erkennen, im Vergleich zu den anderen beobachteten Haftstellen sehr schwach. Das Energieniveau dieser Haftstelle befindet sich etwa 103 meV unterhalb der Leitungsbandkante. Der zugehörige Wirkungsquerschnitt beträgt etwa $1 \cdot 10^{-15}\,\text{cm}^2$.

Wie bereits in Abschnitt 4.5.3 auf Seite 177 besprochen, beobachten Markevich *et al.* [253, 254, 256] in elektronenbestrahltem, sauerstoffhaltigem Silizium drei wasserstoffkorrelierte Donatorenkomplexe, von denen einer nach Temperungen zwischen 250 °C und 425 °C

[7] OTD steht kurz für engl. *oxygen-related thermal donor.*

auftritt. Diesem Donatorkomplex sprechen die Autoren ein flaches Donatorniveau bei E_l – 43 meV und zugleich ein Akzeptorniveau bei E_l – 110 meV zu. In guter Übereinstimmung mit den experimentellen Beobachtungen von Markevich *et al.* finden Coutinho *et al.* [261] in *ab initio* Simulationen für den C_iO_i–H Komplex ein Donatorniveau bei E_l – 50 meV sowie ein Akzeptorniveau bei E_l – 100 meV. Aufgrund der übereinstimmenden Lage des Energieniveaus sowie dem sehr ähnlichen Ausheilverhalten, wird bei der Zuordung der Haftstelle C1 vorangehend genannten Autoren gefolgt.

Die deutlich geringere Konzentration der in der vorliegenden Arbeit untersuchten Haftstelle C1 im Vergleich zu dem von Markevich *et al.* beobachteten Defekt ist durch die ebenfalls sehr viel niedrigeren Konzentrationen von Sauerstoff und Kohlenstoff in dem hier verwendeten zonengescholzenen Silizium zu erwarten. Durch die Zuordnung der Haftstelle C1 zu dem von Markevich *et al.* und Coutinho *et al.* beschriebenen Akzeptorniveau ist ferner von der Existenz des durch die Autoren ebenfalls beschriebenen flachen Donatorniveaus um E_l – 50 meV auszugehen. Die Lage dieses Energieniveau bei 43–50 meV unter der Leitungsbandkante ist jedoch mit der hier verwendeten DLTS-Methode nicht auflösbar. Ausgehend von der aus der Haftstelle C1 bestimmten Konzentration dieses Defektes ist von einem Beitrag des Donatorniveaus in der Größenordnung von 1 % zur induzierten Konzentration freier Ladungsträger auszugehen. Zu beachten sind die relativen Lagen der beiden Energieniveaus dieses Defektes. Indem das Donatorniveau bei einer höheren Energie liegt als das Akzeptorniveau, kann die durch die DLTS-Methode ermittelte scheinbare Konzentration dieses Defektes, in Abhängigkeit von den Messbedingungen, deutlich unter der tatsächlichen Konzentration liegen.[8] Ein Hinweis auf ein derartiges Verhalten dieses Defektes wird im Rahmen der vorliegenden Arbeit, ohne tiefergehende Untersuchungen, jedoch nicht beobachtet.

[8] Im Anhang A.4 ab Seite 268 ist ein kurzer Exkurs zu derartigen *negative-U* Haftstellen beigefügt.

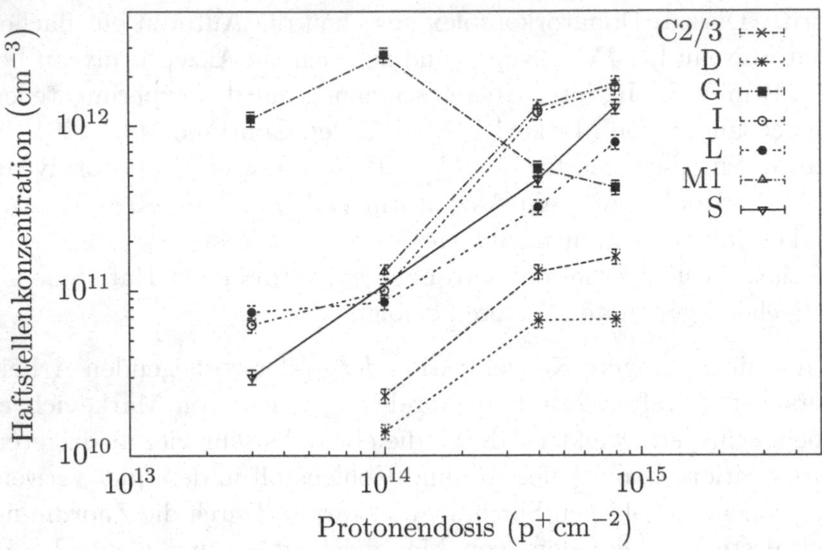

Abbildung 5.4 – Konzentrationen der erzeugten Elektronenhaftstellen nahe der durchstrahlten Oberfläche in zonengeschmolzenem Silizium nach einer Temperung bei 470 °C für 5 h in Abhängigkeit der implantierten Protonendosis bei einer verwendeten Protonenenergie von 2,5 MeV

Haftstelle C2/3 Die als ein Defekt ausgewertete Haftstelle C2/3[9] besitzt ein Energieniveau bei etwa 125–130 meV unterhalb der Leitungsbandkante und einen Wirkungsquerschnitt von etwa $1 \cdot 10^{-14}\,\mathrm{cm}^2$. Abbildung 5.4 zeigt die aus den DLTS-Messungen gewonnenen Konzentrationen einiger Haftstellen in Abhängigkeit der implantierten Protonendosis nach einer Ausheilung bei 470 °C. Die Konzentration der Haftstelle C2/3 nimmt hiernach etwa linear mit der Protonendosis zu. Aus dem Tiefenprofil der induzierten Störstellen in Abbildung 5.5 wird ersichtlich, dass das scheinbare Sättigen der Konzentration der

[9] Im Rahmen der experimentellen Unsicherheit lassen sich die Energieniveaus der vermeintlichen Haftstellen C2 und C3 nicht voneinander trennen. Siehe hierzu Tabelle 5.1 auf Seite 215.

Haftstelle C2/3 bei etwa 1–2 · 10^{11} cm^{-3} in Abbildung 5.4 nicht signifikant ist.

Irmscher [273], Irmscher, Klose und Maass [274] wie auch Komarnitskyy [214] berichten von einer Elektronenhaftstelle in protonenbestrahltem Silizium mit einem Energieniveau bei 130 meV beziehungsweise 127 meV unterhalb der Leitungsbandkante. Genannte Autoren berichten jedoch, bei jeweils deutlich niedrigeren Protonendosen als sie in der vorliegenden Arbeit verwendet wurden, von einem Ausheilen des von ihnen beobachteten Defektes bei Temperaturen unterhalb der niedrigsten hier verwandten Temperatur von 350 °C. Komarnitskyy ordnet die gefundene Haftstelle dem C_iC_s-Defekt zu, während Irmscher die von ihm beobachtete Haftstelle auf einen Defektkomplex mit Wasserstoff zurückführt. Weiterhin beobachten auch Simoen *et*

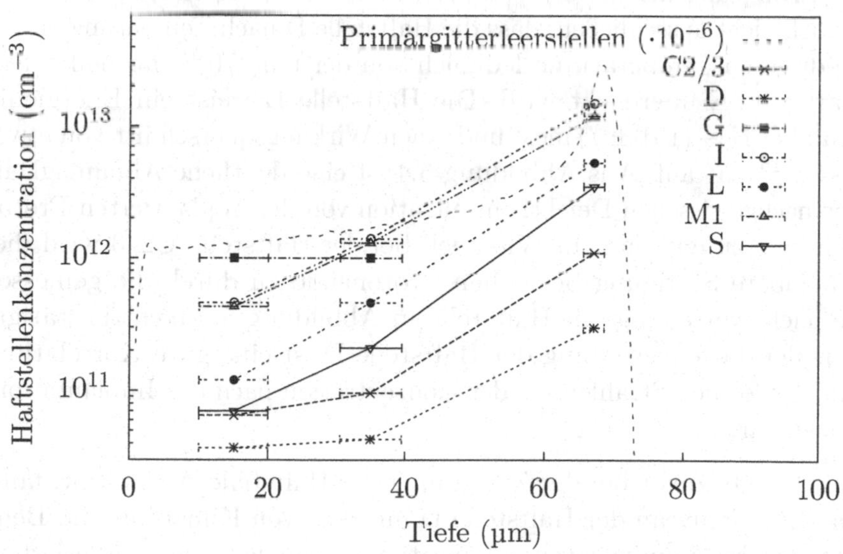

Abbildung 5.5 – Konzentrationen erzeugter Elektronenhaftstellen in verschiedenen Tiefen in zonengeschmolzenem Silizium nach einer Protonenimplantation mit einer Energie von 2,5 MeV und einer Dosis von $4 \cdot 10^{14}$ p^+cm^{-2} und anschließender Temperung bei 470 °C für 5 h

al. [251,272] eine Haftstelle mit einem Energieniveau bei 126–145 meV unterhalb der Leitungsbandkante, sowohl in zonengeschmolzenem als auch in tiegelgezogenem Silizium, jeweils nach einer Wasserstoffplasmabehandlung. Die Autoren berichten, dass sie diesen Defekt auch noch nach einer Temperung bei 450 °C für 30 min beobachten und ordnen ihn einem Kohlenstoff-Wasserstoff-Paar zu. Aufgrund des geringen zu erwartenden Kohlenstoffgehaltes der hier verwandten Proben und des Ausbleibens einer Sättigung der Konzentration der Haftstelle C2/3 auch bei hohen Protonendosen von $8 \cdot 10^{14}\, p^{+} cm^{-2}$ erfolgt die Zuordnung von C2/3 zu einem C–H-Defekt nach Simeon *et al.* nur unter Vorbehalt.

Haftstelle D Die Haftstelle D kann in den hier untersuchten Proben lediglich nach Temperungen bei 470 °C oder 500 °C nachgewiesen werden. Aufgrund der geringen Konzentration dieser Haftstelle lässt sich jedoch nicht ausschließen, dass die Haftstelle D nach Temperungen bei niedrigeren Temperaturen lediglich von der um 470 °C ausheilenden Haftstelle E überdeckt wird. Die Haftstelle D weist ein Energieniveau bei $E_l - (151 \pm 7)$ meV und einen Wirkungsquerschnitt von etwa $5 \cdot 10^{-15}\, cm^2$ auf. Aus Abbildung 5.4 ist eine deutliche Abhängigkeit der nachgewiesenen Defektkonzentration von der implantierten Protonendosis zu entnehmen. Wie auch bei der Haftstelle C2/3 wird die scheinbare Sättigung bei hohen Protonendosen durch die gemessene Tiefenverteilung der Haftstelle in Abbildung 5.5 nicht bestätigt. Aus der Tiefenverteilung der Haftstelle D ist eine gute Korrelation mit der lokalen Strahlenschadenskonzentration nach der Implantation erkennbar.

Wie bereits zuvor bei der Zuordnung der Haftstelle A erwähnt, fällt das Energieniveau der Haftstelle D mit dem von Kimerling und Benton [269] bestimmten zweiten Ionisationsniveau des sauerstoffbasierten thermischen Doppeldonators OTDD bei $E_l - 150$ meV zusammen. Trotz des geringen Sauerstoffgehaltes der in der vorliegenden Arbeit verwandten zonengeschmolzenen Siliziumproben wird die Haftstelle D diesem Donatorniveau zugeordnet. Die nachgewiesene Abhängigkeit der gebildeten Konzentration der Haftstelle D von der implantierten Protonendosis wird auf eine durch die erzeugten Strahlenschäden geförderte Bildungsrate der thermischen Donatorenkomplexe zurückgeführt. Von einem solchen Effekt berichtet beispielsweise auch Komarnitskyy [214], der eine signifikant verstärkte Bildung von thermischen Donatoren in zonengeschmolzenem Silizium nach einer Heliumimplantation und anschließender Temperung bei 475 °C beobachtet.

Haftstelle E Die Haftstelle E tritt nach Temperungen bis maximal 470 °C auf. Das Signal dieser Haftstelle im DLTS-Spektrum in Abbildung 5.1 ist dabei nach einer Temperung bei 470 °C allerdings kaum mehr zu erkennen. Die Haftstelle E besitzt ein Energieniveau bei (173 ± 7) meV unterhalb der Leitungsbandkante und einen Wirkungsquerschnitt von etwa $6 \cdot 10^{-15}\,\mathrm{cm}^2$. Das Energieniveau der Haftstelle E stimmt damit sehr gut mit dem Niveau des prominenten *A-Zentrums* bei 174–180 meV unterhalb der Leitungsbandkante [275–277] überein. Aufgrund der hohen Beweglichkeit der bei der Bestrahlung erzeugten Gitterleerstellen, kann ein hoher Prozentsatz der im Substrat verfügbaren Sauerstoffatome in *A-Zentren* überführt werden. Somit ist eine Bildung des *A-Zentrums* auch in relativ sauerstoffarmem zonengeschmolzenem Silizium nach Protonen- [231, 278, 279] oder Heliumbestrahlung [214, 280] bekannt. Bei der Bildung des *A-Zentrums* fängt ein zunächst elektrisch inaktives interstitielles Sauerstoffatom eine freie Gitterleerstelle ein. Dabei geht das Sauerstoffatom je eine kovalente Bindung mit zwei an der Gitterleerstelle beteiligten Siliziumatomen ein. Die beiden gegenüberliegenden Siliziumatome der Gitterleerstelle sättigen ihre offenen Bindungen untereinander ab [281, 282].

Das *A-Zentrum* entsteht zum einen bereits während der Implantation durch den oben beschriebenen Einfang der freien Gitterleerstellen durch Sauerstoff. Dabei ist die Bildung der *A-Zentren* vor allem bei niedrigen Ionendosen ausgeprägt, bei denen der vorhandene Sauerstoff die bedeutendste Fangstelle für die induzierten Gitterleerstellen darstellt (siehe hierzu auch Abbildung 2.4 auf Seite 59). Zum anderen treten *A-Zentren* als Zerfallsprodukte höherwertiger Defektkomplexe, wie beispielsweise dem Doppelgitterleerstellen-Sauerstoff-Komplex V_2O_2[10], auf [173]. Bei geringeren als den hier eingesetzten Protonendosen, im Bereich um etwa 10^{10} p$^+$cm^{-2}, werden nach Temperungen bei 350–400 °C bereits keine *A-Zentren* mehr nachgewiesen [273, 274, 283–285]. Bei einer Protonendosis von $1 \cdot 10^{13}$ p$^+$cm^{-2}, die bereits näher am hier verwandten Parameterbereich liegt, beobachten David *et al.* [286] hingegen nach einer an die Implantation anschließenden Temperung auch bei 400 °C noch *A-Zentren.*

Aufgrund des aus der Literatur bekannten Auftretens des *A-Zentrums* nach Temperungen bei Temperaturen oberhalb von 350 °C sowie der guten Übereinstimmung der Energieniveaus wird die hier gefundene Haftstelle E dem *A-Zentrum* zugeordnet.

Haftstelle F Wie in Abbildung 5.3 zu erkennen ist, liegt die Haftstelle F in der Arrhenius-Auftragung zwischen den im Nachfolgenden behandelten Haftstellen G und H. Hierdurch ist die Haftstelle F bei niedrigeren Messtemperaturen um 90 K nur schwer von der Haftstelle G zu unterschieden und überlagert sich bei höheren Messtemperaturen um 130 K mit der Haftstelle H. Die Auswertung der experimentellen Werte und auch deren korrekte Zuordnung zu dieser Haftstelle wird durch diesen Umstand erschwert. Ein Fehler bei der Zuordnung ist daher nicht auszuschließen. Für die Haftstelle F ergibt sich ein Energieniveau auf gleicher Höhe mit jenem der Haftstelle E bei $E_l - (173 \pm 7)$ meV. Der ausgewertete Wirkungsquerschnitt der Haftstelle F ist mit $(1{,}4 \pm 0{,}2) \cdot 10^{-16}$ cm^2 hingegen signifikant kleiner als jener der Haftstelle E.

Die Haftstelle F tritt nur nach Temperungen bei 500 °C auf, wobei auch hier aufgrund der sehr geringen Konzentration dieser Haftstelle ihre Existenz bereits bei niedrigeren Temperaturen nicht ausgeschlossen werden kann. Bei dieser Temperatur ist die Haftstelle E bereits

[10]Hier als Haftstelle F und M1 identifiziert.

ausgeheilt. Nach Coutinho *et al.* [172] ist ein möglicher Ausheilpfad des *A-Zentrums* die Bildung von V_2O_2-Komplexen:

$$2\,VO \longrightarrow V_2O_2. \tag{5.3}$$

Dabei stellt die Migrationsbarriere des *A-Zentrums* mit 1,8–2,1 eV [174, 175] die Aktivierungsenergie für diesen Prozess dar und erklärt das Auftreten der Haftstelle erst nach Temperungen bei erhöhten Temperaturen. Pintilie *et al.* [287] ordnen ein Akzeptorniveau bei $E_l - 0{,}2\,\mathrm{eV}$ dem V_2O_2 zu, welches der hier behandelten Haftstelle F entsprechen könnte. Coutinho *et al.* [172] finden in *ab initio* Simulationen für den V_2O_2-Defekt ein Doppelakzeptorniveau bei 0,12–0,22 eV unterhalb der Leitungsbandkante, welches dieser Zuordnung nicht widerspricht. Aufgrund des deutlichen Unterschiedes zwischen dem in der Literatur berichteten Energieniveau und dem der hiesigen Haftstelle F sowie aufgrund der Unsicherheit bei der Zuordnung der Signale zu dieser Haftstelle erfolgt die Zuordnung zum zweiten Akzeptorniveau des V_2O_2-Defektes nur unter ausdrücklichem Vorbehalt.

Haftstelle G Die Haftstelle G tritt im DLTS-Spektrum im Temperaturbereich zwischen 85–120 K nach Temperungen zwischen 370 °C und 500 °C auf. Das Energieniveau dieser Haftstelle liegt $(212 \pm 7)\,\mathrm{meV}$ unterhalb der Leitungsbandkante und zeigt einen Wirkungsquerschnitt von etwa $3 \cdot 10^{-14}\,\mathrm{cm}^2$. Pellegrino *et al.* [174] beobachten die Bildung einer Haftstelle mit einem Energieniveau bei $E_l - 200\,\mathrm{meV}$ zeitgleich mit dem Ausheilen der Doppelgitterleerstelle bei Temperungen um 300 °C. Alfieri *et al.* [171] berichten von einer Elektronenhaftstelle mit einem Energieniveau bei $E_l - 230\,\mathrm{meV}$, deren Auftreten ebenfalls gut mit dem Ausheilen der Doppelgitterleerstellen korreliert. In beiden Fällen ordnen die Autoren die jeweilige Haftstelle dem zweiten Akzeptorniveau des Doppelgitterleerstellen-Sauerstoff-Komplexes V_2O zu. Auch Markevich *et al.* [288] und Monakhov *et al.* [170, 289] weisen die von ihnen gefundene Haftstelle mit einem Energieniveau um 230 meV unterhalb der Leitungsbandkante diesem Defekt zu.

Als einzige der in Abbildung 5.4 gezeigten Haftstellen ist für die Konzentration der Haftstelle G keine sinnvolle Abhängigkeit von der implantierten Protonendosis zu entnehmen. Entsprechend folgt das Tiefenprofil dieser Haftstelle in Abbildung 5.5 nicht der simulierten Tiefenverteilung der durch die Bestrahlung erzeugten Primärdefekte. Die Konzentration der Haftstelle G übersteigt die Konzentrationen aller anderen Haftstellen in einer Tiefe um 15 µm unter der durchstrahlten Oberfläche. Mit zunehmender Konzentration der erzeugten Primärschäden in 35 µm Tiefe nimmt die Konzentration der Haftstelle G im Gegensatz zu den Konzentrationen der anderen Haftstellen nicht zu. In etwa 65 µm Tiefe, nahe dem Maximum der induzierten Strahlenschadenskonzentration, ist die Haftstelle G schließlich nicht mehr nachzuweisen. Bei einer Zuordnung der Haftstelle G zum zweiten Akzeptorniveau des Doppelgitterleerstellen-Sauerstoff-Komplexes wäre zu erwarten, dass dessen Konzentration an die Konzentration des ersten Akzeptorniveaus gekoppelt sei. Als dieses wird im Nachfolgenden die Haftstelle P identifiziert. Eine erkennbare Kopplung der Konzentrationen der beiden Niveaus tritt jedoch nicht auf, weshalb hier der von vorgenannten Autoren vertretenden Zuordnung für die hiesige Haftstelle G ebenfalls nur unter ausdrücklichem Vorbehalt gefolgt wird.

Haftstelle H Die Haftstelle H besitzt ein Energieniveau bei (226 ± 8) meV unterhalb der Leitungsbandkante und einen Wirkungsquerschnitt von etwa $9 \cdot 10^{-15}$ cm^2. Die Haftstelle H tritt in den hier vorgestellten experimentellen Ergebnissen lediglich nach Temperungen bei 350 °C mit einer geringen Konzentration auf. Sowohl die vergleichsweise geringe thermische Stabilität als auch die Lage des Energieniveaus begründen die Zuordnung der Haftstelle H zum zweiten Akzeptorniveau der bekannten Doppelgitterleerstelle [290, 291]. Das zugehörige erste Akzeptorniveau der Doppelgitterleerstelle wird nachfolgend dem Signal der Haftstelle M2 zugeordnet und an dortiger Stelle tiefergehend behandelt.

Haftstelle I Das Signal der Haftstelle I liegt im DLTS-Spektrum zwischen 115 K und 167 K und wird nach Temperungen im gesamten untersuchten Ausheiltemperaturbereich zwischen 350 °C und 500 °C beobachtet. Die Haftstelle I weist ein Energieniveau bei (278 ± 7) meV unterhalb der Leitungsbandkante und einen Wirkungsquerschnitt von $(1 \pm 0{,}1) \cdot 10^{-14}\,\mathrm{cm}^2$ auf. Nach Abbildung 5.4 nimmt die Konzentration der Haftstelle I in etwa linear mit der implantierten Protonendosis zu. Dabei weist die Haftstelle I, neben der Haftstelle M1, ab einer Protonendosis von $4 \cdot 10^{14}\,\mathrm{p^+cm^{-2}}$ die höchste Konzentration aller erzeugter Haftstellen in der durchstrahlten Schicht nahe der Oberfläche auf. Aufgrund der etwa wurzelförmigen Abhängigkeit der erzeugten Ladungsträgerkonzentration von der Protonendosis nach Temperungen bei 470 °C, dargestellt in Abbildung 4.25 auf Seite 140, nimmt das Konzentrationsverhältnis der Haftstelle I zu den erzeugten Wasserstoffdonatorenkomplexen von etwa 0,2 ‰ nach der Implantation einer Protonendosis von $3 \cdot 10^{13}\,\mathrm{p^+cm^{-2}}$ hin zu etwa 1 ‰ nach der Implantation von $4 \cdot 10^{14}\,\mathrm{p^+cm^{-2}}$ zu.

Deenapanray [292] sowie Kim *et al.* [293] berichten ebenfalls von einer Haftstelle mit einem Energieniveau bei 280 meV unterhalb der Leitungsbandkante in protonenbestrahltem Silizium. Die Autoren ordnen in beiden Fällen die von ihnen beobachtete Haftstelle dem wasserstoffdekorierten *A-Zentrum* zu. Die hohe thermische Stabilität der hier untersuchten Haftstelle I lässt diese Zuordnung jedoch nicht zu. Ensprechend bleibt die Haftstelle I hier ohne Zuordnung. David *et al.* [286] beobachten nach der Implantation einer Protonendosis von $1 \cdot 10^{13}\,\mathrm{p^+cm^{-2}}$ und einer Ausheilung bei 400 °C für 5 min ebenfalls eine Elektronenhaftstelle mit einem Energieniveau bei $E_l - 290$ meV und einem Wirkungsquerschnitt von $2 \cdot 10^{-15}\,\mathrm{cm}^2$. Das Energieniveau dieser Haftstelle liegt zwischen den hier untersuchten Haftstellen I und K, so dass eine gesicherte Zuordnung der von David *et al.* beobachteten Haftstelle zu einer der Haftstelle I und K nicht erfolgen kann. Den Autoren gelingt allerdings ebenso keine Identifizierung dieser Haftstelle mit einem bekannten Kristalldefekt.

Haftstelle K Das Energieniveau der Haftstelle K liegt bei (300 ± 8) meV unterhalb der Leitungsbandkante und ihr Wirkungsquerschnitt beträgt etwa $2 \cdot 10^{-15}$cm^2. Die Haftstelle K tritt im DLTS-Spektrum nach Temperungen im gesamten untersuchten Temperaturbereich zwischen 350 °C und 500 °C auf. Nach Temperungen bei 350 °C dominiert das Signal der Haftstelle K das in Abbildung 5.1 gezeigte DLTS-Spektrum. Nach Temperungen bei 400 °C und 470 °C nimmt der Anteil des Signals der Haftstelle K am DLTS-Spektrum deutlich ab und wird durch das Signal der Haftstelle L teilweise überdeckt. Die Abhängigkeit dieser Haftstelle von der Protonendosis sowie ihre Verteilung im Tiefenprofil kann daher in den Abbildungen 5.4 und 5.5 auf Seiten 196f. nicht dargestellt werden. Nach dem Ausheilen der Haftstelle L bei Temperungen oberhalb von 470 °C ist die Haftstelle K im DLTS-Spektrum wieder deutlich zu erkennen. Hiernach scheint das Ausheilen der Haftstelle K in zwei Stufen, um 350 °C und bei über 500 °C, zu erfolgen. Dabei fällt die erste Stufe um 350 °C mit dem Verschwinden der Doppelgitterleerstellen zusammen.

Hüppi [283] beobachtet ebenfalls eine Haftstelle mit einem Energieniveau bei $E_l - (306 \pm 16)$ meV und einem Wirkungsquerschnitt von etwa $2 \cdot 10^{-16}$ cm^2, deren Konzentration nach der Implantation einer Protonendosis von $5 \cdot 10^{10}$ p$^+$cm^{-2} mit der Ausheiltemperatur bis etwa 300 °C zunimmt. Bei höheren Temperaturen berichtet Hüppi von einem deutlichen Rückgang der Konzentration dieser Haftstelle. Dieser Rückgang fällt auch bei Hüppi gut mit dem Ausheilen der Doppelgitterleerstellen zusammen.[11] Palmetshofer und Reisinger [231] beobachten nach Protonenimplantationen ohne weitere Ausheilungen eine Haftstelle bei 0,30 eV unterhalb der Leitungsbandkante, welche sie unter Vorbehalt einem Einfachgitterleerstellen-Wasserstoff-Komplex zuordnen. Barbot *et al.* [126], Schmidt *et al.* [294] sowie Lévêque *et*

[11] Bei der Zuordnung dieses Niveaus verweist Hüppi auf Irmscher [273] sowie auf Irmscher, Klose und Maass [274], die ebenfalls eine wasserstoffkorrelierte Haftstelle bei $E_l - 320$ meV beobachten [274] und diese zusammen mit einer zweiten Haftstelle 280 meV oberhalb der Valenzbandkante einem Kohlenstoff-Wasserstoff-Komplex zuordnen [273].

al. [295] berichten für eine von ihnen beobachtete Haftstelle mit einem Energieniveau bei 0,30 eV beziehungsweise 0,31 eV unterhalb der Leitungsbandkante von einer deutlichen Fokussierung um das simulierte Schadensmaximum der Protonenimplantation. Lévêque *et al.* schließen hieraus auf einen Defekt höherer Ordnung unter Beteiligung einer extrinsischen Spezies. Da die Autoren die Haftstelle in sauerstoffarmem, epitaktisch gewachsenem Silizium beobachten, schließen Lévêque *et al.* die Beteiligung von Sauerstoff als extrinsische Spezies an diesem Defektkomplex aus. Die Autoren berichten ferner, in Übereinstimmung mit Hüppi [283], von einer deutlichen Abnahme der Konzentration dieser Haftstelle bei Temperungen oberhalb von 300 °C. In der vorliegenden Arbeit wird eine deutliche Abnahme der Konzentration der Haftstelle K zwischen 350–400 °C beobachtet, wobei hier keine Messungen bei Ausheiltemperaturen unter 350 °C durchgeführt wurden. Dies steht also nicht im Widerspruch zu den Beobachtungen vorgenannter Autoren. Nach den vorliegenden Ergebnissen bleibt die Restkonzentration der Haftstelle H nach dem Ausheilen der Doppelgitterleerstellen konstant erhalten. Aufgrund dieser vergleichsweise hohen thermischen Stabilität, ist eine Identifikation der Haftstelle K mit einem auf einer Einfachgitterleerstelle basierenden Komplex nicht sinnvoll. Eine Zuordung dieser Haftstelle zu einer mit zwei Wasserstoffatomen dekorierten Doppelgitterleerstelle V_2H_2 entspricht der Interpratation von Lévêque *et al.*, wobei die geforderte extrinsische Spezies Wasserstoff sei. Das hier, wie in anderen Studien, beobachtete Zusammenfallen des Ausheilens dieser Haftstelle mit der Doppelgitterleerstelle wird dabei auf eine Reaktion dieser Defekte untereinander beim Überschreiten der Migrationsbarriere der Doppelgitterleerstellen zurückgeführt. Hierbei können die Defekte zu höherwertigen und gegebenenfalls elektrisch inaktiven Gitterleerstellenkomplexen reagieren:

$$V_2H_2 + V_2 \longrightarrow (\ldots) \longrightarrow V_nH_m. \tag{5.4}$$

Coutinho *et al.* [296] finden in *ab initio* Simulationen für das Akzeptorniveau einer mit zwei Wasserstoffatomen dekorierten Doppelgitterleerstelle V_2H_2 ein Energieniveau bei $E_l - 320\,\text{meV}$, welches in vertretbarer Übereinstimmung mit vorangehender Identifikation ist. Bei den ab Seite 218 besprochenen Untersuchungen mit variabler Füllimpulsdauer zeigt die Haftstelle K eine veränderliche Konzentration. Dies wird dort unter Vorbehalt auf einen bistabilen Defekt X zurückgeführt, welcher neben dem vorangehend vorgeschlagenen V_2H_2 einen zusätzlichen Beitrag zum Signal der Haftstelle K liefert.

Haftstelle L Das Energieniveau der hier beobachteten Haftstelle L liegt (333 ± 8) meV unterhalb der Leitungsbandkante. Der ermittelte Wirkungsquerschnitt dieser Haftstelle beträgt etwa $6 \cdot 10^{-15}$ cm^2. Die Haftstelle L kann in den vorliegenden Proben nach Temperungen bei bis zu 470 °C beobachtet werden. Nach einer Temperung bei 350 °C wird das Signal der Haftstelle L im DLTS-Spektrum in Abbildung 5.1 auf Seite 187 zunächst vom Signal der Haftstelle K überdeckt. Bei der Verwendung verringerter Füllimpulslängen während der DLTS-Messung, dargestellt in Abbildung 5.7 auf Seite 219, ist die Haftstelle L jedoch auch nach einer Temperung bei 350 °C in der rechten Flanke des Signals der Haftstelle K erkennbar. Die Abbildungen 5.4 und 5.5 zeigen eine gute Korrelation der erzeugten Konzentration der Haftstelle L mit der implantierten Protonendosis beziehungsweise mit der Tiefenverteilung der induzierten Primärdefekte.

Auch Irmscher, Klose und Maass [274] berichten von einer Elektronenhaftstelle bei 320 meV unterhalb der Leitungsbandkante mit einem Wirkungsquerschnitt von $2 \cdot 10^{-15}$ cm^2 in protonenbestrahltem Silizium. Die Autoren berichten, dass diese Haftstelle in mit Helium bestrahlten Proben nicht nachgewiesen wird. In mit Helium und Wasserstoff koimplantierten Proben tritt diese Haftstelle allerdings auf, jedoch lässt sich ihre Konzentration durch die zusätzliche Heliumimplantation nicht über ihren Wert in nur wasserstoffbestrahlten Proben erhöhen. Die Autoren schließen hieraus auf Wasserstoff als einen wesentlichen Bestandteil dieses Defektes. Als weiteren Bestandteil schlagen Irmscher, Klose und Maass Kohlenstoff vor. Svensson, Hallén und Sundqvist [297] vermuten hingegen ein einfach-wasserstoffdekoriertes *A-Zentrum* als verursachenden Defekt für das Energieniveau bei $E_l - 320$ meV.

Jüngere Studien von Tokuda, Shimada und Ito [298] und weiteren [299, 300] bestätigen die Zuordnung von Svensson, Hallén und Sundqvist, der auch hier für diese Haftstelle K gefolgt werden soll. Die Autoren berichten nach vorsichtigen Ausheilstudien übereinstimmend von der Bildung einer Haftstelle mit einem Energieniveau bei 0,31–0,32 eV unterhalb der Leitungsbandkante bei gleichzeitigem Ausheilen des *A-Zentrums*. Dabei beobachten die Autoren eine ausgeprägte Abhängigkeit dieser Umwandlung von der Tiefenverteilung des vorhandenen Wasserstoffs in den untersuchten Proben. Bei der Reaktion des *A-Zentrums* mit einem Wasserstoffatom wird die Bindung zwischen zwei an dem *A-Zentrum* beteiligten Siliziumatomen aufgebrochen und teilweise durch das Wasserstoffatom abgesättigt, während die beiden kovalenten Bindungen des Sauerstoffatoms mit den anderen am *A-Zentrum* beteiligten Siliziumatomen bestehen bleiben [301]. Neben der hier behandelten Haftstelle L wird dem einfach-wasserstoffdekorierten *A-Zentrum* noch ein Donatorniveau in der unteren Bandhälfte bei $E_v + 0{,}28\,\mathrm{eV}$ zugesprochen [273, 207, 302].

Haftstelle M1 Die Haftstelle M1 tritt im DLTS-Spektrum zwischen 167 K und 233 K nach Temperungen ab 400 °C auf. Auch nach Temperungen bei 500 °C für 5 h ist diese Haftstelle noch deutlich vorhanden. Die Haftstelle M1 besitzt ein Energieniveau bei $E_l - (418 \pm 7)\,\mathrm{meV}$ und einen Wirkungsquerschnitt von $(1{,}4 \pm 0{,}2) \cdot 10^{-14}\,\mathrm{cm}^2$. Die Konzentration dieser Haftstelle zeigt eine etwa lineare Abhängigkeit von der implantierten Protonendosis nahe der durchstrahlten Oberfläche in Abbildung 5.4 auf Seite 196. Entsprechend folgt das Konzentrationsprofil der Haftstelle M1 sehr gut der simulierten Tiefenverteilung der induzierten Primärdefekte in Abbildung 5.5 auf Seite 197. Dabei weist die Haftstelle M1 im Rahmen des experimentellen Fehlers stets dieselbe Konzentration wie die Haftstelle I auf. Trotz dieser sehr starken Korrelation der beiden Haftstellen I und M1 finden sich in der Literatur keine Hinweise auf eine Kopplung der beiden Energieniveaus um 278 meV beziehungsweise 418 meV unterhalb der Leitungsbandkante.

Wondrak [9] beobachtet ebenfalls eine Elektronenhaftstelle mit einem Energieniveau bei 420 meV unterhalb der Leitungsbandkante. Wondrak findet für diese Haftstelle einen Wirkungsquerschnitt von $4 \cdot 10^{-15}\,\mathrm{cm}^2$. Dabei kann der Autor betreffende Haftstelle nach Temperungen zwischen Raumtemperatur und etwa 500 °C nachweisen. Wondrak ordnet die von ihm gefundene Haftstelle je nach Temperungsbereich verschiedenen Kristalldefekten zu. Bis etwa 150 °C geht Wondrak von einem starken Beitrag des *E-Zentrums* zu dem Signal dieser Haftstelle aus. Bis etwa 350 °C erwartet der Autor ferner eine deutliche Beteiligung des ersten Akzeptorniveaus der Doppelgitterleerstelle an dem gemessenen Signal. Nach Temperungen oberhalb von 350 °C bis etwa 500 °C hält Wondrak höherwertige Gitterleerstellenkomplexe als Ursache der beobachteten Haftstelle für möglich.[12] Siemieniec *et al.* [303] beobachten in protonenimplantiertem Silizium nach Ausheilungen oberhalb von 350 °C eine Haftstelle mit einem Energieniveau bei $E_l - 430\,\mathrm{meV}$, die sie aufgrund der geringeren zu erwartenden thermischen Stabilität der Doppelgitterleerstelle ebenfalls höherwertigen Gitterleerstellenkomplexen[12] oder einem V_2O-Defekt zuschreiben. Coutinho *et al.* [172] finden in *ab initio* Simulationen ein Energieniveau bei 420 meV unterhalb der Leitungsbandkante für den ersten Akzeptorübergang des Gitterleerstellen-Sauerstoff-Komplexes V_2O_2. Aufgrund der höheren thermischen Stabilität des V_2O_2-Defektes ist dessen Existenz deutlich über das Ausheilen der Doppelgitterleerstellen hinaus zu erwarten.

Das zweite Akzeptorniveau des V_2O_2-Defektes wird in dieser Arbeit unter Vorbehalt der Haftstelle F zugewiesen. Unter der Annahme, dass diese Zuordnung zuträfe, wäre aufgrund des deutlichen Konzentrationsunterschiedes zwischen den Haftstellen F und M1 eine alleinige

[12] Wondrak [9] und Siemieniec *et al.* [303] verweisen in diesem Zusammenhang auf eine ältere Arbeit von Guldberg [304]. Guldberg berichtet von einer Haftstelle mit einem Energieniveau bei $E_l - 400\,\mathrm{meV}$ in neutronenbestrahltem Silizium, welche in ihrem Ausheilverhalten ebenfalls nicht mit dem Ausheilen anderer Haftstellen korreliert. Das von Guldberg beobachtete Energieniveau fällt allerdings mit den heute vermuteten Lagen der zweiten Akzeptorniveaus der Defekte V_2, VO_2 oder V_2O_2 zusammen.

Zuweisung der Haftstelle M1 zum ersten Akzeptorniveau des V_2O_2-Defektes nicht angezeigt. Ab Seite 218 wird ein vermeintlich bistabiler Doppelakzeptordefekt behandelt. Das Signal eines der Energieniveaus des als X bezeichneten Defektes fällt dabei mit der hier besprochenen Haftstelle M1 zusammen. Eine nähere Identifizierung dieses zusätzlich beitragenden Defektes kann im Rahmen der vorliegenden Ergebnisse nicht erfolgen.

Haftstelle M2 Nach Temperungen bei 350 °C tritt im DLTS-Spektrum in Abbildung 5.1 auf Seite 187 an fast gleicher Lage der oben behandelten Haftstelle M1 das Signal der Haftstelle M2 auf. Dabei unterschiedet sich die Lage des Maximums der beiden Signale nur um wenige Kelvin. Die in Abbildung A.15 im Anhang auf Seite 264 gezeigte Annäherung an die jeweiligen experimentellen Werte nach Temperungen bei 350 °C und nach Temperungen bei 400–500 °C liefert zwei, im Rahmen der Unsicherheit signifikant unterschiedliche Energieniveaus, wobei das Energieniveau der hier behandelten Haftstelle M2 bei $E_l - (437 \pm 9)\,\mathrm{meV}$ liegt. Der Wirkungsquerschnitt der Haftstelle M2 beträgt $(2{,}3 \pm 0{,}5) \cdot 10^{-14}\,\mathrm{cm}^2$.

Das Signal der Haftstelle M2 wird zum Teil dem ersten Akzeptorniveau der Doppelgitterleerstelle zugeordnet. Aufgrund der vergleichsweise geringen thermischen Stabilität der Doppelgitterleerstelle ist ihre Beteiligung an der vorangehend behandelten Haftstelle M1 nach Temperungen ab 400 °C auszuschließen. Die Lage des Energieniveaus der Haftstelle M2 bei $E_l - 437\,\mathrm{meV}$ weist allerdings keine gute Übereinstimmung mit der typischerweise berichteten Lage des ersten Akzeptorniveaus der Doppelgitterleerstelle im Bereich um 410–430 meV unterhalb der Leitungsbandkante auf [9, 273, 274, 278, 283, 290, 291]. In Abbildung 5.1 ist ein sehr deutlicher Unterschied zwischen den Signalamplituden der Haftstelle M2 und der zuvor dem zweiten Akzeptorniveau der Doppelgitterleerstelle zugeordneten Haftstelle H zu erkennen. Die Haftstelle M2 weist hiernach etwa die vierfache Konzentration der Haftstelle H auf. Ein derartiges Verhalten der mittels DLTS bestimmten Konzentrationen der beiden Akzeptorniveaus der

Doppelgitterleerstelle in ionenbestrahlten Proben ist aus nachfolgend genannter Literatur bekannt. Das gemessene Konzentrationsverhältnis der Haftstellen M2 und H verschiebt sich demnach mit zunehmender Ionendosis zu M2 [294, 305]. Ferner verändert sich das Verhältnis der beiden Haftstellen entlang des Implantationsprofils [278]. Barbot *et al.* [126] berichten nach der Implantation einer Protonendosis von $1 \cdot 10^{13}\,\mathrm{p^{+}cm^{-2}}$ ohne anschließende Temperung von einem Verhältnis des ersten zum zweiten Akzeptorniveaus der Doppelgitterleerstelle in der durchstrahlten Schicht von etwa zwei zu eins. Am Ort des Schadensmaximums hingegen beträgt das Verhältnis etwa 20 zu eins. Svensson *et al.* [305] sowie Peaker *et al.* [306] vermuten eine Unterdrückung des zweiten Akzeptorniveaus durch eine Verspannung des Siliziumkristalls, welche durch eine zunehmende Schädigung des Kristallgitters hervorgerufen werde. In Übereinstimmung mit dieser Erklärung berichten wiederum Svensson *et al.* [307] von einer Abnahme dieses Effektes bei Implantationstemperaturen oberhalb der Raumtemperatur.

Eine weitere Ursache für die im Vergleich zur Haftstelle H erhöhten Konzentration von M2 stellt der zusätzliche Beitrag eines weiteren Defektes zum Signal der Haftstelle M2 dar. Der einfach wasserstoffdekorierten Doppelgitterleerstelle V_2H wird in verschiedenen Studien ein Akzeptorniveau bei 415 meV [308], 430 meV [309] beziehungsweise bei 450 meV [297] unterhalb der Leitungsbandkante zugeordnet. Übereinstimmend finden Coutinho *et al.* [296] in *ab initio* Simulationen das Akzeptorniveau dieses Defektes bei $E_l - 440\,\mathrm{meV}$.[13] Durch die Überlagerung der Signale des ersten Akzeptorniveaus der Doppelgitterleerstelle V_2 mit jenem der einfach wasserstoffdekorierten Doppelgitterleerstelle V_2H ist ferner die geringe Übereinstimmung

[13] Bleka *et al.* [310] widersprechen der Zuweisung des Energieniveaus um $E_l - 430\,\mathrm{meV}$ zur wasserstoffdekorierten Doppelgitterleerstelle V_2H nach DLTS-Messungen an elektronenbestrahlten Proben, in die Wasserstoff nasschemisch eingebracht wurde. Dabei konnten die Autoren das mutmaßliche Akzeptorniveau des V_2H-Defektes nicht nachweisen. Aus der resultierenden Tiefenverteilung der verbleibenden Doppelgitterleerstellen und neu erzeugter Haftstellen ordnen die Autoren dem V_2H statt dessen ein Donatorniveau bei $E_v + 230\,\mathrm{meV}$ zu.

des ausgewerteten Energieniveaus der Haftstelle M2 mit jenem der Doppelgitterleerstelle begründet.

Haftstelle P Die Haftstelle P wird nach Temperungen im Temperaturbereich zwischen 370 °C und 500 °C beobachtet. Das Energieniveau der Haftstelle P liegt bei (469 ± 11) meV unterhalb der Leitungsbandkante und deren Wirkungsquerschnitt beträgt etwa $5 \cdot 10^{-15}\,\mathrm{cm}^2$. Das Signal der Haftstelle P liegt, wie in Abbildung 5.1 auf Seite 187 zu sehen, in der rechten Flanke des Signals der Haftstellen M1 und M2. Aufgrund dieser Lage des Signals der Haftstelle P ist eine verlässliche Aussage über die Abhängigkeit der Konzentration dieser Haftstelle von der Protonendosis und der Ausheiltemperatur ohne weiterführende Messungen nicht möglich.

Alfieri *et al.* [171] sowie Markevich *et al.* [288] beobachten in elektronenbestrahltem und anschließend ausgeheiltem Silizium neben der Haftstelle G eine weitere Haftstelle mit einem Energieniveau bei 460 meV beziehungsweise 467 meV unterhalb der Leitungsbandkante. Die Autoren ordnen diese Haftstelle dem ersten Akzeptorniveau des Doppelgitterleerstellen-Sauerstoff-Komplexes V_2O zu, dessen zweites Akzeptorniveau als Haftstelle G identifiziert wird. Monakhov *et al.* [170, 289], Kozłowski *et al.* [207] und Komarnitskyy [214] sowie Komarnitskyy und Hazdra [285] berichten von einem Energieniveau bei 454–470 meV unterhalb der Leitungsbandkante in protonenbestrahltem Silizium, welches sie ebenfalls diesem Akzeptorniveau zuweisen. Obgleich in den genannten Studien von einem Ausheilen dieser Haftstelle bereits nach Temperungen bei 400 °C berichtet wird, wird die hier beobachtete Haftstelle P zusammen mit der Haftstelle G ebenfalls dem V_2O-Defekt zugeordnet.

Haftstelle S Nach Temperungen im gesamten untersuchten Temperaturbereich zwischen 350 °C und 500 °C tritt in den DLTS-Spektren zwischen 233 K und 313 K das Signal der Haftstelle S auf. Diese Haftstelle weist ein Energieniveau bei (568 ± 10) meV unterhalb der Leitungsbandkante und einen Wirkungsquerschnitt von etwa $2 \cdot 10^{-15}\,\text{cm}^2$ auf. Aus den Abbildungen 5.4 und 5.5 auf Seiten 196f. ist eine lineare Abhängigkeit der Konzentration dieser Haftstelle mit der implantierten Protonendosis beziehungsweise der lokalen Primärdefektkonzentration im Tiefenprofil zu entnehmen.

In einigen Studien wird von einem [311–313] oder zwei [314] Energieniveaus mit einer vergleichbaren Lage der hier untersuchten Haftstelle S berichtet, welche von den jeweiligen Autoren auf einen Stickstoffdefekt zurückgeführt werden. Brower [311] sowie Murphy *et al.* [313] führen die von ihnen beobachtete Haftstelle bei 580 meV beziehungsweise 490–500 meV unterhalb der Leitungsbandkante auf ein einzelnes Stickstoffatom auf einem substitutionellem Gitterplatz zurück, wobei Murphy *et al.* zusätzlich eine benachbarte Gitterleerstelle erwarten. Goss *et al.* [315] finden in *ab initio* Simulationen für ein einfaches substitutionelles Stickstoffatom N_s ein Akzeptorniveau bei $(0{,}4 \pm 0{,}2)\,\text{eV}$ unterhalb der Leitungsbandkante. Für einen Komplex mit einer zusätzlichen Gitterleerstelle N_sV finden die Autoren jeweils ein Energieniveau bei $E_l - 0{,}7\,\text{eV}$ für das erste Akzeptorniveau und bei $E_l - 0{,}5\,\text{eV}$ für das zweite Akzeptorniveau.[14]

Die Konzentration von Defekten, in denen ein Stickstoffmonomer vorkommt, wird in den untersuchten Proben als vernachlässigbar erachtet. Stickstoff liegt im hier verwendeten zonengeschmolzenen Siliziumsubstrat herstellungsbedingt[15] zunächst als elektrisch inaktives, interstitielles N_iN_i-Paar vor [317–319]. Die Bindungsenergie zwischen den beiden Stickstoffatomen ist dabei verhältnismäßig hoch, so dass die Gleichgewichtskonzentration von einzelnen Stickstoffatomen bei den hier verwandten Ausheiltemperaturen vernachlässigt werden kann [316]. Dies gilt ebenso nach dem Einfang einer oder mehrerer

[14] Goss *et al.* bewerten den geringen Abstand der beiden Akzeptorniveaus in der Bandlücke selber als unwahrscheinlich und schließen daher einen Fehler ihrer Rechenmethode nicht aus. Vergleiche hierzu Seite 6 in Referenz [315].

[15] Zur Motivation der Verwendung von Stickstoff bei der Herstellung zonengeschmolzenen Siliziums siehe beispielsweise Referenz [316] und darin enthaltene Referenzen.

Gitterleerstellen durch das Stickstoffpaar. Die Wahrscheinlichkeit der Beteiligung eines der vorliegenden Stickstoffpaare an einer elastischen Kern-Kern-Wechselwirkung mit einem Proton oder dem Rückstoßkern einer Stoßkaskade, welche zu einer Aufspaltung des Paares führen würde, ist vernachlässigbar gering. Ebenfalls gegen die Beteiligung von Stickstoff an der Haftstelle S spricht das in Abbildung 5.6 auf Seite 217 gezeigte DLTS-Spektrum in tiegelgezogenem Silizium. Aufgrund des geringeren erwarteten Stickstoffgehaltes des tiegelgezogenen Substrates[16] wäre hierin für eine stickstoffkorrelierte Haftstelle eine geringere Konzentration im Vergleich zu zonengeschmolzenem Silizium zu erwarten. Dies wird jedoch nicht beobachtet.

In weiteren Studien wird eine Haftstelle mit einem Energieniveau um 0,5–0,6 eV unterhalb der Leitungsbandkante beobachtet und auf einen Gitterleerstellenkomplex V_n zurückgeführt. Dabei finden sich Berichte von einem Energieniveau in diesem Bereich der Bandlücke nach der Implantation von Protonen in zonengeschmolzenem [278,293], epitaktisch gewachsenem [286] sowie tiegelgezogenem Silizium [294]. Ferner tritt eine vergleichbare Haftstelle auch nach der Bestrahlung mit Gammastrahlen [320] oder Heliumionen [321] sowie nach Siliziumeigenimplantationen [174] auf. Pellegrino *et al.* [174] beobachten dabei die Bildung einer unidentifizierten Haftstelle mit einem Energieniveau bei $E_l - 0{,}59\,\mathrm{eV}$ erst ab etwa 300 °C, welches sehr gut mit dem Ausheilen der Doppelgitterleerstellen zusammenfällt.

Die hier behandelte Haftstelle S wird in der vorliegenden Arbeit ebenfalls einem Gitterleerstellen-Komplex zugeschrieben. Neben der beobachteten linearen Abhängigkeit der Konzentration dieser Haftstelle von den erzeugten Strahlenschäden ist diese Zuordnung ferner

[16]Im Rahmen der vorliegenden Arbeit wurden Anstrengungen unternommen, durch zwei in Auftrag gegebene Sekundärionenmassenspektroskopien die Stickstoffkonzentrationen in den unterschiedlichen hier verwandten Substraten zu bestimmen. Die Absolutwerte der Ergebnisse aus den veranlassten Messungen wichen jeweils signifikant voneinander ab. Beide Untersuchungen zeigen jedoch eine etwa um einen Faktor 3–5 geringere Stickstoffkonzentration in den tiegelgezogenen Proben im Vergleich zu den zonengeschmolzenen.

in Einklang mit der beobachteten Unabhängigkeit von der Stickstoff- oder Sauerstoffkonzentration des bestrahlten Siliziumsubstrates.

In Tabelle 5.1 sind die vorangehend diskutierten Elektronenhaftstellen A–S zusammengetragen. Neben der experimentell bestimmten Lage des jeweiligen Energieniveaus sowie dem Wirkungsquerschnitt nennt die Tabelle auch die vorgeschlagene Zuordnung der Haftstellen zu bestimmten Kristalldefekten.

5.3 Diskussion

In der Literatur finden sich viele Arbeiten, welche sich mit bestrahlungsinduzierten Haftstellen beschäftigen. Dabei beschränken sich die meisten Arbeiten auf den für eine gezielte Lebensdauereinstellung relevanten Parameterbereich mit Dosen von bis zu etwa $10^{11}\,p^{+}cm^{-2}$, gefolgt von Ausheilungen bis etwa 200 °C. Bei den in diesem Kapitel 5 diskutierten experimentellen Ergebnissen werden einige Defekte beobachtet, die nach der vorherrschenden Meinung in der Literatur bereits bei geringeren Temperaturen als den hier verwandten Ausheiltemperaturen vernichtet werden. Häufig werden hierbei aus den DLTS-Messungen abgeleitete feste Ausheiltemperaturen für einzelne Defekte angegeben. Die Angabe derartiger Werte ist in einfachen Fällen zweckmäßig, berücksichtigt jedoch nicht die tatsächlichen Prozesse, die zum Ausheilen eines Defektes führen.

Die nach einer Implantation vorhandenen Defekte können sich je nach implantierter Dosis unterscheiden. So werden bei der Implantation einer geringen Dosis in sauerstoffhaltiges Silizium zunächst *A-Zentren* und Doppelgitterleerstellen gebildet. Nach der Implantation einer größeren Dosis werden die *A-Zentren* zunehmend in V_2O-Komplexe umgewandelt (siehe hierzu auch Abbildung 2.4 auf Seite 59). Der V_2O-Komplex weist dabei eine deutlich höhere thermische Stabilität als das *A-Zentrum* auf. Während in mit geringen Dosen implantierten Proben die *A-Zentren* bereits bei niedrigen Temperaturen ausheilen, können

Tabelle 5.1 – Lage der Energieniveaus und die Wirkungsquerschnitte der behandelten Haftstellen sowie deren Zuordnung zu Kristalldefekten in protonenbestrahltem Silizium nach Temperungen zwischen 350 °C und 500 °C

Haft-stelle	Messbereich (K)	$E_l - E_R$ (meV)	σ^R_{Arr} $(10^{-15}\,cm^2)$	Zuordnung
A	33–43	60 ± 8	4 ± 3	{ unbekannt OTDD$^{0/+}$
B1	42–59	104 ± 10	263 ± 284	OTD$^{0/+}$
B2	44–63	103 ± 6	32 ± 6	unbekannt
C1	56–74	103 ± 9	$1{,}0 \pm 0{,}7$	C_iO_i–$H^{-/0}$
C2	59–83	125 ± 7	10 ± 4	(C–H)
C3	59–83	130 ± 7	11 ± 3	siehe C2
D	67–97	151 ± 7	5 ± 2	OTDD$^{+/2+}$
E	77–111	173 ± 7	6 ± 2	$VO^{-/0}$
F	87–133	173 ± 7	$0{,}14 \pm 0{,}02$	$(V_2O_2^{2-/-})$
G	85–120	212 ± 7	31 ± 6	$(V_2O^{2-/-})$
H	95–137	226 ± 8	9 ± 3	$V_2^{2-/-}$
I	115–167	278 ± 7	10 ± 1	unbekannt
K	120–180	300 ± 8	$2{,}1 \pm 0{,}4$	{ $V_2H_2^{-/0}$ $X^{-/0}$
L	137–192	333 ± 8	6 ± 2	$VOH^{-/0}$
M1	167–233	418 ± 7	14 ± 2	{ $V_2O_2^{-/0}$ $(X^{2-/-})$
M2	164–238	437 ± 9	23 ± 5	$V_2H^{-/0}+V_2^{-/0}$
P	192–270	469 ± 11	5 ± 2	$V_2O^{-/0}$
S	233–313	568 ± 10	$2{,}1 \pm 0{,}4$	V-Komplex

sie in Proben mit höheren implantierten Dosen auch bei größeren thermischen Budgets noch als Zerfallsprodukt beispielsweise eben jener V_2O-Komplexe auftreten. Entsprechend treten in der vorliegenden Arbeit einige Defektkomplexe, wie eben das *A-Zentrum*, auch noch nach Temperungen bei Temperaturen auf, bei denen diese Defekte in mit geringeren Protonendosen implantierten Proben nach der Literatur nicht mehr berichtet werden.

Allerdings werden in der vorliegenden Arbeit die tatsächlichen Ausheiltemperaturen der beobachteten tiefen Elektronenhaftstellen nicht näher betrachtet. Speziell deren Abhängigkeit von der implantierten Protonendosis bleibt unbeachtet und bedarf gegebenenfalls weiterer Untersuchung.

Störstellen in tiegelgezogenem Silizium Die DLTS-Messmethode liefert lediglich Auskunft über erlaubte Zustände im verbotenen Band. Informationen über die Art der zugrunde liegenden Kristalldefekte können aus diesen Messungen nicht direkt gewonnen werden. Die gefundenen Elektronenhaftstellen können im Rahmen dieser Arbeit daher nur mit Hilfe von Vergleichen mit Zuordnungen ähnlicher Haftstellen zu Kristalldefekten in anderen Arbeiten identifiziert werden. Bei einigen der vorangehend vorgestellten Haftstellen ist eine belastbare Identifikation so nicht möglich. So ist beispielsweise die Zuordnung der Haftstelle F zum zweiten Akzeptorübergang des V_2O_2-Komplexes eher willkürlich.

Abbildung 5.6 zeigt zwei DLTS-Spektren, aufgenommen in tiegelgezogenem beziehungsweise zonengeschmolzenem Silizium nach Protonenimplantation und Temperung bei 500 °C. Die beiden Spektren sind dabei auf die Amplitude der Haftstelle S bei 292 K normiert. Die verwandten Substrate unterscheiden sich primär in den Konzentrationen extrinsischer Kristalldefekte. Während im tiegelgezogenen Silizium eine durch das Ziehen des Kristalls aus einer Schmelze in Quarztiegeln erhöhte Sauerstoffkonzentration vorliegt, wurde dem zonengeschmolzenen Silizium während der Herstellung gezielt Stickstoff

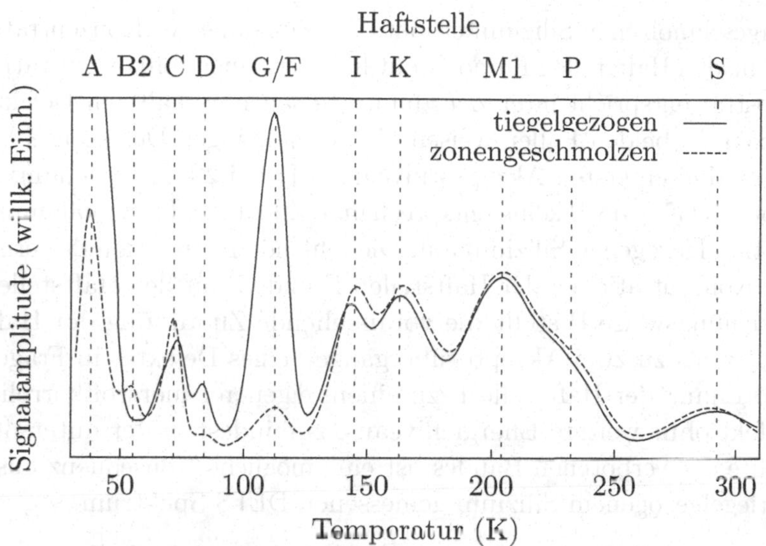

Abbildung 5.6 – DLTS-Spektren von Proben aus tiegelgezogenem und zonengeschmolzenem Silizium nach der Bestrahlung mit einer Protonendosis von $4 \cdot 10^{14}$ p^+cm^{-2} bei einer Energie von 4 MeV beziehungsweise 2,3 MeV und anschließender Ausheilung bei 500 °C für 5 h

zugeführt. Aus dem Vergleich der in den beiden Substraten erzeugten DLTS-Spektren können Rückschlüsse auf die an den beobachteten Haftstellen beteiligten Punktdefekte gezogen werden.

Die in Abbildung 5.6 gezeigten DLTS-Spektren unterschieden sich bis etwa 125 K deutlich voneinander. Die signifikant größeren Signalamplituden der Haftstellen A und D im tiegelgezogenen Silizium bekräftigen deren Zuordnung zur Familie der sauerstoffkorrelierten thermischen Donatoren. Die im zonengeschmolzenen Silizium beobachtete, nicht identifizierte Haftstelle B2 tritt in der Probe aus tiegelgezogenem Silizium nicht auf. Die ebenfalls nicht identifizierte Haftstelle C2/3 tritt in beiden Substraten in etwa mit der gleichen relativen Konzentration auf. Die Signalamplitude der Haftstellen F und G bei 113 K ist im tiegelgezogenen Substrat sehr stark gegenüber der Amplitude im zonengeschmolzenen Silizium erhöht. Die Zunahme der Konzentrationen der beiden Haftstellen F und G mit höherer Sauerstoffkonzentration im Substrat entspricht ihrer Zuordnung zu sauerstoffhaltigen Defektkomplexen. In beiden Fällen weisen die den jeweiligen Defekten ebenfalls zugeordneten ersten Akzeptorniveaus, M1 bei 204 K beziehungsweise P bei 232 K, jedoch keine entsprechende Zunahme der Signalamplitude im tiegelgezogenen Silizium auf. Die fehlende Korrelation der ermittelten Konzentrationen der Haftstellen F und G mit den Haftstellen M1 beziehungsweise P stellt die vorangehende Zuordnung der Haftstellen jeweils zu zwei Akzeptorübergängen eines Defektes in Frage. Die Zuordnung der Haftstelle F zu einem eigenen sauerstoffkorrelierten Defekt ohne weitere Energieniveaus, zumindest in der untersuchten Hälfte des verbotenen Bandes, ist eine mögliche Konsequenz aus dem in tiegelgezogenem Silizium gemessenen DLTS-Spektrum.

Die in den DLTS-Spektren in Abbildung 5.6 oberhalb von 125 K auftretenden Signale der Haftstellen I–S unterscheiden sich kaum voneinander. Darunter fallen auch die zuvor bereits besprochenen Signale der Haftstellen M1 und P, die, zumindest teilweise, sauerstoffkorrelierten Defekten zugeordnet werden. Die fehlenden Unterschiede zwischen den DLTS-Spektren in tiegelgezogenem und zonengeschmolzenem Silizium weisen darauf hin, dass nach Temperungen bei 500 °C der verbliebene Anteil der sauerstoffhaltigen Defekte V_2O_2 beziehungsweise V_2O an den Signalen der entsprechenden Haftstellen sehr gering ist und möglicherweise andere, hier nicht identifizierte Defekte, wesentlich zu diesen Haftstellen beitragen.

Bistabiles Verhalten der Haftstellen K und M1 Die vorangehend besprochenen experimentellen Ergebnisse entstammen Messungen, bei denen, wie im Allgemeinen üblich, das DLTS-Signal mit einer konstant gehaltenen Füllimpulslänge von 1 ms erzeugt wird. Mit zunehmender Füllimpulslänge wird ein steigender Anteil von Haftstellen mit Elektronen besetzt, wodurch die zugehörige Signalamplitude im DLTS-Spektrum entsprechend steigt. Eine Füllimpulslänge von 1 ms wird in der Regel als ausreichend lange angesehen, um auch Haftstellen mit einem geringen Wirkungsquerschnitt nahezu vollständig mit Elektronen zu besetzen und somit die entsprechenden Defektkonzentrationen hinreichend genau bestimmen zu können. Eine weitere Änderung des DLTS-Spektrums mit weiter erhöhter Füllimpulslänge ist hiernach zunächst nicht zu erwarten. Abbildung 5.7 zeigt vier DLTS-Spektren erzeugt mit unterschiedlichen Füllimpulslängen zwischen 10 µs und 1 s. Mit Ausnahme der hervorgehobenen Haftstellen K und M1 um 163 K beziehungsweise um 210 K verhalten sich die DLTS-Spektren mit zunehmender Füllimpulslänge wie erwartet. Die Signale der Haftstellen K und M1 zeigen hingegen auch bei einer Verlängerung des Füllimpulses über 1 ms hinaus noch eine starke Änderung ihrer Amplitude. Während das Signal der Haftstelle M1 um 210 K mit

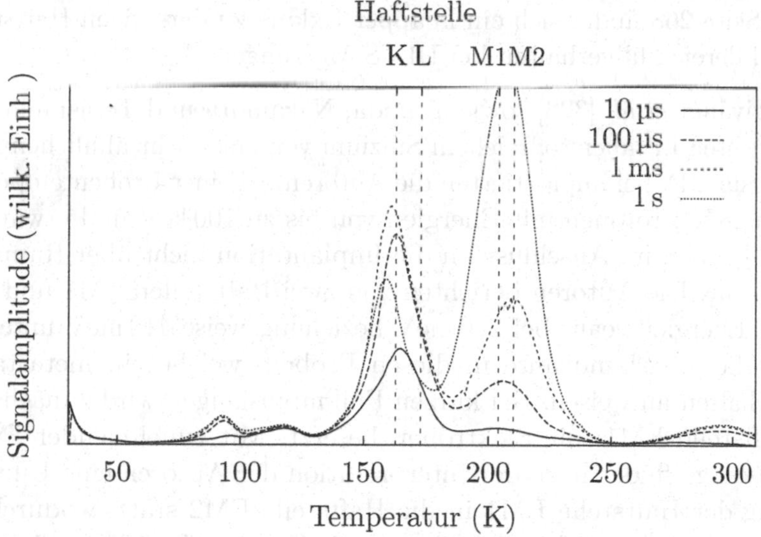

Abbildung 5.7 – DLTS-Spektren aufgenommen mit unterschiedlichen Füllimpulslängen zwischen 10 µs und 1 s in zonengeschmolzenem Silizium nach der Bestrahlung mit einer Protonendosis von $3 \cdot 10^{13}\,\mathrm{p^+cm^{-2}}$ mit einer Protonenenergie von 2,3 MeV durch einen 50 µm dicken Aluminiumabsorber und anschließender Ausheilung bei 350 °C für 5 h

einer Füllimpulslänge über 1 ms weiter ansteigt, nimmt das Signal der Haftstelle K um 163 K deutlich ab.[17]

Eine mögliche Erklärung für ein derartiges Verhalten ist, unter der Voraussetzung, dass die Zunahme des Signals der Haftstelle M1 tatsächlich mit der Abnahme des Signals der Haftstelle K zusammenhängt, ein Defekt X, dessen erstes Akzeptorniveau $X^{-/0}$ oberhalb des zweiten Akzeptorniveaus $X^{2-/-}$ in der Bandlücke liegt. Diese seltene Eigenschaft einiger Haftstellen, wie sie beispielsweise dem interstitiellen Bor zugeschrieben wird [322], wird in der Fachliteratur üblicherweise als *negative-U* bezeichnet. Bei einer solchen Lage zweier gekoppelter Akzeptorniveaus wird die Besetzung des zweiten, tiefer gelegenen Akzeptorniveaus $X^{2-/-}$ während eines Füllimpulses von der niedrigeren Gleichgewichtsbesetzungskonzentration des höher gelegenen ersten Akzeptorniveaus $X^{-/0}$ behindert. Im Anhang der vorliegenden Arbeit ab Seite 268 findet sich ein knapper Exkurs zu derartigen Haftstellen und deren Füllverhalten bei DLTS-Messungen.

Sugiyama *et al.* [323] sowie Tokuda, Nakamura und Terashima [324] berichten in sauerstoffreichem Silizium von einer sehr ähnlichen Beobachtung. Dabei implantierten die Autoren bei einer Probentemperatur von 88 K Protonen mit Energien von bis zu 100 keV und erwärmten die Proben im Anschluss an die Implantation nicht über Raumtemperatur. Die Autoren berichten von zwei Haftstellen EM1 und EM2 mit Energieniveaus bei 290 meV beziehungsweise 410 meV unterhalb der Leitungsbandkante in diesen Proben, welche ein metastabiles Verhalten aufweisen. Bei kurzen Füllimpulslängen wird zunächst die Haftstelle EM1 mit Elektronen besetzt. Mit zunehmender Füllimpulslänge findet nach der Interpretation der Autoren eine Umwandlung der Haftstelle EM1 in die Haftstelle EM2 statt, wodurch das Signal ersterer im DLTS-Spektrum abnimmt, während das Signal der Haftstelle EM2 zunimmt [324]. In isothermischen DLTS-Messungen können Tokuda, Nakamura und Terashima [324] ferner zeigen, dass die

[17] Dabei ist nach einer Füllimpulslänge von 1 s beim Signal der Haftstelle K eine leichte Verlagerung des Maximums zu kleineren Temperaturen zu beobachten, deren Ursache im Rahmen der vorliegenden Arbeit ungeklärt bleibt.

Summenkonzentration der Haftstellen EM1 und EM2 unabhängig von der Füllimpulslänge konstant bleibt. Aus dem Nichtauftreten dieser beiden Haftstellen in heliumbestrahlten Kontrollproben schließen Tokuda *et al.* [166] auf die Beteiligung von Wasserstoff an dem zugrunde liegenden Defekt.

Die von den Autoren berichteten Lagen der Energieniveaus bei 290 meV und 410 meV unterhalb der Leitungsbandkante liegen sehr gut bei den in der vorliegenden Arbeit bestimmten Lagen der Haftstellen K und M1 bei $E_l - (300 \pm 8)$ meV beziehungsweise $E_l - (418 \pm 7)$ meV. Ebenfalls in guter Übereinstimmung mit den hier gefundenen Wirkungsquerschnitten der Haftstellen K und M1, sind die von Sugiyama *et al.* [323] berichteten Werte von $2{,}7 \cdot 10^{-15}\,\mathrm{cm}^2$ beziehungsweise $4{,}0 \cdot 10^{-14}\,\mathrm{cm}^2$ für die Haftstellen EM1 beziehungsweise EM2. Die Implantationsbedingungen von Sugiyama und Tokuda *et al.* bei einer Implantation stemperatur von 88 K unterscheiden sich jedoch deutlich von den in der vorliegenden Arbeit verwendeten Raumtemperaturimplantationen. Zudem wird in der vorliegenden Arbeit nach der Implantation stets eine Temperung bei wenigstens 350 °C angewandt. Aufgrund der deutlichen Übereinstimmung sowohl der Lage der Energieniveaus und der Wirkungsquerschnitte als auch dem charakteristischen Füllverhalten ist trotz der signifikanten Unterschiede beim experimentellen Vorgehen davon auszugehen, dass hier und in den Arbeiten von Sugiyama *et al.* [323] und Tokuda *et al.* [166, 324] der gleiche Kristalldefekt beobachtet wird. Neu ist hier die Erkenntnis, dass dieser metastabile Defekt auch bei regulären Raumtemperaturimplantationen erzeugt wird und thermisch hinreichend stabil ist, um auch nach Temperungen bei wenigstens 350 °C noch vorzukommen. Die beobachtete Konzentration dieses Defektes lässt keine signifikante Beeinflussung der Eigenschaften von Bauteilen mit einer protoneninduzierten Dotierung erwarten. Bauelemente mit Protonenimplantationen zum Zwecke der Lebensdauereinstellung müssen hingegen gegebenenfalls kritisch auf diesen Effekt und eventuelle Einflüsse untersucht werden. Das Fehlen von Berichten über weitere derartige Beobachtungen in der Literatur trotz des offenkundig sehr großen Parameterbereiches, in dem dieser Defekte erzeugt werden kann, mag auf die Tatsache zurückgeführt werden, dass eine Variation der Füllimpulslänge in anderen Arbeiten häufig nicht untersucht wird.

6 Modellierung

> Essentially, all models are wrong, but some are useful.
>
> *George E. P. Box*
> *Empirical Model-Building and Response Surfaces*

In den vorangehenden Kapiteln 4.2 bis 4.4 werden die experimentellen Abhängigkeiten der erzeugten Wasserstoffdonatorenprofile von den Ausheil- und Implantationsparametern untersucht. Mit dem hier gewonnenen Verständnis der einzelnen Parameterabhängigkeiten lässt sich der Einfluss von Parametervariationen nachvollziehen beziehungsweise ein Optimierungsprozess eines gegebenen Profils hin zu einem gewünschten Profil vereinfachen. Für einen realen Entwicklungsprozess ist jedoch die Vorgabe eines absoluten Profils allein aus den vorgegebenen Parametern wünschenswert, ohne nur über relative Änderungen an einem bekannten Profil arbeiten zu können. Hierdurch würde beispielsweise die Integration der Protonendotierung in eine Prozesssimulation möglich. Zu diesem Zweck lässt sich das vorangehend gewonnene Verständnis zu einem analytischen Modell zusammenfassen, mit dem die erzeugten Wasserstoffdonatorenprofile vorhergesagt werden können. Im Folgenden wird dieses Profilsimulationsverfahren vorgestellt und die damit erhaltenen Profile mit experimentellen Daten verglichen.

6.1 Zusammenfassung der analytischen Teilmodelle

Die in den vorangehenden Kapiteln 4.2 bis 4.4 festgestellten analytischen Abhängigkeiten werden dort in keiner vorgegebenen Reihenfolge präsentiert. Die gewählte Reihenfolge folgt vielmehr einer guten Darstellbarkeit. Das Modellverständnis hinter der an dieser Stelle präsentieren Profilsimulation gibt eine geradezu umgekehrte Reihenfolge der einzelenen analytischen Teilmodelle vor. Dabei wird zunächst davon ausgegangen, dass sich aus dem durch die Bestrahlung erzeugten Schaden die Vorläuferspezies HD1* und HD2* der Wasserstoffdonatorenkomplexe HD1 und HD2 bilden. In einem zweiten Schritt wird, in Abhängigkeit des thermischen Budgets, während der Ausheilung ein Teil dieser Vorläuferdefekte wieder vernichtet. Der Tiefenbereich, in dem sich aus den Vorläuferdefekten Wasserstoffdonatorenkomplexe bilden, wird schließlich aus der Aufweitung der Wasserstoffverteilung bestimmt.

Die energieabhängige Tiefenverteilung der Primärgitterleerstellen, normiert auf die Anzahl der implantiertem Protonen, wird bei der analytischen Profilmodellierung der Wasserstoffdonatorenkomplexe als bekannt vorausgesetzt. Gemäß den Vergleichen der Wasserstoffprofile mit simulierten Primärdefektverteilungen in dem vorangehenden experimentellen Teil der vorliegenden Arbeit, speziell den Ergebnissen in Kapitel 4.4.1, eignet sich das Programm *SRIM* [164] gut zur Erzeugung des Primärgitterleerstellenprofiles.

Umwandlung der Strahlenschäden In Kapitel 4.4.2 wird die Abhängigkeit der gemessenen Ladungsträgerkonzentration von der implantierten Protonendosis untersucht. Nach Gleichungen (4.19) und (4.18) stellt sich dabei eine lineare beziehungsweise eine wurzelförmige Abhängigkeit der beiden Donatorenspezies HD1 und HD2 von der Protonendosis heraus. Um das nach einer gegebenen Protonenimplantation vorliegende Profil der Vorläuferdefekte HD1* und

HD2* zu ermitteln, wird davon ausgegangen, dass sich die Vorläuferdefekte aus dem durch die Bestrahlung erzeugten Schaden bereits nach einem vergleichsweise geringen thermischen Budget bilden. Das hierfür notwendige thermische Budget ist im Vergleich zu dem für die Diffusion des Wasserstoffs notwendigen thermischen Budgets klein und wird nicht beachtet.

Die Umwandlung des durch die Bestrahlung induzierten Gitterleerstellenprofils $V(x)$ in die jeweiligen Profile der Vorläuferspezies $N_{\mathrm{HD1}^*}(x)$ und $N_{\mathrm{HD2}^*}(x)$ wird mittels der dimensionslosen Umwandlungskonstanten A_{HD1^*} und A_{HD2^*} beschrieben:

$$N^0_{\mathrm{HD1}^*}(x,\Phi_{\mathrm{p}^+}) = V(x)\cdot A_{\mathrm{HD1}^*} = V^{\mathrm{n}}(x)\cdot \Phi_{\mathrm{p}^+}\cdot A_{\mathrm{HD1}^*} \tag{6.1}$$

$$N^0_{\mathrm{HD2}^*}(x,\Phi_{\mathrm{p}^+}) = V(x)\cdot A_{\mathrm{HD2}^*} = V^{\mathrm{n}}(x)\cdot \Phi_{\mathrm{p}^+}\cdot A_{\mathrm{HD2}^*}. \tag{6.2}$$

Darin ist $V^{\mathrm{n}}(x)$ das von dem Simulationsprogramm *SRIM* [164] errechnete Primärgitterleerstellenprofil normiert auf die implantierte Protonendosis Φ_{p^+}.

Um in Gleichung (6.2) die wurzelförmige Abhängigkeit der gebildeten Konzentration der Wasserstoffdonatorenspezies HD2 von der implantierten Protonendosis nach Gleichung (4.18) zu berücksichtigen, wird die Umwandlungskonstante A_{HD2^*} als

$$A_{\mathrm{HD2}^*} = \frac{A^0_{\mathrm{HD2}^*}}{\sqrt{V^{\mathrm{n}}(x)\cdot \Phi_{\mathrm{p}^+}}} \tag{6.3}$$

geschrieben, mit

$$A^0_{\mathrm{HD2}^*} = (2{,}3 \pm 0{,}2)\cdot 10^5\,\mathrm{cm}^{-3/2}. \tag{6.4}$$

A_{HD1^*} hat hingegen einen konstanten Wert von $(1{,}4 \pm 0{,}1)\cdot 10^{-4}$.

Abbildung 6.1 zeigt mittels *SRIM* [164] simulierte Primärgitterleerstellenprofile für zwei verschiedene Protonendosen und die sich hieraus nach den Gleichungen (6.1) und (6.2) ergebenden Profile der Vorläuferspezies HD1* beziehungsweise HD2* für zwei Protonendosen. Die

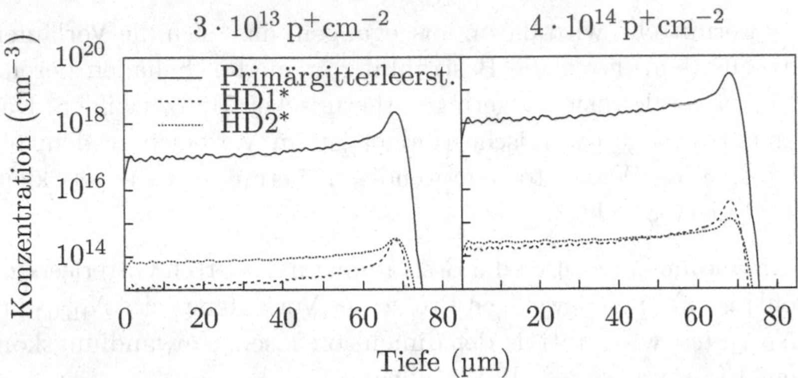

Abbildung 6.1 – Mit *SRIM* [164] simulierte Primärgitterleerstellenprofile für verschiedene Protonendosen bei einer Implantationsenergie von 2,5 MeV und die sich nach Gleichungen (6.1) und (6.2) ergebenden Profile der beiden Vorläuferspezies HD1* beziehungsweise HD2*

Profilform der Vorläuferspezies HD2* weicht aufgrund ihrer wurzelförmigen Abhängigkeit von der Gitterleerstellenkonzentration von der Profilform der Primärgitterleerstellen ab. Die Konzentrationen beider Vorläuferspezies liegen etwa vier Größenordnungen unter der Konzentration der Primärgitterleerstellen.

Dissoziation der Donatoren Die nach den Gleichungen (6.1) und (6.2) bestimmten Profile der beiden Vorläuferspezies zerfallen während einer Temperung bei einer gegebenen Temperatur jeweils gemäß den Dissoziationszeitkonstanten in Gleichungen (4.10) beziehungsweise (4.14) in Kapitel 4.3.2. Somit lassen sich die Konzentrationen der Vorläuferspezies nach der Aufwendung eines thermischen Budgets (T,t) mit

$$N_{\mathrm{HD1}^*}\left(x,\Phi_{\mathrm{p}^+},T,t\right) = \tag{6.5}$$
$$= V^{\mathrm{n}}\left(x\right)\cdot\Phi_{\mathrm{p}^+}\cdot A_{\mathrm{HD1}^*}\cdot\exp\left(-t\cdot 4{,}85\cdot 10^{14}\,\mathrm{Hz}\cdot\exp\left(-\frac{2{,}55\,\mathrm{eV}}{k_B T}\right)\right)$$

beziehungsweise mit

$$N_{\mathrm{HD2^*}}\left(x,\Phi_{\mathrm{p+}},T,t\right) = V^{\mathrm{n}}\left(x\right) \cdot \Phi_{\mathrm{p+}} \frac{A^0_{\mathrm{HD2^*}}}{\sqrt{V^{\mathrm{n}}\left(x\right) \cdot \Phi_{\mathrm{p+}}}} \cdot \exp\left(-t \cdot 1{,}2 \cdot 10^{15}\,\mathrm{Hz} \cdot \exp\left(-\frac{3\,\mathrm{eV}}{k_B T}\right)\right) \tag{6.6}$$

angeben.

In Abbildung 6.2 sind die Konzentrationen der beiden Vorläuferspezies in Abhängigkeit des thermischen Budgets einer an die Implantation anschließenden Ausheilung nach den Gleichungen (6.5) und (6.6) in Prozent der ursprünglich gebildeten Konzentration aufgetragen. In Kapitel 4.3.3 wird zur Beschreibung der experimentellen Werte aus isochronalen Messungen eine dritte, gegendotierende Spezies RD mit einer Dissoziationsenergie von 2,2 eV eingeführt. Diese Spezies ist dort zum Verständnis des experimentellen Kurvenverlaufes notwendig, wird aber in den restlichen Untersuchungen nicht weiter adressiert. Da diese vermeintliche Spezies bereits bei Temperaturen um 300 °C ausheilt, ist

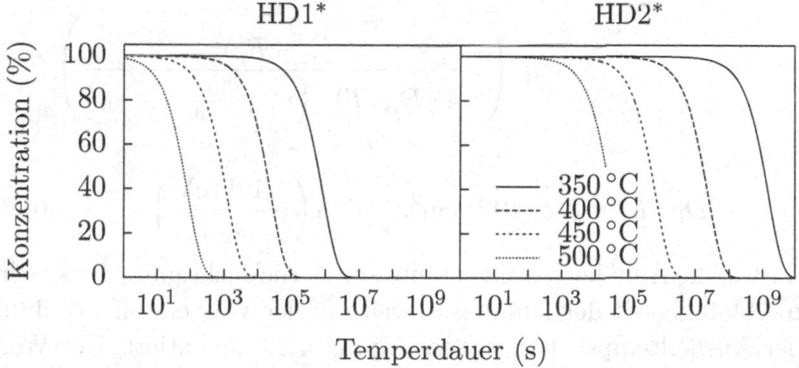

Abbildung 6.2 – Verbleibende Konzentration der Vorläuferspezies HD1* beziehungsweise HD2* in Prozent ihrer bei einer Implantation gebildeten Konzentration in Abhängigkeit des thermischen Budgets nach Gleichung (6.5) beziehungsweise (6.6)

sie für eine Anwendung von protoneninduzierten Donatorenprofilen, welche sinnvollerweise bei Temperaturen oberhalb von etwa 350 °C ausgeheilt werden, nicht relevant. Dieser Temperaturbereich wurde folglich in der vorliegenden Arbeit mit nur wenigen Proben untersucht. Eine belastbare Aussage, im Speziellen zur Dosisabhängigkeit der postulierten Spezies RD, ist daher nicht möglich.

Wasserstoffverteilung Die Verteilung des implantierten Wasserstoffs wird in Kapitel 4.2.1 mit einer Gaußverteilung angenähert und dessen Aufweitung mit dem zweiten Fick'schen Gesetz und der in Kapitel 4.2.2 bestimmten effektiven Diffusionskonstanten nach Gleichung (4.5) beschrieben. Für die Profilsimulation wird die auf die implantierte Dosis normierte Diffusionskosntante nach Gleichung (4.6) verwandt. Somit ergibt sich für die Verteilung des implantierten Wasserstoffs $N_{\mathrm{H}}(x)$ in Abhängigkeit der Implantationsparameter Φ_{p^+} und R_p sowie des thermischen Budgets (T,t):

$$N_{\mathrm{H}}\left(x,\Phi_{\mathrm{p}^+},T,t\right) = \frac{\Phi_{\mathrm{p}^+}}{\sqrt{\pi \cdot D_{\mathrm{H}}(T) \cdot \left(t\frac{\Phi_{\mathrm{p}^+}}{4 \cdot 10^{14}\,\mathrm{cm}^{-2}} + t_0\right)}} \cdot \exp\left(-\frac{(x-R_p)^2}{4 \cdot D_{\mathrm{H}}(T) \cdot \left(t\frac{\Phi_{\mathrm{p}^+}}{4 \cdot 10^{14}\,\mathrm{cm}^{-2}} + t_0\right)}\right), \tag{6.7}$$

mit

$$D_{\mathrm{H}}(T) = 3{,}2 \cdot 10^{-2}\,\mathrm{cm}^2\mathrm{s}^{-1} \exp\left(-\frac{1{,}23\,\mathrm{eV}}{k_B T}\right). \tag{6.8}$$

Darin ist t_0 die Annäherungskonstante zur Berücksichtigung der scheinbaren Abhängigkeit der Anfangsaufweitung der Wasserstoffverteilung von der Ausheiltemperatur, wie in Kapitel 4.2.3 diskutiert. Der Wert für t_0 kann dabei wie in Abbildung 4.10 auf Seite 108 gezeigt gewählt werden. Die angenommene Wasserstoffverteilung nach Gleichung (6.7) ist in Abbildung 6.3 zusammen mit der im nachfolgenden Abschnitt errechneten Verteilung der Wasserstoffdonatorenkomplexe für zwei Protonendosen nach einer Temperung bei 400 °C für 5 h dargestellt.

Überlagerungsfunktion Die Verteilungen der nach einer Implantation und nachfolgenden Ausheilung gebildeten Wasserstoffdonatorenkomplexe HD1 und HD2 ergeben sich aus der Überlagerung der Verteilungsfunktionen der jeweiligen Vorläuferspezies HD1* und HD2* nach Gleichung (6.5) beziehungsweise (6.6) mit der Wasserstoffverteilung nach Gleichung (6.7). Dabei werden die Verteilungen der Vorläuferspezies $N_{\mathrm{HD1^*}}(x)$ und $N_{\mathrm{HD2^*}}(x)$ so mit der Verteilung $N_{\mathrm{H}}(x)$ des Wasserstoffs zusammengefügt, dass die Konzentration $N_{\mathrm{HD1}}(x)$ beziehungsweise $N_{\mathrm{HD2}}(x)$ der sich ergebenden Wasserstoffdonatoren HD1 und HD2 jeweils durch die kleinere der beiden jeweils beteiligten Edukte limitiert ist:

$$N_{\mathrm{HD1}}(x,\Phi_{\mathrm{p^+}},T,t) = \left(\frac{1}{N_{\mathrm{HD1^*}}(x,\Phi_{\mathrm{p^+}},T,t)} + \frac{1}{N_{\mathrm{H}}(x,\Phi_{\mathrm{p^+}},T,t)}\right)^{-1} \tag{6.9}$$

$$N_{\mathrm{HD2}}(x,\Phi_{\mathrm{p^+}},T,t) = \left(\frac{1}{N_{\mathrm{HD2^*}}(x,\Phi_{\mathrm{p^+}},T,t)} + \frac{1}{N_{\mathrm{H}}(x,\Phi_{\mathrm{p^+}},T,t)}\right)^{-1}. \tag{6.10}$$

Abbildung 6.3 zeigt die sich nach den Gleichungen (6.9) und (6.10) ergebenden Verteilungen der beiden Wasserstoffdonatorenkomplexspezies HD1 beziehungsweise HD2 und deren Summe für verschiedene Protonendosen nach einer Temperung bei 400 °C für 5 h. Die Profile der Wasserstoffdonatoren sind nach links zur bestrahlten Oberfläche hin durch die Verteilung des diffundierenden Wasserstoffs begrenzt. In der Schicht zwischen einer Tiefe von etwa 30 µm bei einer implantierten Protonendosis von $3 \cdot 10^{13}\,\mathrm{p^+cm^{-2}}$ beziehungsweise etwa 15 µm bei $4 \cdot 10^{14}\,\mathrm{p^+cm^{-2}}$ und einer Tiefe von 75 µm, in der nach dem Modell eine hohe Wasserstoffkonzentration vorliegt, ist die Konzentration der gebildeten Wasserstoffdonatoren durch die zuvor nach Gleichungen (6.5) und (6.6) errechnete Konzentration der Vorläuferspezies limitiert.

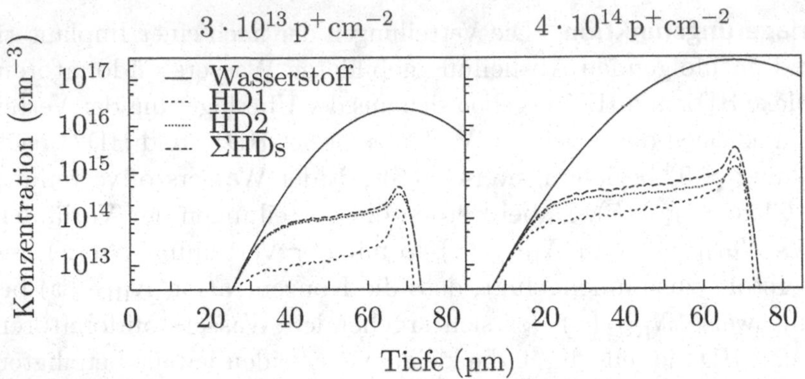

Abbildung 6.3 – Verteilung des implantierten Wasserstoffs nach Gleichung (6.7) und resultierende Verteilung der Wasserstoffdonatorenkomplexe HD1 und HD2 nach Gleichung (6.9) beziehungsweise (6.10) sowie deren Summe für verschiedene Protonendosen bei einer Implantationsenergie von 2,5 MeV nach einer Ausheilung bei 400 °C für 5 h

Die linke Flanke des errechneten Konzentrationsprofils, um etwa 30 µm Tiefe bei einer implantierten Protonendosis von $3 \cdot 10^{13}\,\mathrm{p^+cm^{-2}}$ beziehungsweise um etwa 15 µm bei $4 \cdot 10^{14}\,\mathrm{p^+cm^{-2}}$ folgt direkt der Flanke der Gaußverteilung des Wasserstoffs. Die experimentell beobachtete Flanke des Wasserstoffdonatorenprofils fällt an dieser Stelle jedoch mit einer wesentlich größeren Steilheit ab (vergleiche beispielsweise Abbildung 4.7 a) auf Seite 99). Um besser der experimentellen Beobachtung zu entsprechen, wird eine zusätzliche Korrektur in die Gleichungen (6.9) und (6.10) eingeführt, die bezüglich der Propagation des *pn*-Übergangs neutral ist:

$$N_\mathrm{H}\left(x,\Phi_{\mathrm{p}^+},T,t\right) \rightarrow N_\mathrm{H}\left(x,\Phi_{\mathrm{p}^+},T,t\right) \cdot \left(\frac{N_\mathrm{Ak}}{N_\mathrm{H}\left(x,\Phi_{\mathrm{p}^+},T,t\right)}\right)^2 . \quad (6.11)$$

6.2 Vergleich mit dem Experiment und Diskussion

Das im Rahmen der vorliegenden Arbeit entwickelte analytische Modellverständnis ist in dem Profilsimulationsprogramm `HDProSim` zusammengefasst. Dieses Programm ist in Kapitel A.5 im Anhang dieser Arbeit beigefügt. In Abbildung 6.4 sind mit dem Programm `HDProSim` simulierte Wasserstoffdonatorenprofile in einem mit $120\,\Omega\,\mathrm{cm}$ elektronenleitend dotiertem Substrat für unterschiedliche Implantations- und Ausheilparameter nebst den entsprechenden experimentell bestimmten Profilen in realen Proben gezeigt. Bei den in der Abbildung gezeigten Profilen wird je Zeile lediglich ein Prozessparameter variiert. Die anderen Parameter werden jeweils bei einer Protonendosis von $4 \cdot 10^{14}\,\mathrm{p^+cm^{-2}}$, einer Protonenenergie von 2,5 MeV, einer Ausheiltemperatur von 370 °C beziehungsweise bei einer Ausheilzeit von 5 h festgehalten. Neben der Grunddotierung der Proben berücksichtigt das Simulationsprogramm `HDProSim` noch den Einfluss der löcherleitenden durchstrahlten Schicht auf das endgültige Profil. Da die oberflächennahe löcherleitende Schicht im Rahmen der vorliegenden Arbeit nicht näher untersucht wurde, wird sie im vorgestellten Simulationsprogramm lediglich als konstant gegendotierende Schicht betrachtet.

`HDProSim` verwendet als Ausgangsprofile von *SRIM* [164] simulierte Primärgitterleerstellenprofile. In Kapitel 4.4.1 wird eine stärkere Aufweitung der gemessenen Verteilungen der Wasserstoffdonatorenkomplexe im Vergleich zu den mit *SRIM* [164] simulierten Primärgitterleerstellenprofilen gezeigt. Weder das Simulationsprogramm *SRIM* [164], noch das hier vorgestellte analytische Modell berücksichtigen eine mögliche Diffusion der während der Bestrahlung erzeugten Primärdefekte, bis diese zu den orts- und temperaturstabilen Sekundärdefektkomplexe weiterreagieren, welche nach ihrer Dekoration mit Wasserstoff hier als Donatoren gemessen werden. Diese Diffusion führt zu einer geringeren Steilheit des Konzentrationsgradienten hinter dem Schadensmaximum

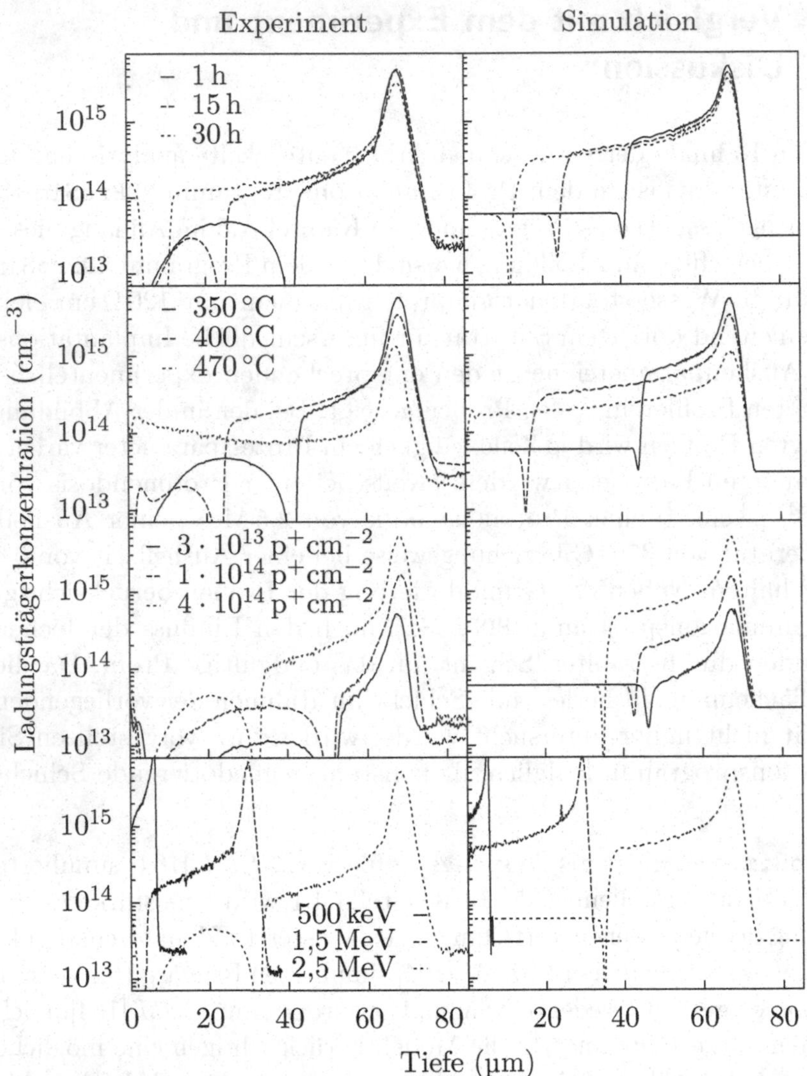

Abbildung 6.4 – Gemessene (links) und simulierte (rechts) Ladungsträgerverteilungen in protonendotierten Proben nach der Implantation von Protonen mit einer Energie 2,5 MeV und einer Dosis von $4 \cdot 10^{14}\,\mathrm{p^+cm^{-2}}$ und einer anschließenden Temperung bei 370 °C für 5 h. Hiervon abweichende Parameter sind jeweils in der experimentellen Abbildung links angegeben.

in den gemessenen Profilen, als sie von der Simulation in Abbildung 6.4 vorhergesagt wird.

Die Parameter der gezeigten Profile sind so gewählt, dass das Wasserstoffdonatorenprofil noch nicht vollständig bis zur Oberfläche der Probe reicht. Somit lässt sich in Abbildung 6.4 auch die Qualität der Profilvorhersage während der Phase, in der die Wasserstoffdiffusion einen entscheidenden Einfluss auf die Profilform hat, überprüfen. In den obersten beiden Zeilen der Abbildung wird das thermische Budget nach der Implantation variiert. Die oberste Zeile zeigt Ausheilzeiten zwischen einer und 30 h bei einer konstanten Temperatur von 370 °C, während in der darunter liegenden Zeile die Ausheilzeit bei 5 h konstant gehalten wird und die Ausheiltemperatur zwischen 350 °C und 470 °C variiert. Für den Vergleich der simulierten mit den experimentellen Profilen ist die Unsicherheit bei der exakten Einstellung des thermischen Budgets im Experiment durch die Beschickungs- und Abkühlzeit sowie die Genauigkeit der Ofentemperatur zu berücksichtigen. Die Lage der *pn*-Übergänge in den rechts gezeigten simulierten Profilen folgt jenen in den experimentellen Profilen in Anbetracht der Unsicherheit im Experiment sehr gut. In den unteren beiden Zeilen werden bei festgehaltenen Ausheilparametern die Implantationsparameter Dosis und Energie variiert. Das Simulationsmodell zeigt auch bei der Vorhersage des Einflusses der Implantationsparameter auf die Lage des *pn*-Überganges eine gute Übereinstimmung mit dem Experiment.

Das thermische Budget und die Implantationsparameter beeinflussen neben der Lage des *pn*-Übergangs auch die Konzentration der gebildeten Donatoren. Dabei führt ein hohes thermisches Budget zu einer Dissoziation und Vernichtung der Donatoren. Zudem werden, je nach Wahl der Ausheiltemperatur, unterschiedlich starke Abhängigkeiten der gebildeten Donatorenkonzentration von der implantierten Protonendosis beobachtet. Diese Abhängigkeiten werden von dem Simulationsprogramm `HDProSim` bei der Vorhersage der Donatorenprofile berücksichtigt. Die Abhängigkeit der Gesamtkonzentration der Wasserstoffdonatoren von dem aufgebrachten thermischen Budget sowie der implantierten Dosis wird durch das Modell im Allgemeinen gut wiedergegeben. Allerdings weicht die simulierte Donatorenverteilung in der bereits mit Wasserstoffdonatorenkomplexen aufgefüllten durchstrahlten Zone zwischen der Oberfläche und dem Maximum der erzeugten Donatorenverteilung von den experimentell ermittelten Profilen ab. Die Ursache der im Experiment beobachteten Veränderung des Konzentrationsgradienten in der durchstrahlten Zone mit zunehmender Protonendosis bei hohen Ausheiltemperaturen ab etwa 450 °C konnte im Rahmen der vorliegenden Arbeit nicht endgültig indentifiziert werden. Folglich beeinhaltet das hier vorgestellte Simulationsprogramm keine Nachbildung dieses unverstandenen Effektes, sondern nimmt stattdessen auch in der durchstrahlten Zone eine einfache Addition der beiden Donatorenspezies HD1 und HD2 an (siehe hierzu Abbildung 6.3). In der bereits mit Wasserstoffdonatorenkomplexen aufgefüllten durchstrahlten Zone zwischen der Oberfläche und dem Maximum der erzeugten Donatorenverteilung wird die Gesamtkonzentration hierdurch überschätzt und ein stets positiver Konzentrationsgradient ausgegeben.

In Kapitel 4.4.4 wird, nach Ausschluss eines Sauerstoffkonzentrationsprofiles sowie der intrinsischen Defektkonzentration, eine Passivierung der Wasserstoffdonatorenkomplexe durch eine Überdekoration mit Wasserstoff als Ursache des verkippten Konzentrationsgradienten vorgeschlagen. Dabei ändert sich das für die Überdekoration maßgebliche Verhältnis von verfügbarem Wasserstoff zu Wasserstoffdonatoren, aufgrund derer unterschiedlicher Verteilungen, entlang des Profils. Abbildung 6.5 zeigt, neben der nach dem analytischen Diffusionsmodell in Gleichung (6.7) angenommenen Wasserstoffverteilung und dem unkorrigierten Ladungsträgerprofil, ein simuliertes Profil, bei welchem eine Passivierung der Wasserstoffdonatoren mit einbezogen wird. Das in der Abbildung ebenfalls gezeigte experimentelle Ladungsträgerprofil weist bei den verwandten Parametern einen deutlich negativen Konzentrationsgradienten in der durchstrahlten Zone auf. Zur Berücksichtigung der Überdekoration der gebildeten Donatoren in der Simulation wird angenommen, die lokale Aktivierung der Was-

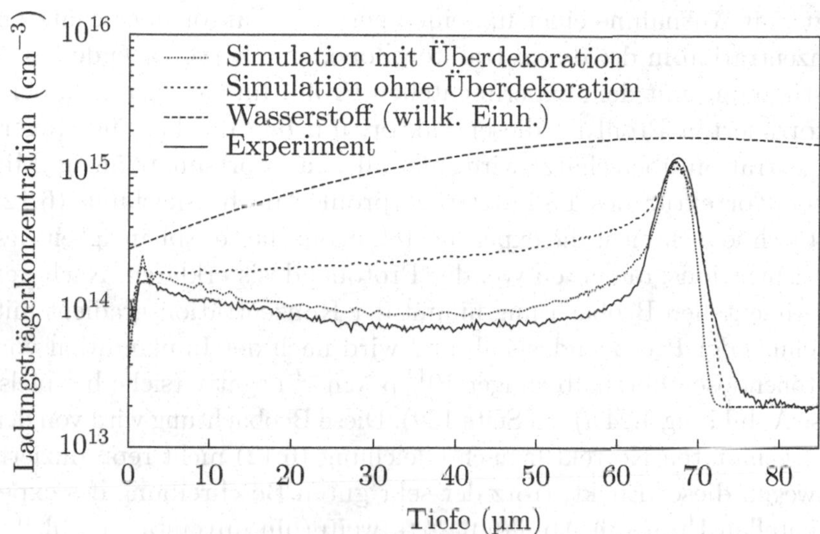

Abbildung 6.5 – Gemessene und simulierte Ladungsträgerprofile nach einer Protononimplantation mit einer Dosis von $4 \cdot 10^{14}$ p$^+$cm^{-2} und einer Energie von 2,5 MeV und anschließender Ausheilung bei 470 °C für 5 h. Das experimentelle sowie das simulierte Profil ohne Überdekoration sind aus Abbildung 6.4 übernommen.

serstoffdonatoren $N_{\Sigma\mathrm{HD}}^{(\mathrm{korr})}(x)$ sei invers proportional zum Verhältnis des verfügbaren Wasserstoffs und der in erster Iteration mit dem Simulationsprogramm `HDProSim` erhaltenen Donatorenkonzentration, mit:

$$N_{\Sigma\mathrm{HD}}^{(\mathrm{korr})}\left(x,\Phi_{\mathrm{p}^+},T,t\right) = N_{\Sigma\mathrm{HD}}\left(x,\Phi_{\mathrm{p}^+},T,t\right) \cdot \frac{N_{\Sigma\mathrm{HD}}\left(x,\Phi_{\mathrm{p}^+},T,t\right)}{N_{\mathrm{H}}\left(x,\Phi_{\mathrm{p}^+},T,t\right)} \cdot k\,. \tag{6.12}$$

Darin ist k eine tiefenunabhängige Konstante zur Reskalierung der Maximalkonzentration.[1] Das somit korrigierte Ladungsträgerprofil

[1] In einem endgültigen Modell zur Berücksichtigung dieses Effektes wäre der Korrekturfaktor k in die Umwandlungskonstanten $A_{\mathrm{HD1^*}}$ und $A_{\mathrm{HD2^*}}$ zu integrieren.

zeigt, mit Ausnahme einer um einen geringen Faktor überschätzten Konzentration in der durchstrahlten Zone, eine hervorragende Übereinstimmung mit dem experimentellen Profil. Im Gegensatz zu dem unkorrigierten Profil ist dieser Faktor, um den die Ladungsträgerkonzentration überschätzt wird, nun allerdings ortsunabhängig. Mit dieser Korrektur des Ladungsträgerprofiles nach Gleichung (6.12) lässt sich jedoch nicht die experimentell beobachtete Abhängigkeit des Konzentrationsgradienten von der Protonendosis erklären. Nach der experimentellen Beobachtung nimmt der Konzentrationsgradient mit zunehmender Protonendosis ab und wird nach der Implantation von Protonendosen oberhalb einiger $10^{14}\,\mathrm{p^+cm^{-2}}$ negativ (siehe beispielsweise Abbildung 4.24 a) auf Seite 139). Diese Beobachtung wird von der oben genannten Korrektur nach Gleichung (6.12) nicht reproduziert, weswegen dieser Effekt, trotz der sehr guten Beschreibung des experimentellen Profils in Abbildung 6.5, weiterhin unverstanden bleibt. Die Korrektur des Ladungsträgerprofils nach Gleichung (6.12) wird folglich vom analytischen Profilsimulationsprogramm `HDProSim` nicht verwandt. Durch die skriptbasierte Form des Simulationsprogrammes lässt sich eine solche Korrektur jedoch sehr einfach nachträglich hinzufügen.

Trotz der vorangehend besprochenen Diskrepanzen zwischen den simulierten und den tatsächlichen Profilen, eignet sich das hier vorgestellte, analytische Simulationsprogramm `HDProSim` sehr gut zur Vorhersage von Wasserstoffdonatorenprofilen. Daraus lässt sich beispielsweise die für viele der in Kapitel 2.2.2 genannten Anwendungen relevante Schichtkonzentration des erzeugten Donatorenprofils vorab bestimmen. Weiterhin liefert `HDProSim` eine Aussage über das mindestens notwendige thermische Budget in Abhängigkeit der Implantationsparameter, ab dem die löcherleitende durchstrahlte Zone vollständig mit Wasserstoffdonatorenkomplexen aufgefüllt ist. In aller Regel ist das Auftreten dieser löcherleitenden Schicht in der Anwendung zu vermeiden. Neben der Vorhersage von Profilen bei gegebenen Prozessparametern, lassen sich mit Hilfe des Simulationsprogrammes ohne experimentellen Aufwand die zur Erzeugung eines gewünschten

Profiles notwendigen Prozessparameter abschätzen. Da kommerzielle Prozesssimulationsprogramme häufig den Aufruf externer Programme zulassen, lässt sich `HDProSim` im Prinzip in die Prozesssimulation von Halbleiterbauelementen integrieren. Für eine eventuell anschließende Bauelementesimulation ist zusätzlich noch die in Kapitel 4.1 abgeschätzte Korrektur der Ladungsträgerbeweglichkeit zu berücksichtigen. Aufgrund der nicht unternommenen Beweglichkeitskorrektur bei der Bestimmung der experimentellen Ladungsträgerprofile ist zu erwarten, dass die tatsächliche Wasserstoffdonatorenkonzentration um (14 ± 5) % höher liegt als in den ausgegebenen Profilen.

7 Zusammenfassung und Ausblick

> Sicher ist, dass nichts sicher ist.
> Selbst das nicht.
>
> *Joachim Ringelnatz*

Die vorliegende Arbeit beschäftigt sich mit der Untersuchung protoneninduzierter Ladungsträgerprofile in zonengeschmolzenem sowie in tiegelgezogenem Silizium. Dabei wurde vor allem die Abhängigkeit der gebildeten Profile von den Implantations- und Ausheilparametern systematisch untersucht. Im Rahmen dieser Arbeit wurden einige neue Erkenntnisse erbracht und publiziert, die für das Verständnis und die Nutzung der protoneninduzierten Ladungsträgerprofile von elementarer Bedeutung sind. Letzlich können diese Erkenntnisse in Zukunft einen wesentlichen Beitrag bei der immer noch ausstehenden Identifikation der den Wasserstoffdonatoren zugrunde liegenden Defektkomplexen leisten. Im Folgenden werden die zentralen Ergebnisse der vorliegenden Arbeit knapp zusammengefasst.

Für die Bildung der Wasserstoffdonatorenkomplexe ist die gleichzeitige Anwesenheit sowohl von Kristallschäden als auch von Wasserstoff im Siliziumkristall notwendig. Da der Wasserstoff nach der Implantation von Protonen mit Energien im Bereich von Megaelektronenvolt fokussiert um seine projizierte Reichweite vorliegt, ist die Ausbildung der protoneninduzierten Ladungsträgerprofile durch die Diffusion des Wasserstoffs durch die strahlengeschädigte Schicht zur durchstrahlten Oberfläche begrenzt. Die Ausbildung der Ladungsträgerprofile wurde mit der vorliegenden Arbeit erstmalig systematisch untersucht und zu einem nutzbaren Modellverständis geführt. Das Modell beschreibt die Ausbildung der Wasserstoffdonatorenprofile mit der Überlagerung eines ortsfesten Defektprofiles und der Verteilung des implantierten Wasserstoffs. Das Defektprofil wird dabei aus der bei der Implantation erzeugten Kristallschadensverteilung gewonnen. Die Diffusion des Wasserstoffs aus der Schicht um seine projizierte Reichweite wird mit einer effektiven Aktivierungsenergie von 1,23 eV beschrieben. Das formulierte analytische Modell ist hiermit im Stande, über einen weiten Implantationsparameterbereich verlässliche Vorhersagen über das zur vollständigen Ausbildung eines Wasserstoffdonatorenprofils mindest notwendige thermische Budget zu liefern. Für technische Anwendungen der Protonendotierung stellt dieses Wissen eine wertvolle Information dar, um unnötig lange Diffusionsschritte zu vermeiden, zugleich aber auch die Bildung unerwünschter löcherleitender Regionen sicher auszuschließen.

Die Dissoziation der Wasserstoffdonatorenkomplexe begrenzt das für die weitere Prozessierung und spätere Nutzung maximal zulässige thermische Budget eines Bauteils nach der Protonenbestrahlung. Die Wasserstoffdonatorenkomplexe bestehen aus einem Kernkomplex aus strahleninduzierten Punktdefekten, welcher mit Wasserstoff dekoriert ist. Die thermische Stabilität dieses Komplexes ist durch die Bindungsenergie der einzelnen Punktdefekte an selbigen definiert. In der vorliegenden Arbeit wurde die Dissoziationskinetik der Wasserstoffdonatorendefekte erstmalig untersucht. Aus der Temperaturabhängigkeit dieser Dissoziationskinetik wird die Existenz zweier Donatorenspezies abgeleitet und für jede dieser Spezies eine Aktivierungsenergie für deren Dissoziation angegeben. Die Angabe der Dissoziationsenergien der bei der Protonendotierung genutzten Donatorenspezies ermöglicht erstmalig eine Abschätzung der Wirkung von Prozessen bei erhöhten Temperaturen nach der Protonenimplantation sowie die Errechnung von thermischen Äquivalenzbudgets, etwa für RTA-Prozessierungen.[1] Zudem kann das Verständnis der nunmehr für ein beliebiges thermisches Budget quantifizierbaren, zweistufigen Ausheilung dazu beitra-

[1]RTA steht kurz für engl. *rapid thermal annealing.*

gen, vermeintliche Widersprüche zwischen Ergebnissen verschiedener Arbeiten bei unterschiedlichen thermischen Budgets zu klären.

Der Einfluss der Implantationsparameter Protonenenergie und -dosis wurde im Rahmen dieser Arbeit erstmalig ausführlich nach unterschiedlichen Temperungen mit einer ausreichenden Auflösung untersucht, um wechselseitige Abhängigkeiten zwischen den Implantations- und Ausheilparametern offenzulegen. Für derartige Untersuchungen ist es elementar, die thermische Stabilität der relevanten Donatorenspezies zu berücksichtigen und hiernach für sehr definierte Ausheilbedingungen Sorge zu tragen. So konnten sowohl Arbeiten bestätigt werden, die eine direkte Proportionalität zwischen der erzeugten Donatorenkonzentration berichten, als auch jene, die eine sublineare Abhängigkeit beobachten. Erstmals ist es im Rahmen der vorliegenden Arbeit gelungen, beide Beobachtungen zu reproduzieren und mit Hilfe des Modellverständnisses zweier Donatorenspezies mit unterschiedlicher thermischer Stabilität und unterschiedlicher Abhängigkeit von der implantierten Protonendosis eine plausible Erklärung hierfür zu liefern. Zudem wird in dieser Arbeit erstmalig die wurzelförmige Abhängigkeit der Konzentration der thermisch stabileren Donatorenspezies von der implantierten Protonendosis herausgestellt. Die Veränderung der Profilform im Parameterbereich hoher Protonendosen und Ausheiltemperaturen wurde hier ebenfalls zum ersten Mal berichtet. Diese Profilverkippung wurde anhand von vorhergehenden Oxidationen und Koimplantationen nähergehend untersucht, so dass sowohl ein Sauerstoffprofil als auch die Konzentration strahleninduzierter Kristalldefekte als Ursache ausgeschlossen werden konnten. In der Konsequenz wird die sublineare Zunahme der Donatorenkonzentration sowie die Veränderung der Profilform mit zunehmender Protonendosis auf eine elektrische Passivierung durch eine Überdekoration mit Wasserstoff in Abhängigkeit der lokalen Konzentration des implantierten Wasserstoffs zurückgeführt. Durch die Untersuchungen konnte zudem gezeigt werden, dass die protoneninduzierten Wasserstoffdonatorenprofile eindeutig defektlimitiert sind. Die Wandlungseffizienz von Primärdefekten in Donatorenkomplexe wurde im Rahmen der vorliegenden Arbeit erstmalig sowohl für protonen- wie auch für heliumioneninduzierten Schaden quantifiziert. Die hier erbrachte Kenntnis der Wandlungseffizienzen sowie der Untersuchungen des Einflusses von Variationen der Protonendosis und -energie auf die Konzentration und Verteilung der erzeugten Wasserstoffdonatorenprofile sind wesentliche Voraussetzungen für eine gezielte Nutzung der Protoneimplantation bei der Herstellung von Halbleiterbauelementen.

Neben dem hier hauptsächlich verwandten zonengeschmolzenem Silizium wurden auch protoneninduzierte Ladungsträgerprofile in tiegelgezogenem Substrat untersucht. Tiegelgezogenes Silizium ist in seiner Herstellung günstiger als zonengeschmolzenes Substrat. Aufgrund der weiten Verbreitung von tiegelgezogenem Silizium ist die Bildung von Wasserstoffdonatorenprofilen auch in diesem Substrat von großem Interesse. Dabei konnte gezeigt werden, dass die Bildung der Wasserstoffdonatorenkomplexe im Vergleich zum zonengeschmolzenen Substrat unverändert erfolgt. In dem sauerstoffreicheren tiegelgezogenen Substrat wird zusätzlich zu den zwei Wasserstoffdonatorenspezies eine weitere Donatorenspezies gebildet, deren Ausheilverhalten sich signifikant von jenen der auch im zonengeschmolzenen Substrat gebildeten Wasserstoffdonatorenspezies unterscheidet. Das Auftreten dieser dritten protoneninduzierten Donatorenspezies in tiegelgezogenem Silizium erschwert die Kontrollierbarkeit der Protonendotierung gegenüber der in zonengeschmolzenem Substrat deutlich.

Mit Hilfe von transienter Störstellenspektroskopie wurden weitere elektrisch aktive Haftstellen im bestrahlten Silizium untersucht und weitestgehend identifiziert. Dabei konnte gezeigt werden, dass mehrere Defekte, deren Ausheilung in der Literatur typischerweise bei Temperaturen um 200–300 °C angegeben wird, in Proben, die mit Protonendosen oberhalb einiger 10^{13} $p^{+}cm^{-2}$ bestrahlt wurden, noch nach Ausheilungen bei wesentlich höheren Temperaturen auftreten. Ferner wurde hier erstmalig die Erzeugung eines bislang nur bei Implantationstemperaturen unter 100 K bekannten metastabilen Defektes auch nach ungekühlten Protonenimplantationen beobachtet.

Im Rahmen der vorliegenden Arbeit wurde ein bislang nicht erreichtes Modellverständnis der Protonendotierung erarbeitet. Hiermit können nun erstmalig die Ausbildung sowie die Vernichtung der protoneninduzierten Donatorenprofile analytisch beschrieben werden. Mit den erlangten Erkenntnissen lässt sich eine Protonendotierung über einen weiten, technisch relevanten Bereich der Implantations- und Ausheilparameter vorhersagen. Der validierte Parameterbereich des analytischen Modells umfasst Protonenenergien von einigen 100 keV bis hin zu mehreren Megaelektronenvolt, Protonendosen von einigen 10^{13} p^+cm^{-2} bis hin zu 10^{15} p^+cm^{-2}, Ausheiltemperaturen von unter 350 °C bis über 500 °C und Ausheildauern ab etwa einer Stunde bis hin zu Tagen. Die Erkenntnisse dieser Arbeit wurden hierzu eigens in einem analytischen Simulationsprogramm zusammengestellt, mit dessen Hilfe protoneninduzierte Ladungsträgerprofile nach Angabe der Implantations- und Ausheilparameter ausgegeben werden können.

Die Ergebnisse dieser Arbeit können von großem Wert für den Einsatz der Protonendotierung in technischen Prozessen sein und vermögen die Entwicklung neuer Halbleiterbauelemente, bei der auf diese Dotierung zurückgegriffen wird, deutlich zu vereinfachen. Mit der vollständigen Angabe aller Aktivierungsenergien, die für die Aktivierung und Vernichtung der Wasserstoffdonatorenprofile relevant sind, lässt sich nun erstmalig die Wirkung eines beliebigen thermischen Budgets auf ein mit Wasserstoffdonatoren dotiertes Bauelement bestimmen. Nicht nur lassen sich hiermit die notwendigen Prozessparameter für die Aktivierung eines Donatorenprofils nach einer Protonenimplantion mit gegebenen Implantationsparametern vorherbestimmen, es lässt sich ferner auch der additive Einfluss von späteren Prozessen bei erhöhten Temperaturen, etwa von Lötprozessen bei der Endmontage, auf das Wasserstoffdonatorenprofil errechnen. Letzlich ist hiermit auch erstmalig eine Aussage über die Halbwertszeit von Wasserstoffdonatorenprofile in Abhängigkeit der erwarteten Betriebsbedingungen im Lebenszyklus eines Halbleiterbauelementes möglich.

Eine weitere, sehr interessante Tatsache ist die im Rahmen dieser Arbeit beobachtete jedoch an dieser Stelle nicht weiter ausgeführte

Wandlung des Strahlendefektprofils einer Protonenimplantation in ein bis wenigstens 600 °C stabiles Akzeptorenprofil in platindotiertem Silizium. Dabei wirken das Akzeptorenprofil und das Wasserstoffdonatorenprofil gegendotierend aufeinander. Ein sehr ähnlicher Effekt lässt sich zudem auch in kupferhaltigem Silizium beobachten. Diese Effekte weisen deutlich auf die Empfindlichkeit der den Wasserstoffdonatoren zugrunde liegenden Defektkomplexen auf Kontaminationen im Siliziumsubstrat hin. Die Möglichkeit einer Inversion des protoneninduzierten Donatorprofils in ein Akzeptorprofil unterstreicht die unabdingbare Sorgfalt bei der Kontaminationsvermeidung während der Herstellungsprozesse von Halbleiterbauelementen.

Trotz der erreichten guten analytischen Beschreibung der Parameterabhängigkeiten der protoneninduzierten Donatorenprofile verbleiben einige wesentliche Fragestellungen ungeklärt. So sind die mikroskopischen Strukturen der bei einer Protonendotierung gebildeten Wasserstoffdonatorenkomplexe weiterhin unbekannt. Aus den vorhandenen experimentellen Daten lässt sich lediglich folgern, dass die Wasserstoffdonatorenkomplexe aus einem wasserstoffdekorierten Komplex aus strahleninduzierten Punktdefekten bestehen, die als Komplex nicht mobil sind. Die Ergebnisse dieser Arbeit zeigen eindeutig, dass die Wasserstoffdonatorenkomplexe eher dissoziieren als migrieren, ihre Migrationsbarrieren demnach wesentlich höher liegen als ihre Dissoziationsenergien. Wenigstens bei der hier als HD1 bezeichneten Donatorspezies kann zudem die Beteiligung von Sauerstoff als gesichert angesehen werden. Eine eindeutige Identifikation eines Defektkomplexes mit den Wasserstoffdonatoren muss die bislang unverstandenen Beobachtungen erklären können. Hierzu zählt die sublineare Abhängigkeit der gebildeten Konzentration der Wasserstoffdonatorenspezies HD2 von der implantierten Protonendosis beziehungsweise die vermeintliche Empfindlichkeit der Profilform auf die lokale Wasserstoffkonzentration.

Naheliegende Koimplantationsversuche, zur Erlangung weiterer Informationen über die Abhängigkeit der verschiedenen Wasserstoffdonatorenkomplexe von den zur Verfügung gestellten Punktdefekten und deren Konzentrationen werden derzeit bereits angestrebt. Bei diesen Versuchen werden die projizierte Reichweite der Heliumionen und Protonen gleichgesetzt und deren Dosen variiert. Zur Prüfung der Identifikation des zusätzlichen Donatorkomplexes in tiegelgezogenem Silizium wären Koimplantationen von Sauerstoff und Kohlenstoff in hochreines zonengeschmolzenes Silizium mit einer anschließenden Protonenimplantation ihren Aufwand wert. Derartige weitere Untersuchungen können noch weitere Hinweise auf die Identifikation der Wasserstoffdonatorenkomplexe geben. Letztlich werden aber mikroskopische Analysen und, unterstützend, simulative Rechnungen aufbauend auf die gelieferten makroskopischen Erkenntnisse zur Identifikation der protoneninduzierten Donatoren notwendig sein.

A Anhang

A.1 SRP-Referenzmessungen und Probenserien

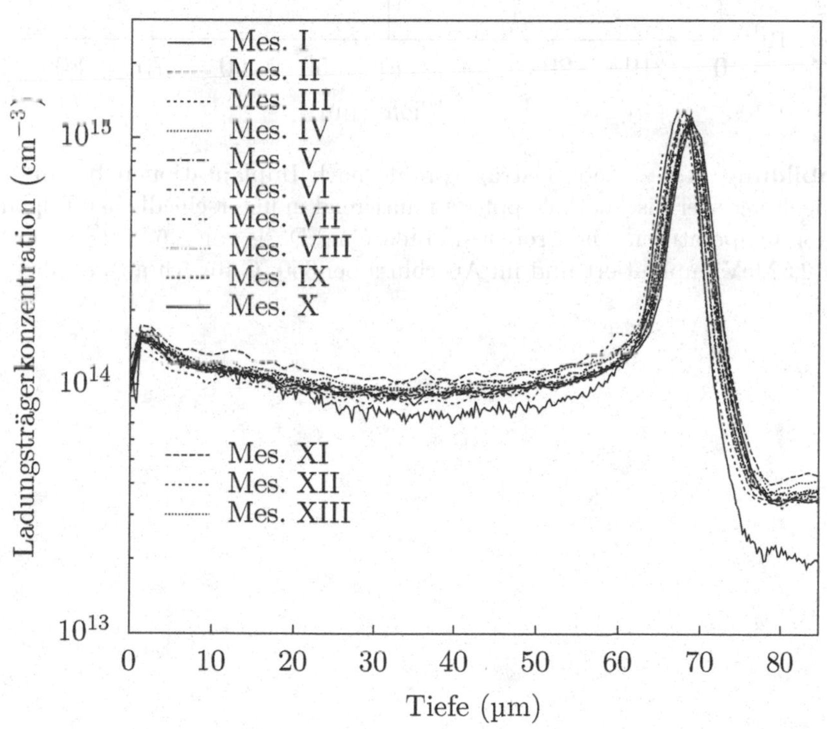

Abbildung A.1 – Ladungsträgerprofile aus Ausbreitungswiderstandsmessungen an stets derselben Referenzprobe aufgenommen zwischen dem 22. Nov. 2007 (Mes. I) und dem 13. Mai. 2009 (Mes. XIII)

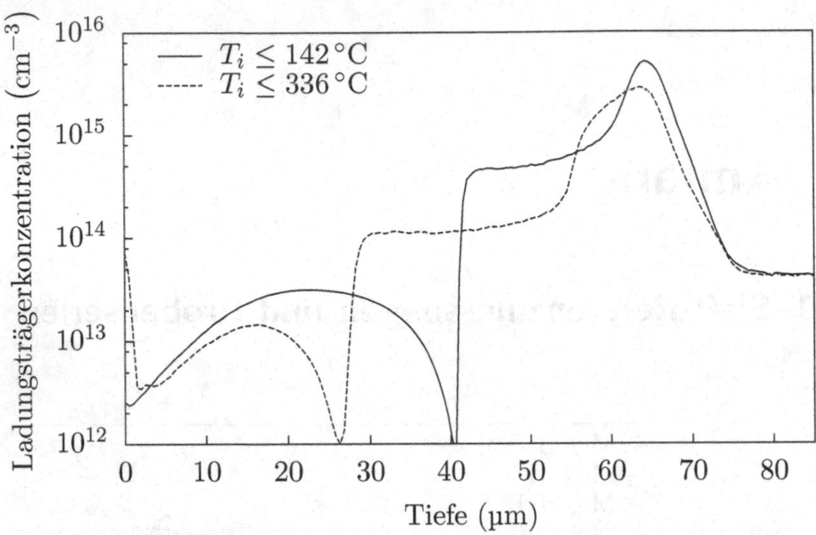

Abbildung A.2 – Ladungsträgerprofile nach Implantationen bei unterschiedlicher thermischer Ankopplung relutierend in unterschiedlichen Implantationstemperaturen. Die Proben sind mit einer Dosis von $1{,}6 \cdot 10^{15}\,p^{+}cm^{-2}$ bei 2,5 MeV implantiert und im Anschluss bei 350 °C für 5 h ausgeheilt.

Tabelle A.1 – Implantations- und Grundmaterialparameter der in der vorliegenden Arbeit verwendeten Probenserien. n-dotierte Proben waren vom jeweiligen Hersteller mit Phosphor und p-dotierte Proben mit Bor vordotiert.

Serie	Grundmaterial	Strahlstrom (p^+s^{-1})	T(Impl.) (°C)	Sauerstoff (cm^{-3})	Stickstoff (cm^{-3})
A07	n-FZ (120 Ωcm) Siltronic 6″	$\sim 10^{15}$	< 150	$3 \cdot 10^{15}$	10^{14}–10^{15}
C08	n-FZ (120 Ωcm) Siltronic 6″	$6–120 \cdot 10^{12}$	< 150	$3 \cdot 10^{15}$	10^{14}–10^{15}
E08	p-m:Cz (1,2 kΩcm) Shin-Etsu 8″	$\sim 10^{15}$	< 150	$3 \cdot 10^{17}$	$<$ dl
F08	p-m:Cz (1,2 kΩcm) Shin-Etsu 8″	$\sim 10^{15}$	< 150	$3 \cdot 10^{17}$	$<$ dl
G08	p-m:Cz (1,2 kΩcm) Shin-Etsu 8″	$\sim 10^{15}$	< 150	$3 \cdot 10^{17}$	$<$ dl
I09	p-m:Cz (1,2 kΩcm) Shin-Etsu 8″	$4 \cdot 10^{13}$	< 200	$3 \cdot 10^{17}$	$<$ dl
P10	n-FZ (120 Ωcm) Siltronic 6″	?	< 200	$3 \cdot 10^{15}$	10^{14}–10^{15}
Q10	n-FZ (120 Ωcm) Siltronic 8″	$0{,}6–3 \cdot 10^{15}$	diverse	$3 \cdot 10^{15}$	10^{14}–10^{15}
S10	n-FZ (120 Ωcm) Siltronic 6″	$6–120 \cdot 10^{12}$	< 150	$3 \cdot 10^{15}$	10^{14}–10^{15}
SR06	diverse	?	< 200	?	?
U10	n-FZ (120 Ωcm) Siltronic 6″	$\sim 10^{15}$	< 150	$3 \cdot 10^{15}$	10^{14}–10^{15}

A.2 Referenzmessung zum Ausfrierverhalten

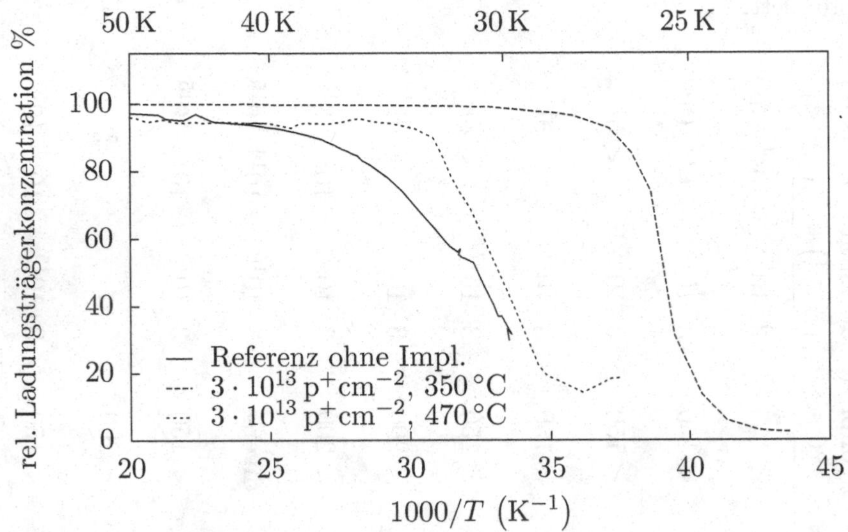

Abbildung A.3 – Aus Kapazitäts-Spannungsmessungen bei niedrigen Probentemperaturen unter 50 K gewonnene Ladungsträgerkonzentrationen in Proben implantiert mit 2,3 MeV schnellen Protonen durch einen 50 µm starken Aluminiumabsorber mit $3 \cdot 10^{13}\,p^+cm^{-2}$ nach einer anschließenden Temperung bei 350 °C oder 470 °C für 5 h mit einer Referenzmessung an einer unimplantierten sowie ungetemperten Probe der Serie A07. Die Messkurven sind jeweils auf ihren Wert bei 100 K normiert.

A.3 DLTS-Messungen

Im Folgenden sind die aus den DLTS-Messungen erhaltenen Zeitkonstanten τ_e zu den Haftstellen A–S jeweils in einer Arrhenius-Auftragung in der Form $\tau_e v_n^{\mathrm{th}} N_l^*$ dargestellt. In dieser Darstellung sind die Temperaturabhängigkeiten der thermischen Elektronengeschwindigkeit $v_n^{\mathrm{th}}(T)$ als proportional zu $\sqrt{T}$ sowie der Zustandsdichte im Leitungsband $N_l^*(T)$, welche hier als proportional zu $T^{3/2}$ angenommen wird, bereits berücksichtigt. Der Abstand der Energieniveaus der Haftstellen zum Leitungsband $(E_l - E_R)$ und deren Wirkungsquerschnitte σ_{Arr}^R wurden jeweils durch Annäherung von

$$\tau_e v_n^{\mathrm{th}} N_l^* = \left[\sigma_{\mathrm{Arr}}^R \exp\left(-\frac{E_l - E_R}{k_B T}\right)\right]^{-1} \tag{A.1}$$

an die gemessenen Daten bestimmt. Die so erhaltenen Werte sind in den jeweiligen Abbildungen angegeben. Eine Übersicht aller Haftstellen findet sich in Abbildung 5.3 auf Seite 190. Die nachfolgenden Abbildungen nennen aus Platzgründen jeweils nur die Probenbezeichnungen der darin abgebildeten experimentellen Daten. Die experimentellen Parameter zu den jeweiligen Proben mögen nachfolgender Tabelle A.2 entnommen werden.

Tabelle A.2 – Übersicht über die Implantations- und Ausheilparameter von Proben der Versuchsserie S10 für DLTS-Messungen. Die verwendete Implantationsenergie beträgt in allen Fällen 2,3 MeV.

Absorber-dicke (Al)	Dosis (p^+cm^{-2})	Ausheiltemperatur (5 h) 350 °C	400 °C	470 °C	500 °C
15 µm	$3 \cdot 10^{13}$	—	—	—	—
	$1 \cdot 10^{14}$	—	—	S100204	S100104
	$4 \cdot 10^{14}$	—	—	S100208	S100108
35 µm	$3 \cdot 10^{13}$	—	—	S100202	—
	$1 \cdot 10^{14}$	—	S100411	S100211	S100111
	$4 \cdot 10^{14}$	—	S100409	S100209	S100109
50 µm	$3 \cdot 10^{13}$	S100503	—	—	—
	$1 \cdot 10^{14}$	S100506	S100406	—	—
	$4 \cdot 10^{14}$	S100510	S100410	—	—

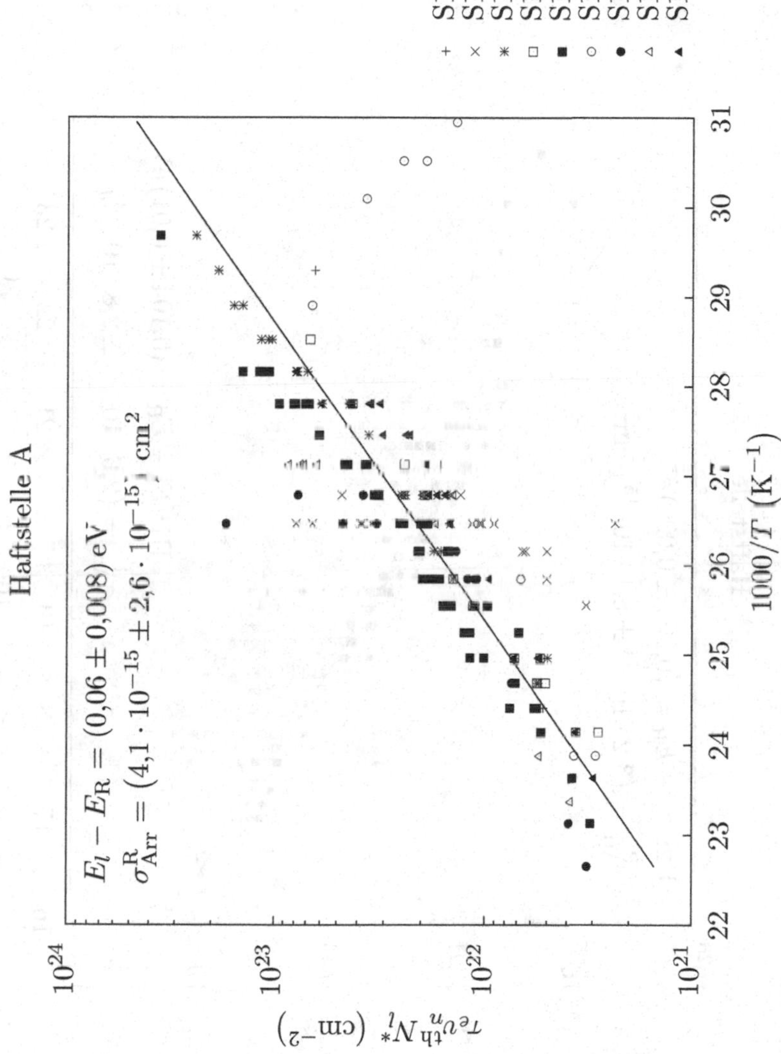

Abbildung A.4 – Arrhenius-Auftragung der Haftstelle A und Annäherung an die experimentellen Werte

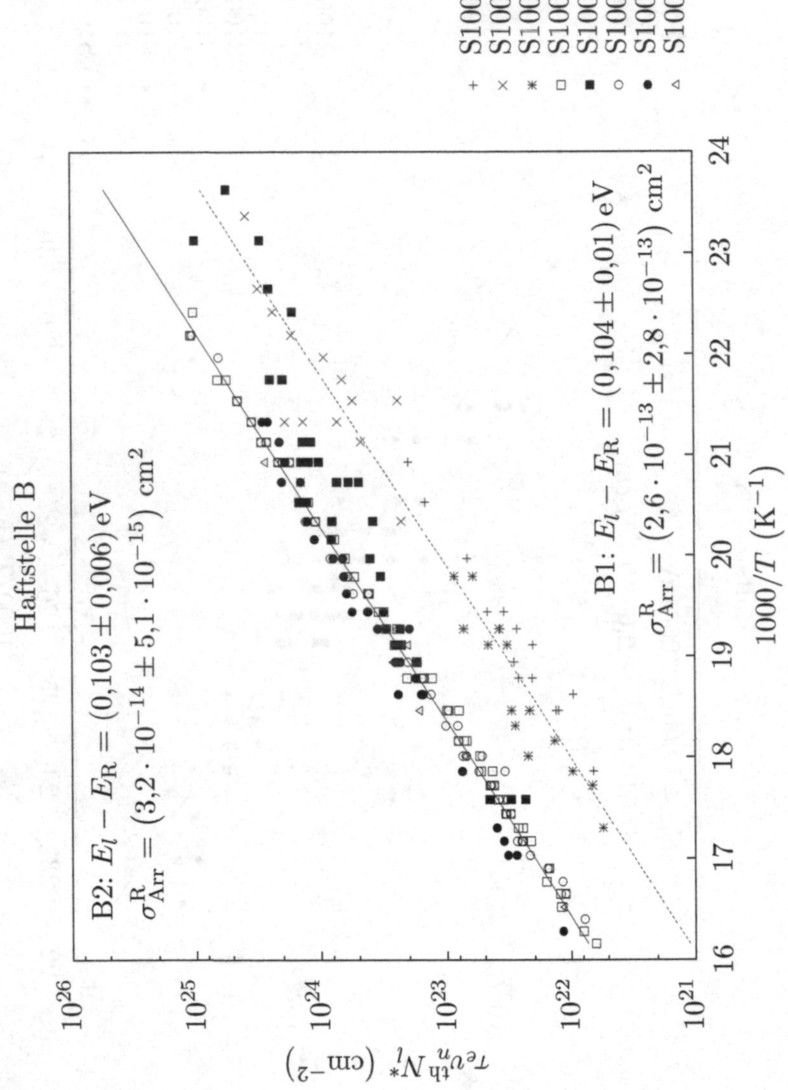

Abbildung A.5 – Arrhenius-Auftragung der Haftstellen B1 und B2 und Annäherung an die experimentellen Werte

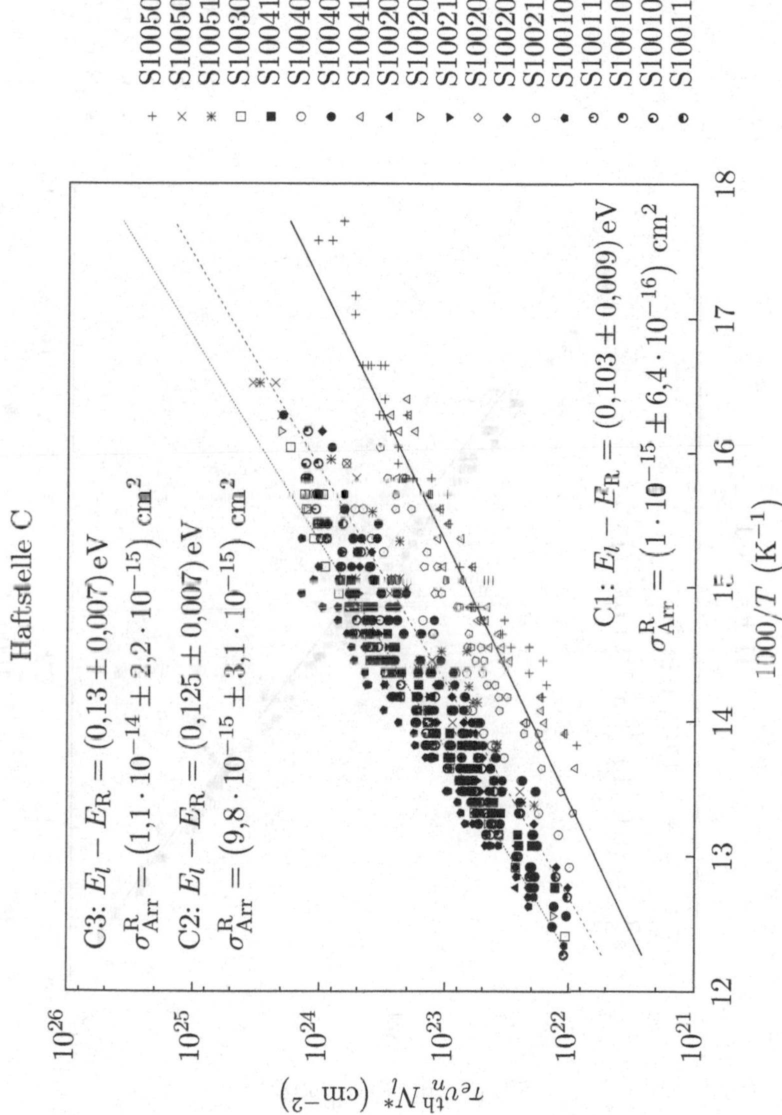

Abbildung A.6 – Arrhenius-Auftragung der Haftstellen C1, C2 und C3 und Annäherung an die experimentellen Werte

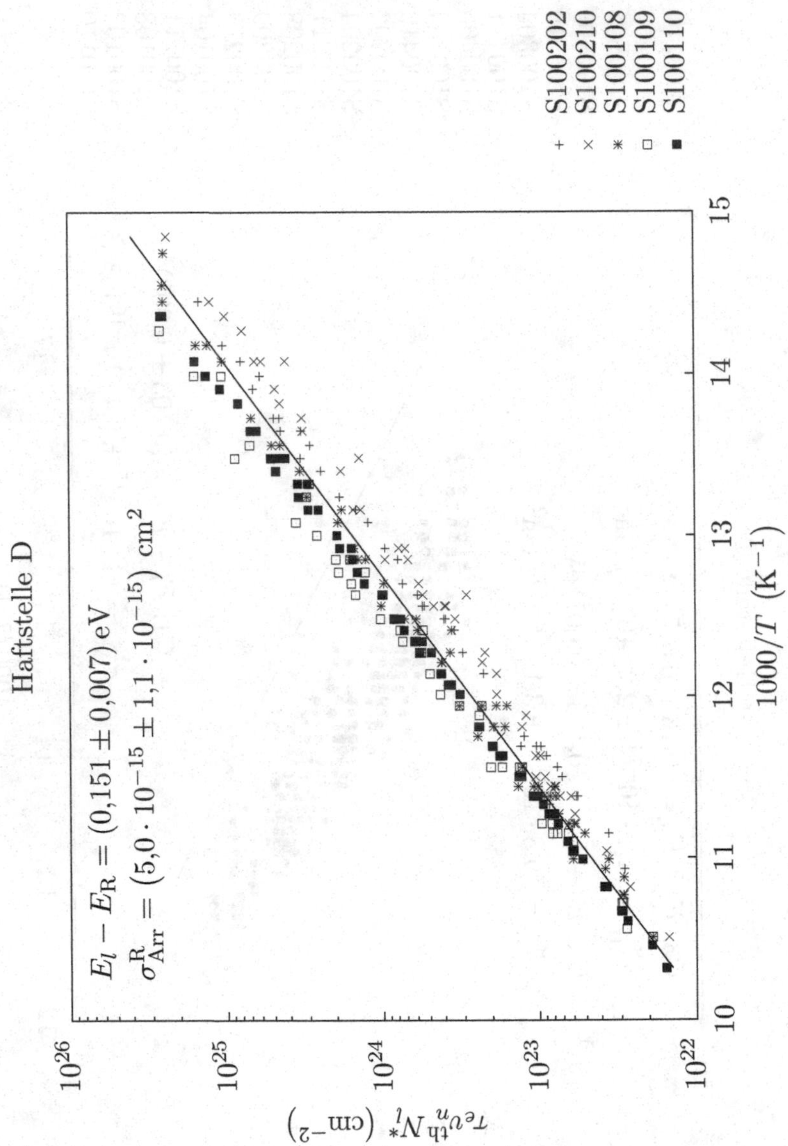

Abbildung A.7 – Arrhenius-Auftragung der Haftstelle D und Annäherung an die experimentellen Werte

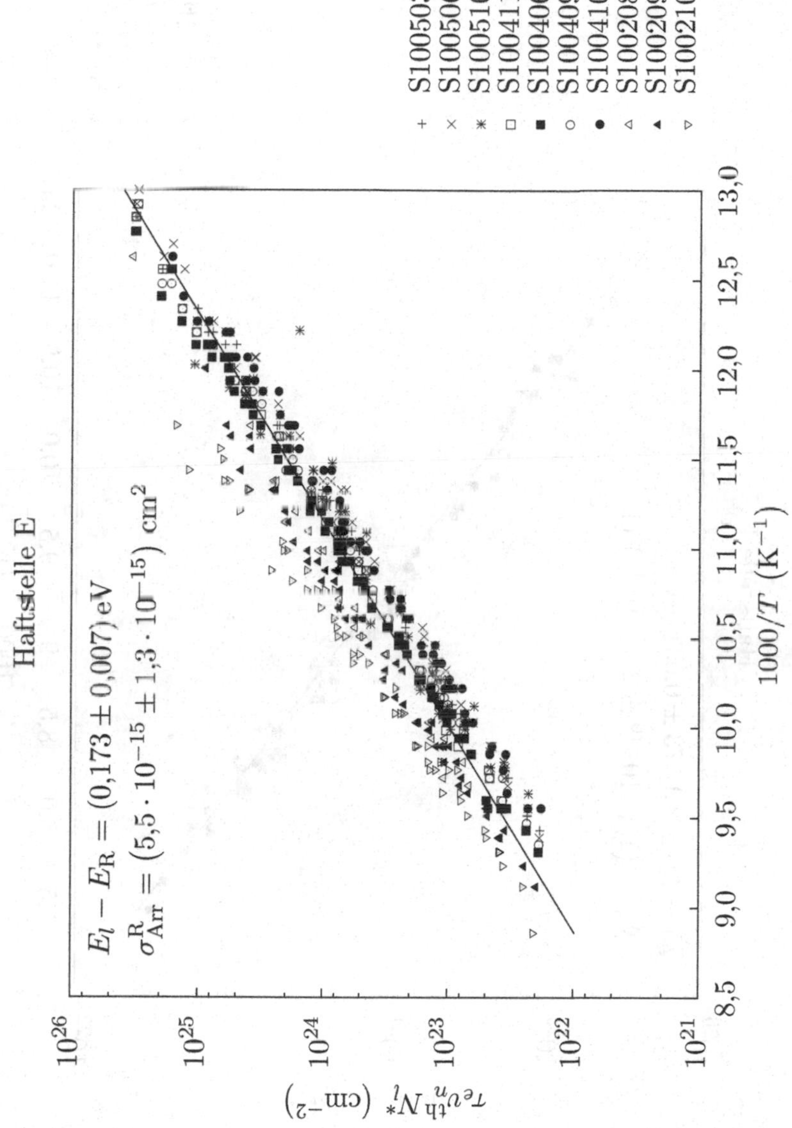

Abbildung A.8 – Arrhenius-Auftragung der Haftstelle E und Annäherung an die experimentellen Werte

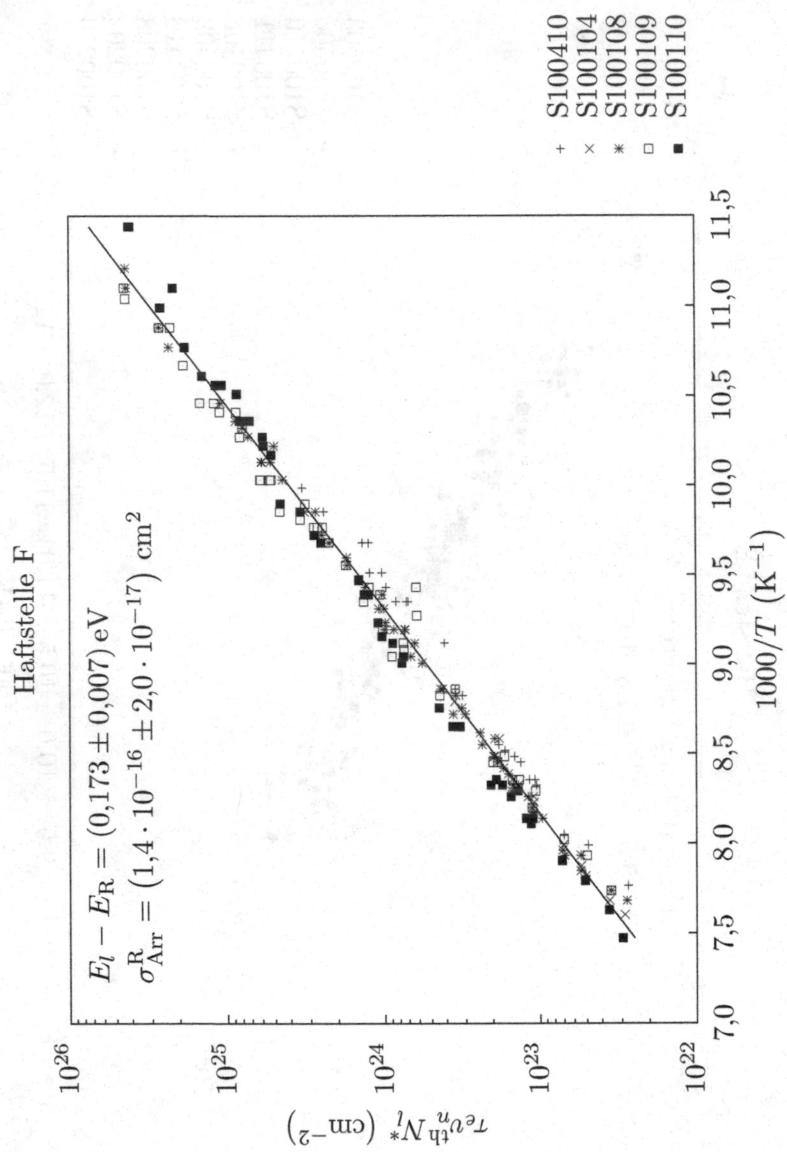

Abbildung A.9 – Arrhenius-Auftragung der Haftstelle F und Annäherung an die experimentellen Werte

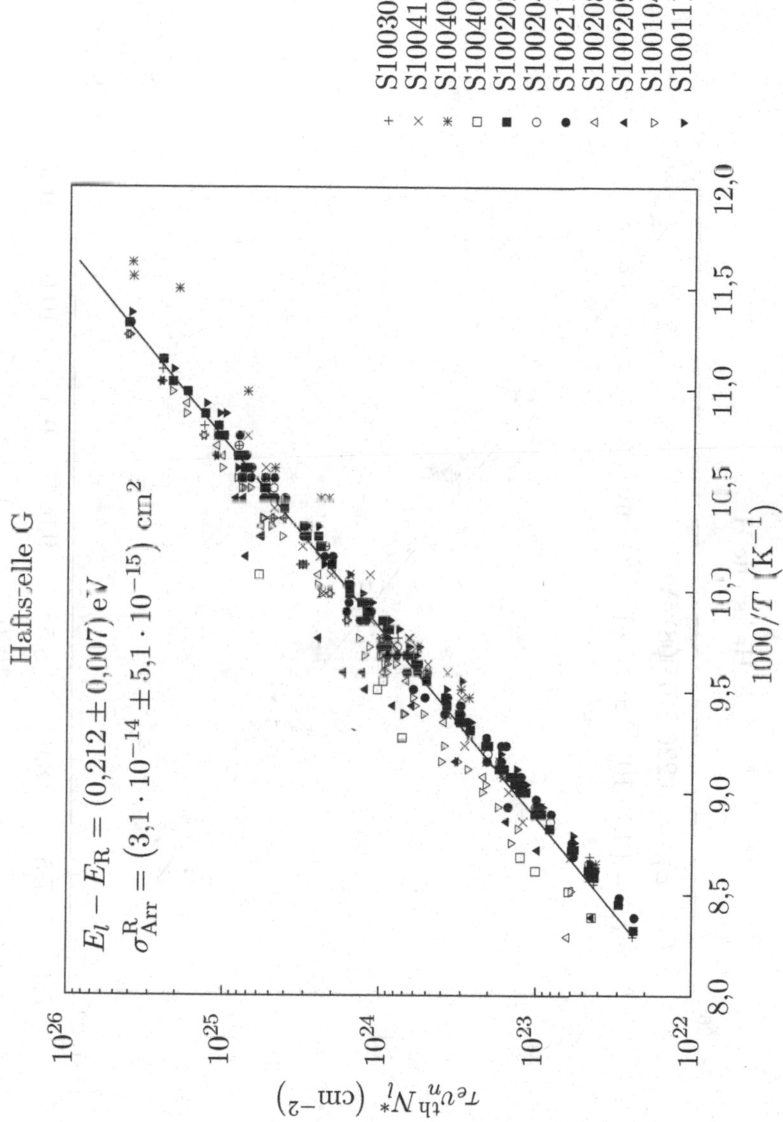

Abbildung A.10 – Arrhenius-Auftragung der Haftstelle G und Annäherung an die experimentellen Werte

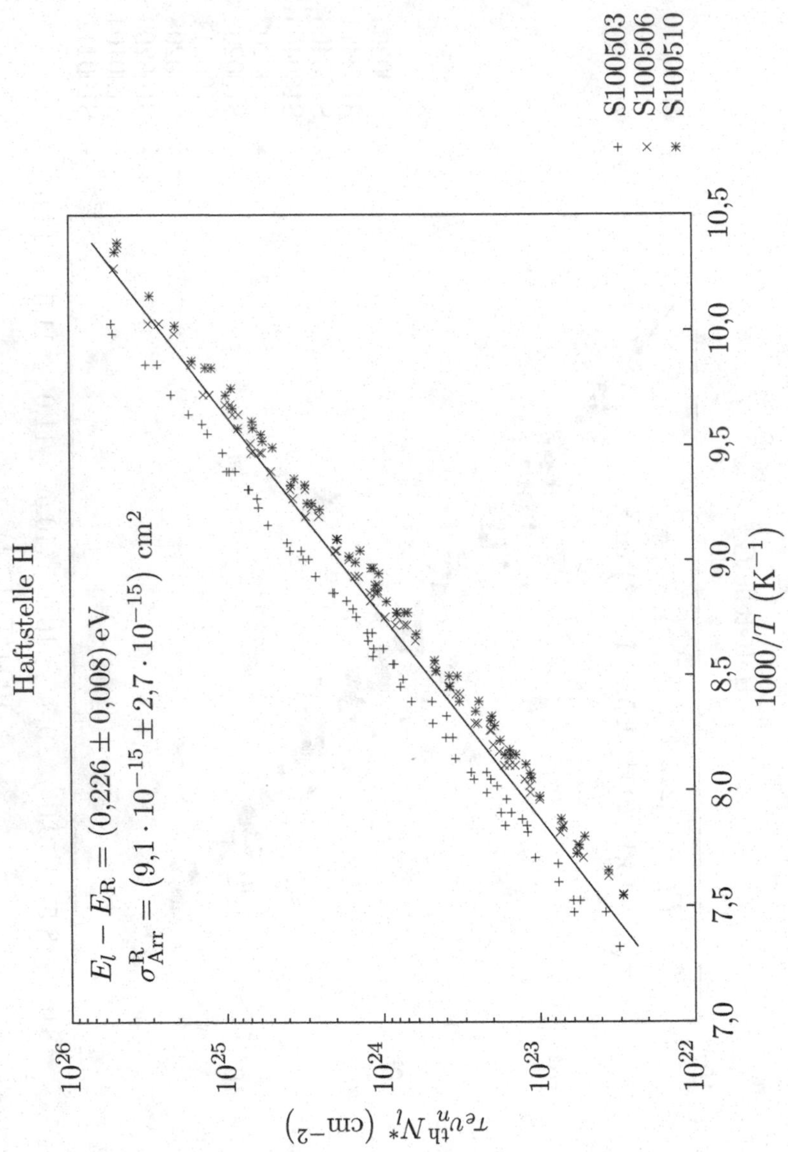

Abbildung A.11 – Arrhenius-Auftragung der Haftstelle H und Annäherung an die experimentellen Werte

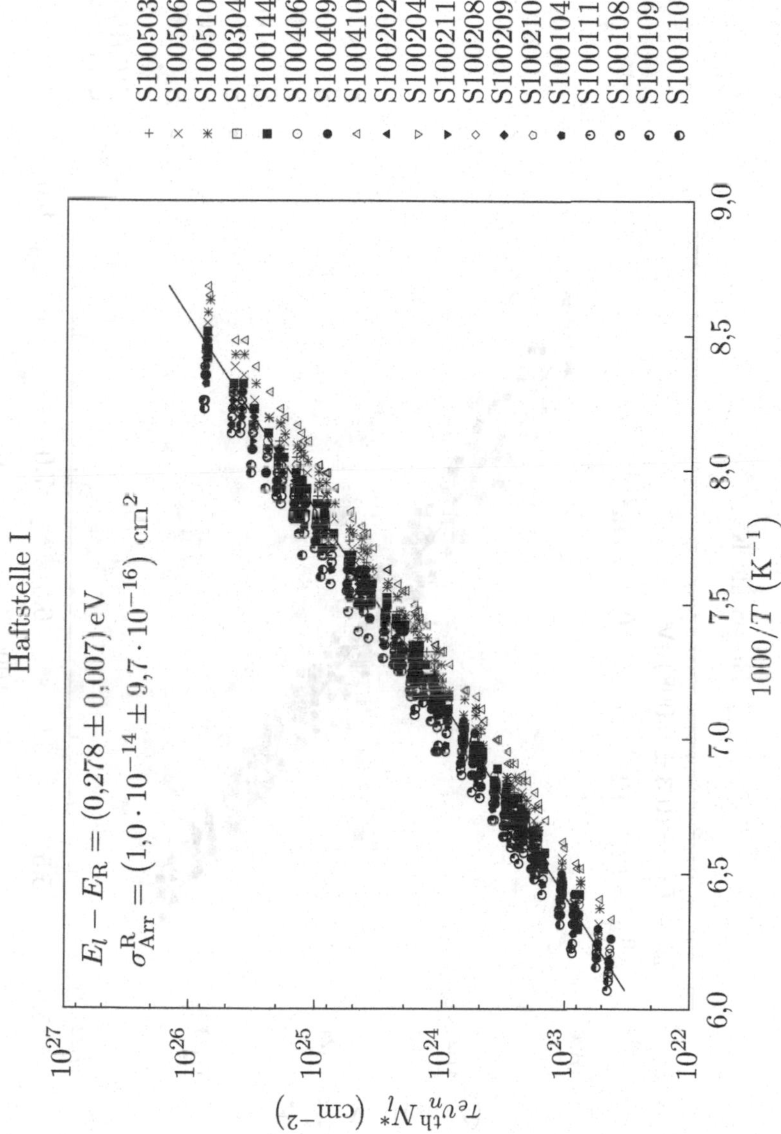

Abbildung A.12 – Arrhenius-Auftragung der Haftstelle I und Annäherung an die experimentellen Werte

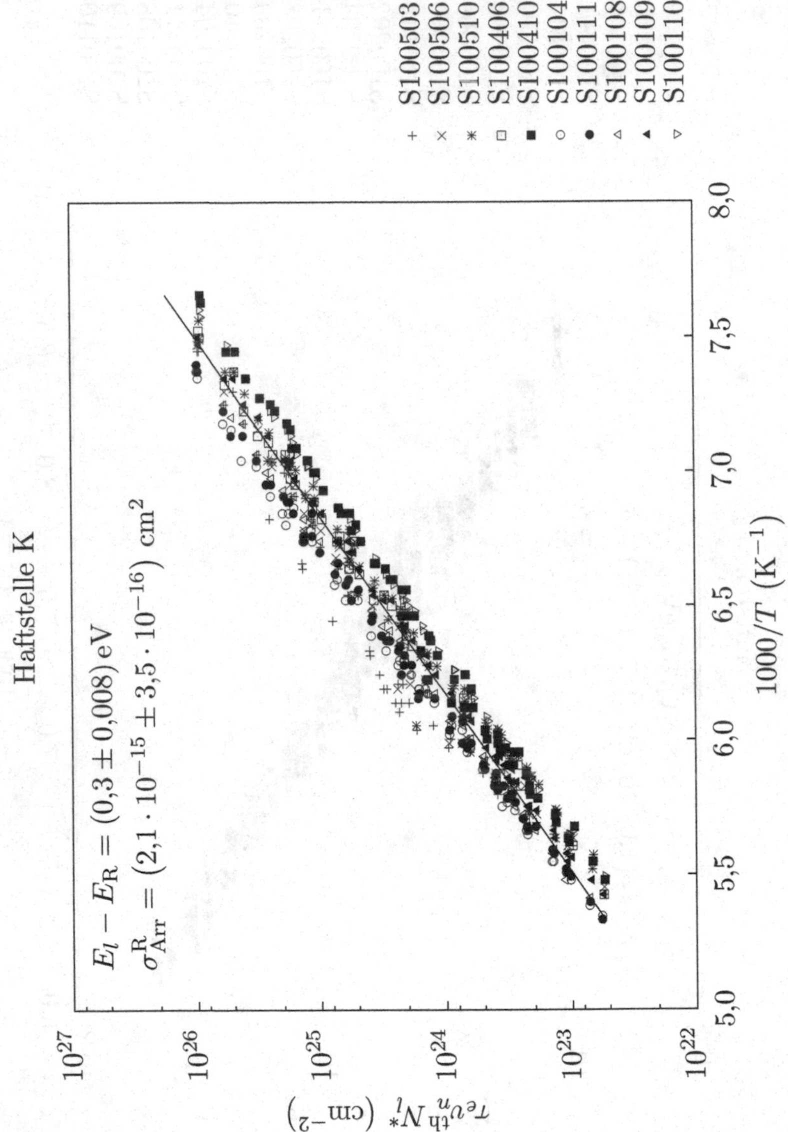

Abbildung A.13 – Arrhenius-Auftragung der Haftstelle K und Annäherung an die experimentellen Werte

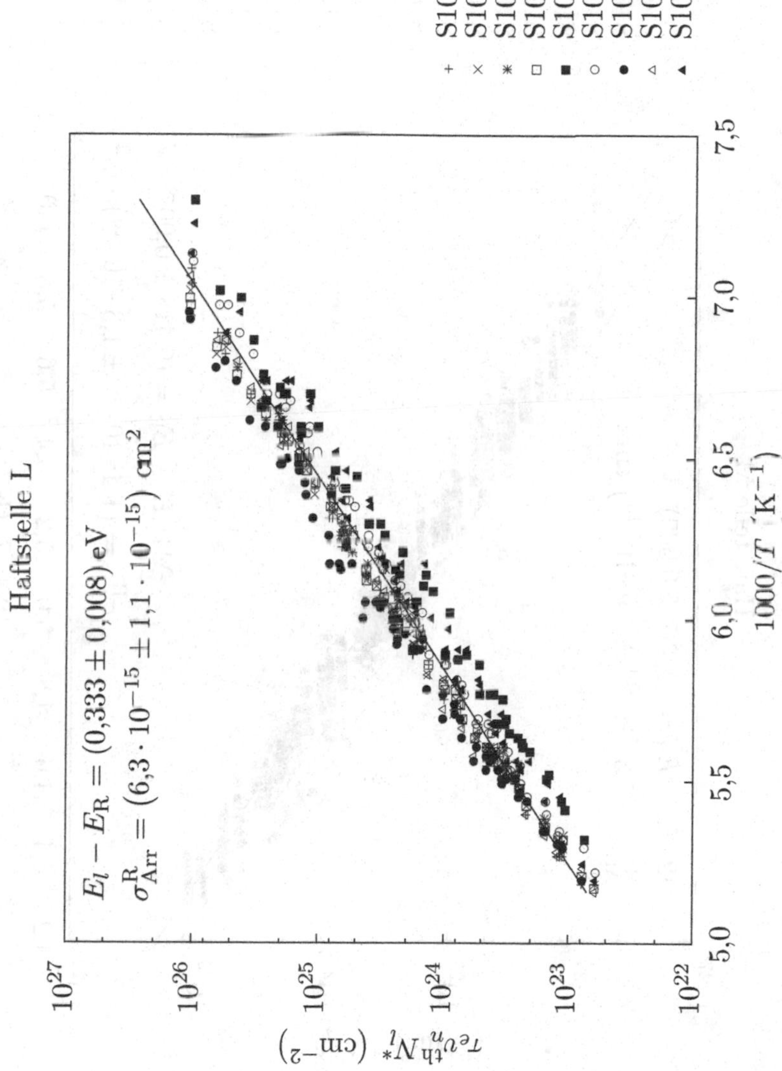

Abbildung A.14 – Arrhenius-Auftragung der Haftstelle L und Annäherung an die experimentellen Werte

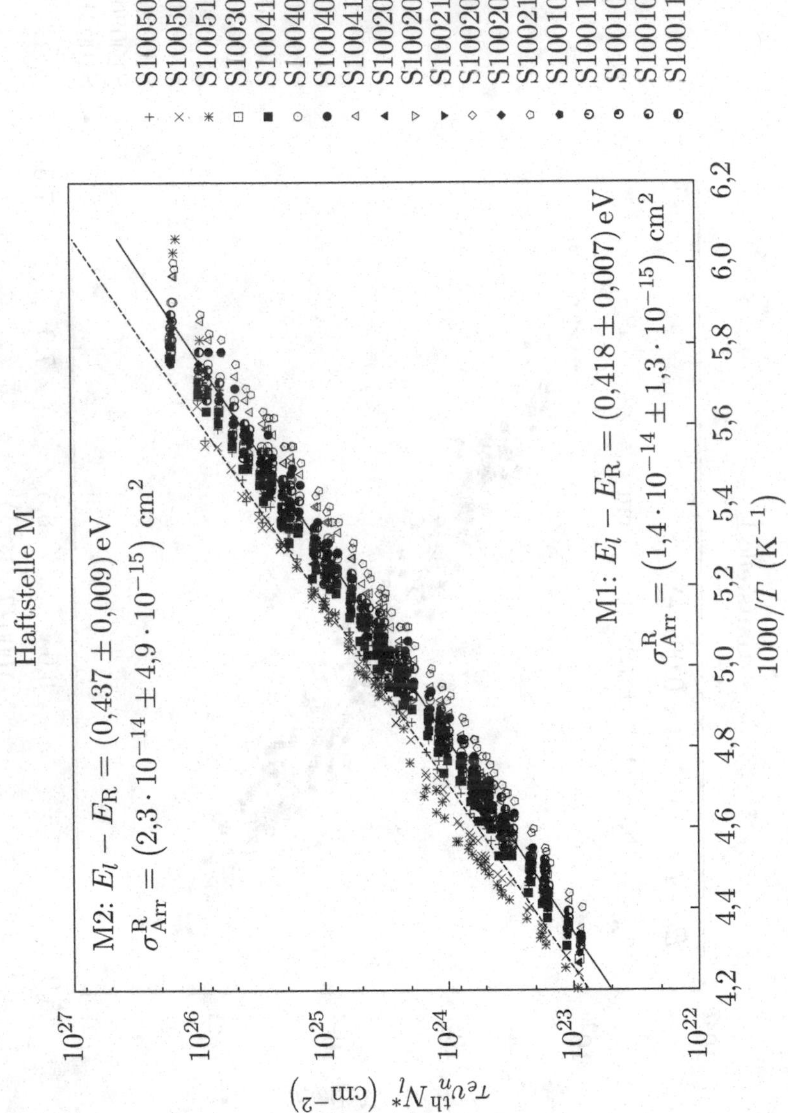

Abbildung A.15 – Arrhenius-Auftragung der Haftstellen M1 und M2 und Annäherung an die experimentellen Werte

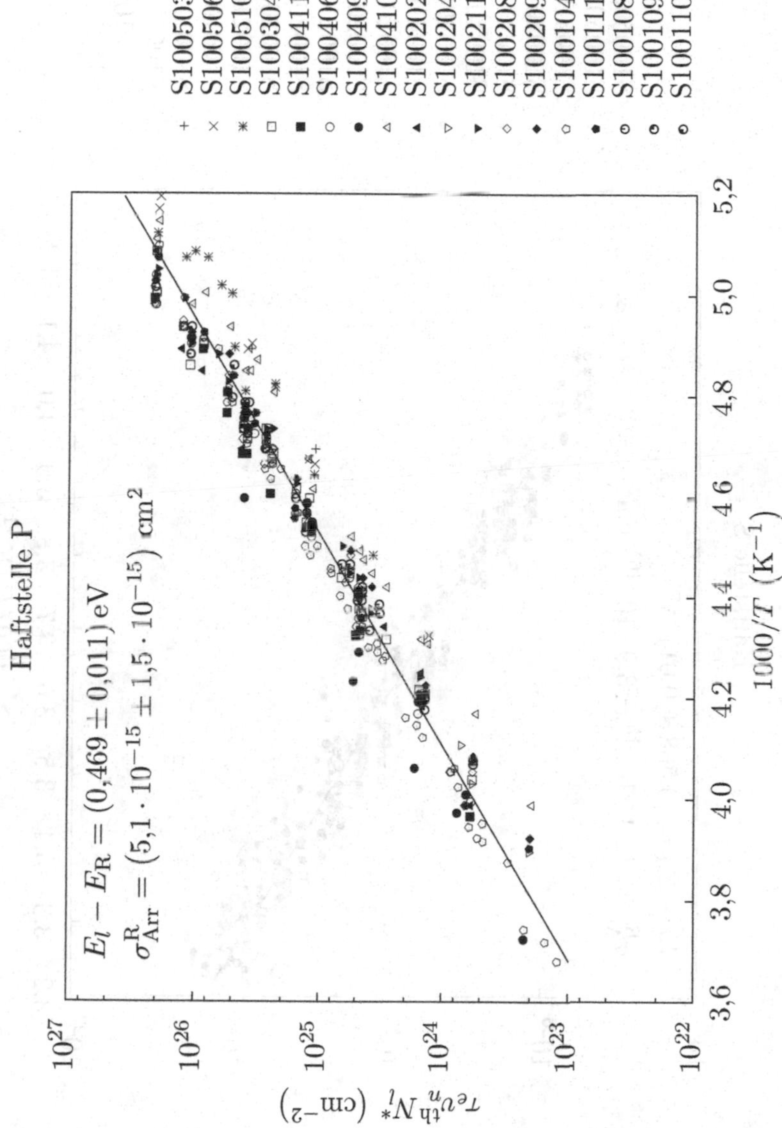

Abbildung A.16 – Arrhenius-Auftragung der Haftstelle P und Annäherung an die experimentellen Werte

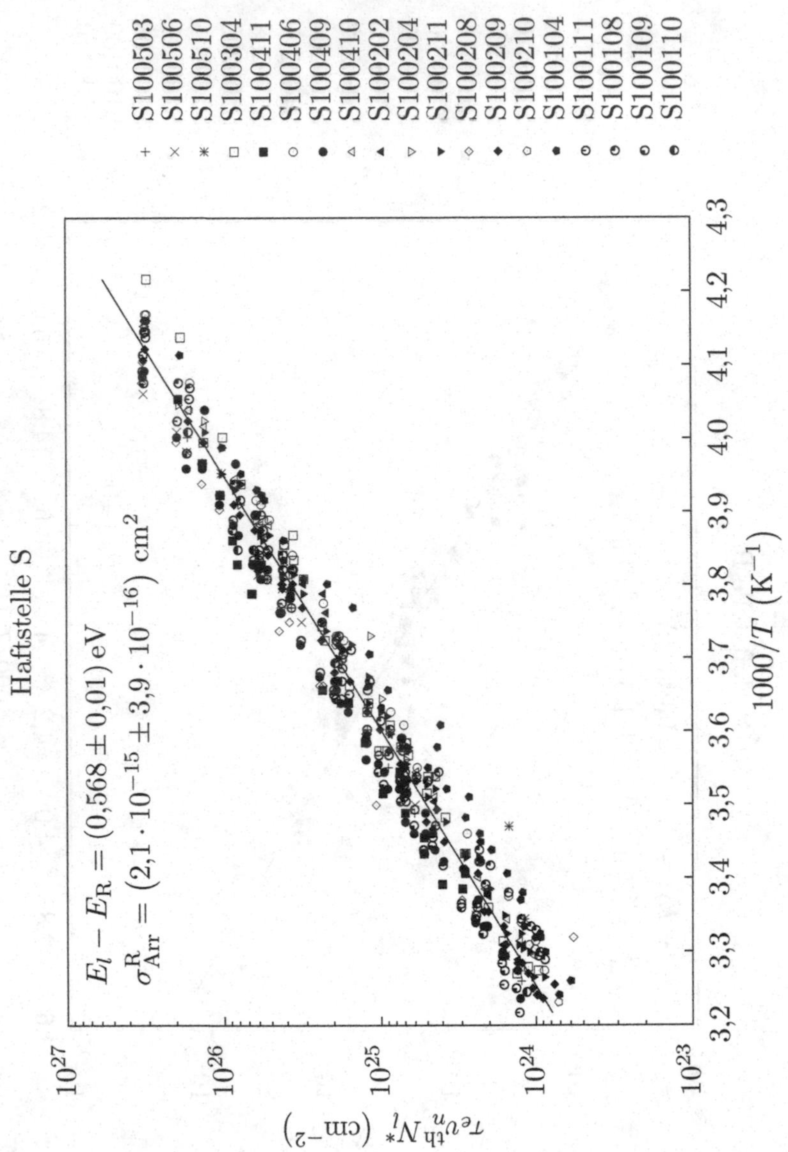

Abbildung A.17 – Arrhenius-Auftragung der Haftstelle S und Annäherung an die experimentellen Werte

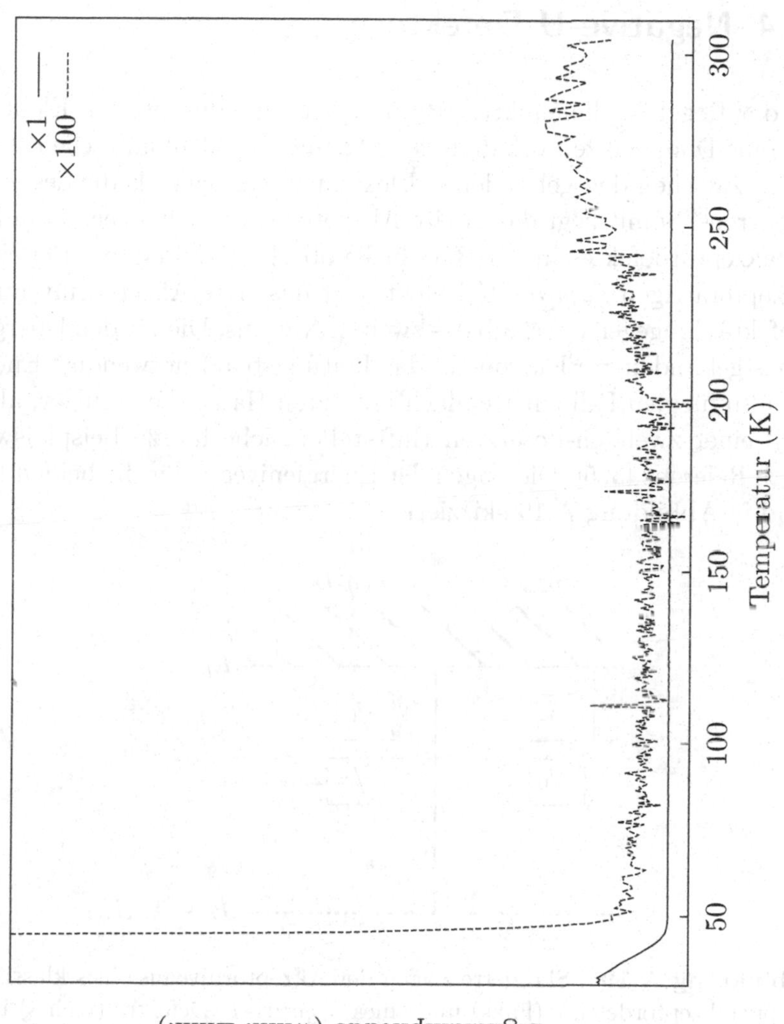

Abbildung A.18 – DLTS-Spektrum einer nicht implantierten Referenzprobe nach einer Temperung bei 470 °C für 5 h. Die dargestellte einfache Auflösung (×1) entspricht jener der in Kapitel 5 gezeigten DLTS-Spektren.

A.4 Negative-U Defekte

In der Regel ist die effektive Bindungsenergie des zweiten Elektrons an eine Doppelakzeptorhaftstelle aufgrund der Coulomb'schen Abstoßung zwischen den gebundenen Elektronen geringer als die des ersten Elektrons. Somit liegt das zweite Akzeptorniveau eines regulären Doppelakzeptordefektes in der Bandlücke oberhalb des ersten. Bei einem akzeptorartigen *negative-U* Defekt liegt das erste Akzeptorniveau des Defektes hingegen oberhalb des zweiten Niveaus. Die für den Übergang eines gebundenen Elektrons in das Leitungsband notwendige Energie ist also für den Fall einer einfach-besetzten Haftstelle geringer, als im Fall einer zweifach-besetzten Haftstelle. Siehe hierzu beispielsweise auch Referenz [325]. Die Lagen der Energieniveaus für die beiden Fälle sind in Abbildung A.19 skizziert.

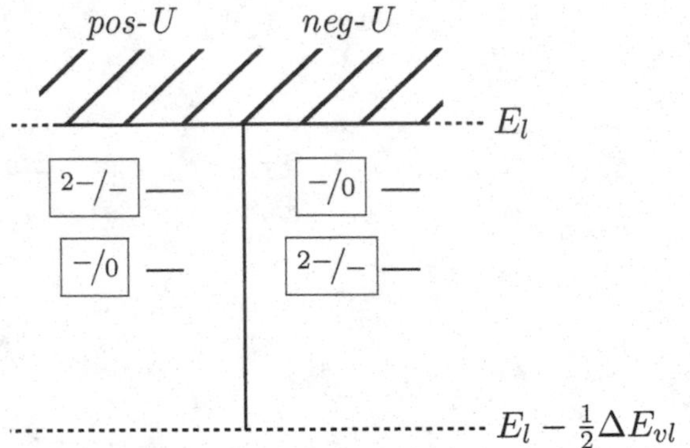

Abbildung A.19 – Skizzierte Lagen der Akzeptorniveaus eines klassischen Doppelakzeptordefekts (links) und eines *negative-U* Defektes (rechts) in der oberen Hälfte des verbotenen Bandes

Im normalen, in Abbildung A.19 links dargestellten Fall, ist die Gleichgewichtskonzentration von einfach-besetzten Haftstellen bei einer gegebenen Temperatur stets viel höher als die der zweifach-besetzten Haftstellen. Eine Füllung des zweiten Akzeptorniveaus wird somit nicht behindert. Beim Entleeren der Haftstellen während einer DLTS-Messung findet die Freisetzung der Elektronen aus dem zweiten Akzeptorniveau aufgrund der geringeren Ionisationsenergie wesentlich schneller statt, als die Entleerung des ersten Akzeptorniveaus. Die Signale der beiden Niveaus können somit gut voneinander getrennt untersucht werden. Die atypische Lage der Energieniveaus in *negative-U* Defekten ruft bei Messungen mit der DLTS-Methode mehrere Schwierigkeiten hervor:

- Durch die Lage der Energieniveaus im verbotenen Band wirkt die geringere Gleichgewichtskonzentration von einfach-besetzten Haftstellen verzögernd auf die Besetzung des zweiten Akzeptorniveaus, wodurch längere Füllimpulse notwendig werden, um das zweite Niveau ausreichend zu füllen.
- Bei der Emission von Elektronen aus zweifach-besetzten Haftstellen kann es zu überhöhten Signalamplituden kommen, da die Ionisationsenergie für die Emission des verbliebenen Elektrons aus dem einfach-besetzten Zustand geringer ist, als die für die vorangehende Entfernung eines Elektrons aus dem zweifach-besetzten Zustand.
- Die Konzentration der einfach-besetzten Haftstellen nimmt mit zunehmender Füllimpulsdauer ab, da die Gleichgewichtskonzentration des zweifach-besetzten Zustandes bei jeder Temperatur höher ist als die des einfach-besetzten Zustandes. Die Gleichgewichtskonzentration des einfach-besetzten Defektes wird somit nicht erreicht und eine korrekte Konzentrationsbestimmung ist unmöglich.

Bei temperaturabhängigen DLTS-Messungen, wie sie in der vorliegenden Arbeit verwandt werden, ist eine Konzentrationszunahme des zweiten Akzeptorniveaus eines *negative-U* Defektes mit erhöhter Füllimpulslänge zu beobachten. Zudem nimmt die gemessene Konzentration des einfach-besetzten Zustandes ab. Dabei ist die Zunahme des zweiten Akzeptorzustandes nicht in Deckung mit der Abnahme des ersten. Das DLTS-Spektrum bei temperaturabhängigen DLTS-Messungen setzte sich aus physikalisch unabhängigen Messungen bei jedem Temperaturschritt zusammen. Nur jeweils innerhalb einer solchen Messung gilt die Erhaltung der Summen der Defekte in den beiden Zuständen. Bei isothermischen DLTS-Messungen lässt sich aus der Addition der beiden Zustände auf die Konzentration des Defektes schließen.

A.5 HDProSim

Nachfolgend ist das in Kapitel 6 vorgestellte analytische Modell zur Beschreibung der Wasserstoffdonatorenprofile als Skript `HDProSim`[1] zur Interpretation durch Gnuplot [326] angefügt. Darin gibt die Funktion `CHD(x,T,t,V,N)` das Profil der Wasserstoffdonatorenkomplexe aus. Als Eingabe benötigt das Programm das Profil der Primärgitterleerstellen normiert pro implantiertem Proton in einer Klartextdatei `SRIM.dat` mit Tabulatortrennung und Dezimalpunkt. In dieser Datei ist in der ersten Spalte die Tiefe in Ångström und in der dritten Spalte die lokale Gitterleerstellenkonzentration in $(\mathrm{cm}^{-3}/\mathrm{cm}^{-2})$ anzugeben. Die projizierte Reichweite des implantierten Wasserstoffs muss für jede Protonenenergie händisch als Variable `Rp` in Zentimeter angegeben beziehungsweise im Skript angepasst werden.

```
Ver="03052012"


# Ladungsträgerprofil mit p-artiger dZ (6e13cm-3)
# und Grunddotierung G.
# - Verwende G>0 für n-typ, G<0 für p-typ Substrat
# - Verwende abs(CC(x,T,t,V,N,G)) für log. Darstellungen
CC(x,T,t,V,N,G)=\
     (x<Rp?CHD(x,T,t,V,N)-6e13:CHD(x,T,t,V,N)+G)

# Überschneidungsfunktion
# C(HD)=1/(1/C(HD0)+1/(C(H)**3/Akz**2))
CHD(x,T,t,V,N)=abs(1/(1+exp(log(C(T,t,V,N))+\
     2*log(6e13)-3*log(H(x,T,t,N)))))*C(T,t,V,N))
CHD1(x,T,t,V,N)=abs(1/(1+exp(log(HD1(T,t,V,N))+\
     2*log(6e13)-3*log(H(x,T,t,N)))))*HD1(T,t,V,N))
CHD2(x,T,t,V,N)=abs(1/(1+exp(log(HD2(T,t,V,N))+\
     2*log(6e13)-3*log(H(x,T,t,N)))))*HD2(T,t,V,N))
```

[1] HDProSim steht kurz für Wasserstoffdonatoren (*HD*) *Pro*fil*Sim*ulator

```
# Wasserstoffverteilung
# Dosis-Normierung auf 4e14cm-2
H(x,T,t,N)=N/sqrt(pi*D(T,N)*(t+t0/(N/4e14)))*\
     exp(-(Rp-x)**2/(4*D(T,N)*(t+t0/(N/4e14))))

# effektive Diffusionskonstante
D(T,N)=(N/4e14)*Do*exp(-Ea/(kB*(T)))
# Ansatz Deff=(H/H_trapped)*D
# D(T) gefunden für 4e14cm-2 -> normiere auf 4e14cm-2

C(T,t,V,N) = HD1(T,t,V,N)+HD2(T,t,V,N)
# Dissoziation
HD1(T,t,V,N)=HD01(V,N)*exp(-t/tauHD1(T))
tauHD1(T)=1/4.85e14*exp(2.55/kB/T)
HD2(T,t,V,N)=HD02(V,N)*exp(-t/tauHD2(T))
tauHD2(T)=1/1.2e15*exp(3/kB/T)

# HD-Kerne - Bildung aus Strahlenschaden
HD01(V,N)=V*N*AHD1
HD02(V,N)=sqrt(V*N)*AHD2

# Aktivierungskonstanten
AHD1 = 1.4e-4
AHD2 = 2.3e5

# Variablen der effektiven Wasserstoffdiffusion
t0 = 24336 # T-abhängige Aufweitungskorrektur in s
Do = 0.032 # (eff) Diffusionskonstante in cm2/s
Ea = 1.23 # (eff) Aktivierungsenergie in eV
kB = 8.617343e-005 # Boltzmann-Konstante in eV/K

# setze norun=1 um HDProSim nur zu laden
if (exists("norun")) exit

Rp = 0.0068 # Rp in cm
```

```
N = 4e14 # Dosis in cm-2
T = 400+273.15 # Ausheiltemperatur in K
t = 5*60.0*60.0 # Ausheilzeit in s

# Darstellung
set samples 10000
set logscale y
set format y '10^{%L}'
set key left top Left reverse
set xlabel 'Depth (microns)'
set ylabel 'Carrier concentration (cm^{-3})'
set xrange [0:90]
set yrange [1e12:1e16]

set title 'HDProSim Ver'.Ver
plot './SRIM.dat' \
     using ($1*1e-4):(CHD($1*1e-8,T,t,$3,N)):(10) \
     smooth csplines notitle
```

Literaturverzeichnis

[1] Schwuttke, G. H. ; Brack, K. ; Gorey, E. F. ; Kahan, A. ; Lowe, L. F.: Resistivity and annealing properties of implanted Si:H$^+$. In: *Rad. Eff.* 6 (1970), Nr. 1, S. 103–106

[2] Wondrak, W. ; Silber, D.: Buried recombination layers with enhanced n-type conductivity for silicon power devices. In: *Physica B* 129 (1985), S. 322–326

[3] Tokuda, Y. ; Ito, A. ; Ohshima, H.: Study of shallow donor formation in hydrogen-implanted n-type silicon. In: *Semicond. Sci. Technol.* 13 (1998), S. 194–199

[4] Markevich, V. P. ; Mchedlidze, T. ; Suezawa, M. ; Murin, L. I.: EPR study of hydrogen-related radiation-induced shallow donors in silicon. In: *Phys. Status Solidi B* 210 (1998), Nr. 2, S. 545–549

[5] Pokotilo, Yu. M. ; Petukh, A. N. ; Litvinov, V. V.: Donor center formation in silicon implanted with hydrogen ions. In: *Tech. Phys. Lett.* 30 (2004), Nr. 11, S. 962–963

[6] Mukashev, B. N. ; Tamendarov, M. F. ; Tokmoldin, S. Z. ; Frolov, V. V.: Hydrogen implantation into silicon. Infra-red absorption spectra and electrical properties. In: *Phys. Status Solidi A* 91 (1985), S. 509–522

[7] Komarnitskyy, V. ; Hazdra, P.: Electrical characterization of deep-lying donor layers created by proton implantation and subsequent annealing in n-type float-zone and Czochralski silicon. In: *ECS Trans.* 25 (2009), Nr. 3, S. 55–65

[8] Kozlovski, V. ; Abrosimova, V.: *Radiation defect engineering.* Singapur : World Scientific, 2005

[9] WONDRAK, Wolfgang: *Erzeugung von Strahlenschäden in Silizium durch hochenergetische Elektronen und Protonen.* Frankfurt am Main, Johann-Wolfgang-Goethe-Universität, Dissertation, 1985

[10] NEMOTO, M. ; YOSHIMURA, T. ; NAKAZAWA, H.: p-i-n diode with broad-buffer zone formed directly inside of silicon bulk wafer by using hydrogen-related shallow donor. In: *Appl. Phys. Express* 1 (2008), S. 051404

[11] POKOTILO, Yu. M. ; PETUKH, A. N. ; LITVINOV, V. V. ; TSVYRKO, V. G.: Formation of hydrogen donors in proton-implanted epitaxial silicon. In: *Inorganic Materials* 45 (2009), Nr. 11, S. 1205–1209

[12] GRAY, P. V. ; BROWN, D. M.: Density of SiO_2-Si Interface States. In: *Appl. Phys. Lett.* 8 (1966), Nr. 2, S. 31–33

[13] PEARTON, S. J.: The properties of hydrogen in crystalline silicon. In: KIMERLING, L. C. (Hrsg.) ; PARSEY, JR., J. M. (Hrsg.): *13th Int'l Conf. on Defects in Semiconductors* Metallurgical Society, A.I.M.E., 1985, S. 737–743

[14] SACHSE, J.-U. ; SVEINBJÖRNSSON, E. Ö. ; JOST, W. ; WEBER, J. ; LEMKE, H.: New interpretation of the dominant recombination center in platinum doped silicon. In: *Appl. Phys. Lett.* 70 (1997), Nr. 12, S. 1584–1586

[15] KNACK, S. ; WEBER, J. ; LEMKE, H.: Copper-hydrogen complexes in silicon. In: *Physica B* 273–274 (1999), S. 387–390

[16] JONES, R. ; COOMER, B. J. ; GOSS, J. P. ; HOURAHINE, B. ; RESENDE, A.: The interaction of hydrogen with deep level defects in silicon. In: *Solid State Phenom.* 71 (2000), S. 173–248

[17] SAH, C.-T. ; SUN, J. Y.-C. ; TZOU, J. J.-T.: Deactivation of the boron acceptor in silicon by hydrogen. In: *Appl. Phys. Lett.* 43 (1983), Nr. 2, S. 204–206

[18] PANKOVE, J. I. ; CARLSON, D. E. ; BERKEYHEISER, J. E. ; WANCE, R. O.: Neutralization of shallow acceptor levels in silicon by atomic hydrogen. In: *Phys. Rev. Lett.* 51 (1983), Nr. 24, S. 2224–2225. – siehe auch Ref. [23]

[19] PANKOVE, J. I. ; WANCE, R. O. ; BERKEYHEISER, J. E.: Neutralization of acceptors in silicon by atomic hydrogen. In: *Appl. Phys. Lett.* 45 (1984), Nr. 10, S. 1100–1102

[20] JOHNSON, N. M. ; HERRING, C. ; CHADI, D. J.: Interstitial hydrogen and neutralization of shallow-donor impurities in single-crystal silicon. In: *Phys. Rev. Lett.* 56 (1986), Nr. 7, S. 769–772

[21] BERGMAN, K. ; STAVOLA, M. ; PEARTON, S. J. ; LOPATA, J.: Donor-hydrogen complexes in passivated silicon. In: *Phys. Rev. B* 37 (1988), Nr. 5, S. 2770–2773

[22] CHANG, K. J. ; CHADI, D. J.: Hydrogen bonding and diffusion in crystalline silicon. In: *Phys. Rev. B* 40 (1989), Nr. 17, S. 11644–11653

[23] PANKOVE, J. I. ; CARLSON, D. E. ; BERKEYHEISER, J. E. ; WANCE, R. O.: Erratum zu Ref. [18]. In: *Phys. Rev. Lett.* 53 (1984), Nr. 8, S. 856

[24] FULLER, C. S. ; DITZENBERGER, J. A. ; HANNAY, N. B. ; BUEHLER, E.: Resitivity changes in silicon induced by heat treatment. In: *Phys. Rev.* 96 (1954), Nr. 3, S. 833

[25] KAISER, W. ; FRISCH, H. L. ; REISS, H.: Mechanism of the formation of donor states in heat-treated silicon. In: *Phys. Rev.* 112 (1958), Nr. 5, S. 1546–1554

[26] FULLER, C. S. ; LOGAN, R. A.: Effect of heat treatment upon the electrical properties of silicon crystals. In: *J. Appl. Phys.* 28 (1957), Nr. 12, S. 1427–1436

[27] BROWN, A. R. ; CLAYBOURN, M. ; MURRAY, R. ; NANDHRA, P. S. ; NEWMAN, R. C. ; TUCKER, J. H.: Enhanced thermal donor formation in silicon exposed to a hydrogen plasma. In: *Semicond. Sci. Technol.* 3 (1988), Nr. 6, S. 591–593

[28] STEIN, H. J. ; HAHN, S. K.: Hydrogen-accelerated thermal donor formation in Czochralski silicon. In: *Appl. Phys. Lett.* 56 (1990), Nr. 1, S. 63–65

[29] VAN WIERINGEN, A. ; WARMOLTZ, N.: On the permeation of hydrogen and helium in single crystal silicon and germanium at elevated temperatures. In: *Physica* 22 (1956), S. 849–865

[30] ICHIMIYA, T. ; FURUICHI, A.: On the solubility and diffusion coefficient of tritium in single crystals of silicon. In: *Int. J. Appl. Radiat. Isot.* 19 (1968), Nr. 7, S. 573–578

[31] JOHNSON, N. M. ; BIEGELSEN, D. K. ; MOYER, M. D.: Deuterium passivation of grain-boundary dangling bonds in silicon thin films. In: *Appl. Phys. Lett.* 40 (1982), Nr. 10, S. 882–884

[32] WILSON, R. G.: Depth distributions of hydrogen-impanted and annealed silicon. In: *Appl. Phys. Lett.* 49 (1986), Nr. 20, S. 1375–1377

[33] JI, C. ; SHI, T. ; WANG, P.: A study of hydrogenation in a high-purity silicon crystal. In: *Nucl. Instr. and Meth. in Phys. Res. B* 12 (1985), Nr. 4, S. 486–489

[34] FINK, D. ; KRAUSER, J. ; NAGENGAST, D. ; ALMEIDA MURPHY, T. ; ERXMEIER, J. ; PALMETSHOFER, L. ; BRÄUNIG, D. ; WEIDINGER, A.: Hydrogen implantation and diffusion in silicon and silicon dioxide. In: *Appl. Phys. A* 61 (1995), S. 381–388

[35] BINNS, M. J. ; MCQUAID, S. A. ; NEWMAN, R. C. ; LIGHTOWLERS, E. C.: Hydrogen solubility in silicon and hydrogen defects present after quenching. In: *Semicond. Sci. Technol.* 8 (1993), Nr. 10, S. 1908–1911

[36] TAVENDALE, A. J. ; ALEXIEV, D. ; WILLIAMS, A. A.: Field drift of the hydrogen-related, acceptor-neutralizing defect in diodes from hydrogenated silicon. In: *Appl. Phys. Lett.* 47 (1985), Nr. 3, S. 316–318

[37] SCHMALZ, K. ; TITTELBACH-HELMRICH, K.: On the hydrogen diffusion in silicon at about 100 °C. In: *Phys. Status Solidi A* 113 (1989), S. K9–K13

[38] MOGRO-CAMPERO, A. ; LOVE, R. P. ; SCHUBERT, R.: Drastic changes in the electrical resistance of Au-doped Si produced by a H-Plasma. In: *J. Electrochem. Soc.* 132 (1985), Nr. 8, S. 2006–2009

[39] PANKOVE, J. I. ; MAGEE, C. W. ; WANCE, R. O.: Hole-mediated chemisorption of atomic hydrogen in silicon. In: *Appl. Phys. Lett.* 47 (1985), Nr. 7, S. 748–750

[40] STEIN, H. J. ; HAHN, S.: Depth profiles for hydrogen-enhanced thermal donor formation in silicon: Spreading resistance probe measurements. In: *J. Electrochem. Soc.* 142 (1995), Nr. 4, S. 1242–1247

[41] HUANG, Y. L. ; MA, Y. ; JOB, R. ; ULYASHIN, A. G.: Hydrogen diffusion at moderate temperatures in p-type Czochralski silicon. In: *J. Appl. Phys.* 96 (2004), Nr. 12, S. 7080–7086

[42] HARA, A.: Diffusion coefficient of hydrogen in silicon at an intermediate temperature. In: *Jpn. J. Appl. Phys.* 46 (2007), Nr. 3A, S. 962–964

[43] HUANG, Y. L. ; MA, Y. ; JOB, R. ; FAHRNER, W. R. ; SIMOEN, E. ; CLAEYS, C.: The lower boundary of the hydrogen concentration required for enhancing oxygen diffusion and thermal donor formation in Czochralski silicon. In: *J. Appl. Phys.* 98 (2005), S. 033511–1–4

[44] NEWMAN, R. C. ; TUCKER, J. H. ; BROWN, A. R. ; MCQUAID, S. A.: Hydrogen diffusion and the catalysis of enhanced oxygen diffusion in silicon at temperatures below 500 °C. In: *J. Appl. Phys.* 70 (1991), Nr. 6, S. 3061–3070

[45] RIZK, R. ; DE MIERRY, P. ; BALLUTAUD, D. ; AUCOUTURIER, M. ; MATHIOT, D.: Hydrogen diffusion and passivation processes in p- and n-type crystalline silicon. In: *Phys. Rev. B* 44 (1991), Nr. 12, S. 6141–6151

[46] CORBETT, J. W. ; LINDSTRÖM, J. L. ; PEARTON, S. J.: Hydrogen in silicon. In: *Mater. Res. Soc. Symp. Proc.* 104 (1988), S. 229–239

[47] HUANG, Y. L. ; WDOWIAK, B. ; JOB, R. ; MA, Y. ; FAHRNER, W. R.: Dependence of hydrogen diffusion on the electric field in p-type silicon. In: *J. Electrochem. Soc.* 151 (2004), Nr. 9, S. G564–G567

[48] JOHNSON, N. M. ; HERRING, C.: Hydrogen immobilization in silicon p-n junctions. In: *Phys. Rev. B* 38 (1988), Nr. 2, S. 1581–1584

[49] CAPIZZI, M. ; MITTIGA, A.: Hydrogen in Si: Diffusion and shallow impurity deactivation. In: *Physica B+C* 146 (1987), Nr. 1–2, S. 19–29

[50] JOHNSON, N. M.: Mechanism for hydrogen compensation of shallow-acceptor impurities in single-crystal silicon. In: *Phys. Rev. B* 31 (1985), Nr. 8, S. 5525–5528

[51] VAN DE WALLE, C. G. ; DENTENEER, P. J. H. ; BAR-YAM, Y. ; PANTELIDES, S. T.: Theory of hydrogen diffusion and reactions in crystalline silicon. In: *Phys. Rev. B* 39 (1989), Nr. 15, S. 10791–10808

[52] Buda, F. ; Chiarotti, G. L. ; Car, R. ; Parrinello, M.: Proton diffusion in crystalline silicon. In: *Phys. Rev. Lett.* 63 (1989), Nr. 3, S. 294–297

[53] Blöchl, P. E. ; Van de Walle, C. G. ; Pantelides, S. T.: First-principles calculations of diffusion coefficients: Hydrogen in silicon. In: *Phys. Rev. Lett.* 64 (1990), Nr. 12, S. 1401–1404

[54] Van de Walle, C. G. ; Tuttle, B. R.: Microscopic theory of hydrogen in silicon devices. In: *IEEE Trans. Electron Dev.* 47 (2000), Nr. 10, S. 1779–1786

[55] Holbech, J. D. ; Bech Nielsen, B. ; Jones, R. ; Sitch, P. ; Öberg, S.: H* defect in crystalline silicon. In: *Phys. Rev. Lett.* 71 (1993), Nr. 6, S. 875–878

[56] Pritchard, R. E. ; Ashwin, M. J. ; Tucker, J. H. ; Newman, R. C. ; Lightowlers, E. C. ; Binns, M. J. ; McQuaid, S. A. ; Falster, R.: Interactions of hydrogen molecules with bond-centered interstitial oxygen and another defect center in silicon. In: *Phys. Rev. B* 56 (1997), Nr. 20, S. 13118–13125

[57] Leitch, A. W. R. ; Alex, V. ; Weber, J.: Raman spectroscopy of hydrogen molecules in crystalline silicon. In: *Phys. Rev. Lett.* 81 (1998), Nr. 2, S. 421–424

[58] Estreicher, S. K.: Hydrogen-related defects in crystalline semiconductors: A theorist's perspective. In: *Mater. Sci. Eng. R* 14 (1995), S. 319–412

[59] Mathiot, D.: Modeling of hydrogen diffusion in n- and p-type silicon. In: *Phys. Rev. B* 40 (1989), Nr. 8, S. 5867–5870

[60] Beyer, W. ; Zastrow, U.: Solubility and diffusion of hydrogen in hydrogenated crystalline and amorphous silicon. In: *J. Non-Cryst. Solids* 227–230 (1998), Nr. 2, S. 880–884

[61] Antonova, I. V. ; Miskiuk, A. ; Londos, C. A. ; Barcz, A. ; Vandyshev, E. N. ; Bak-Misiuk, J. ; Zhuravlev, K. S. ; Kaniewska, M.: Defect-related diffusion of hydrogen in silicon. In: *Physica B* 340-342 (2003), S. 659–663

[62] SRIKANTH, K. ; ASHOK, S.: Trapping of atomic hydrogen in silicon by disordered regions. In: *J. Appl. Phys.* 70 (1991), Nr. 9, S. 4779–4783

[63] MA, Y. ; JOB, R. ; DÜNGEN, W. ; HUANG, Y. L. ; FAHRNER, W. R. ; BEAUFORT, M. F. ; ROUSSELET, S. ; HORSTMANN, J. T.: Trapping of hydrogen in argon-implanted crystalline silicon. In: *Appl. Phys. Lett.* 86 (2005), Nr. 25, S. 252109

[64] HUANG, Y. L. ; MA, Y. ; JOB, R. ; FAHRNER, W. R.: Suppression of hydrogen diffusion at the hydrogen-induced platelets in *p*-type Czochralski Silicon. In: *Appl. Phys. Lett.* 86 (2005), S. 131911

[65] ULYASHIN, A. G. ; PETLITSKII, A. N. ; JOB, R. ; FAHRNER, W. R. ; FEDOTOV, A. K. ; STOGNII, A. I.: The influence of low-energy argon implantation and out-diffusion heat treatments on hydrogen-enhanced thermal donor formation in *p*-type Czochralski silicon. In: *Solid State Phenom.* 69–70 (1999), S. 409–416

[66] SCHRÖDER, D.: *Leistungselektronische Bauelemente*. Berlin : Springer, 2006

[67] Schutzrecht DE 1 564 251: Steuerbarer Halbleitergleichrichter (1966). SIXTUS, K. ; GERLACH, W. (Erfinder).

[68] Schutzrecht US 4 056 408: Reducing the switching time of semiconductor devices by nuclear irradiation (1977). BARTKO, J. ; SUN, K. H. (Erfinder); Westinghouse Electric Corporation (Anmelder).

[69] BALIGA, B. J. ; SUN, E.: Comparison of gold, platinum, and electron irradiation for controlling lifetime in power rectifiers. In: *IEEE Trans. Electron. Dev.* 24 (1977), Nr. 6, S. 685–688

[70] TEMPLE, V. A. K. ; HOLROYD, F. W.: Optimizing carrier lifetime profile for improved trade-off between turn-off time and forward drop. In: *IEEE Trans. Electron. Dev.* 30 (1983), Nr. 7, S. 782–790

[71] SAWKO, D. C. ; BARTKO, J.: Production of fast switching power thyristors by proton irradiation. In: *IEEE Trans. Nucl. Sci.* 30 (1983), Nr. 2, S. 1756–1758

[72] HAZDRA, P. ; BRAND, K. ; RUBEŠ, J. ; VOBECKÝ, J.: Local lifetime control by light ion irradiation: Impact on blocking capability of power P-i-N diode. In: *Microelectron. J.* 32 (2001), S. 449–456

[73] SIEMIENIEC, R. ; LUTZ, J.: Possibilities and limits of axial lifetime control by radiation induced centers in fast recovery diodes. In: *Microelectron. J.* 35 (2004), S. 259–267

[74] COVA, P. ; MENOZZI, R. ; PORTESINE, M. ; BIANCONI, M. ; GOMBIE, E. ; MOSCA, R.: Experimental and numerical study of H^+ irradiated p-i-n diodes for snubberless applications. In: *Solid-State Electron.* 49 (2005), S. 183–191

[75] SIEMIENIEC, R. ; SCHULZE, H.-J. ; NIEDERNOSTHEIDE, F.-J. ; SÜDKAMP, W. ; LUTZ, J.: Compensation and doping effects in heavily helium-radiated silicon for power device applications. In: *Microelectron. J.* 37 (2006), Nr. 3, S. 204–212

[76] BULGAKOV, Yu. V. ; KOLOMENSKAYA, T. I. ; KUZNETSOV, N. V. ; SHULGA, V. I. ; ZARITSKAYA, V. A.: The nature and distribution of radiation-induced defects in silicon along the range of protons and alpha particles. In: *Rad. Effects* 54 (1981), Nr. 3–4, S. 129–134

[77] KHÁNH, N. Q. ; KOVÁCSICS, Cs. ; MOHÁCSY, T. ; ÁDÁM, M. ; GYULAI, J.: Measuring the generation lifetime profile modified by MeV H^+ ion implantation in silicon. In: *Nucl. Instr. and Meth. in Phys. Res. B* 147 (1999), S. 111–115

[78] WONDRAK, W. ; BETHGE, K. ; SILBER, D.: Radiation defect distribution in proton-irradiated silicon. In: *J. Appl. Phys.* 62 (1987), Nr. 8, S. 3464–3466

[79] WONDRAK, W. ; NOWAK, W.-D. ; SILBER, D.: Einsatz von Protonenbestrahlung in der Technologie der Leistungshalbleiter. In: *Archiv für Elektrotechnik* 72 (1989), S. 133–140

[80] WONDRAK, W. ; BOOS, A.: Helium implantation for lifetime control in silicon power devices. In: *Proc. ESSDERC'85* (1987), S. 649–652

[81] VOSS, P.: A thyristor protected against di/dt failure at breakover turn-on. In: *Solid-State Electron.* 17 (1974), Nr. 7, S. 655–661

[82] Schutzrecht EP 0 343 369 A1: Verfahren zum Herstellen eines Thyristors (1989). VOSS, P. (Erfinder); Siemens AG (Anmelder).

[83] GODEY, S. ; NTSOENZOK, E. ; SCHMIDT, D. C. ; BARBOT, J. F.: Effect of shallow donors induced by hydrogen on p^+n junctions. In: *Mater. Sci. Eng. B* 58 (1999), Nr. 1–2, S. 108–112

[84] SCHULZE, H.-J. ; NIEDERNOSTHEIDE, F.-J. ; KELLNER-WERDEHAUSEN, U. ; PRZYBILLA, J. ; UDER, M.: High-voltage thyristors for HVDC and other applications: Light-triggering combined with self-protection functions. In: *Proc. Int'l Conf. Power Electron.* (2003), S. 47–52

[85] IWAMOTO, H. ; HARUGUCHI, H. ; TOMOMATSU, Y. ; DONLON, J. F. ; MOTTO, E. R.: A new punch through IGBT having a new n-buffer layer. In: *Proc. IEEE IAS* 1 (1999), Nr. 1, S. 692–699

[86] LASKA, T. ; MÜNZER, M. ; PFIRSCH, F. ; SCHÄFFER, C. ; SCHMIDT, T.: The Field Stop IGBT (FS IGBT). A new power device concept with a great improvement potential. In: *Proc. ISPSD'00* (2000), S. 355–358

[87] BAUER, J. G. ; AUERBACH, F. ; PORST, A. ; ROTH, R. ; RUETHING, H. ; SCHILLING, O.: 6.5 kV-modules using IGBTs with field stop technology. In: *Proc. ISPSD'01* (2001), S. 121–124

[88] NIEDERNOSTHEIDE, F.-J. ; SCHULZE, H.-J. ; KELLNER-WERDEHAUSEN, U. ; BARTHELMESS, R. ; PRZYBILLA, J. ; KELLER, R. ; SCHOOF, H. ; PIKORZ, D.: 13-kV rectifiers: Studies on diodes and asymmetric thyristors. In: *Proc. ISPSD'03* (2003), S. 122–125

[89] NEMOTO, M. ; NAITO, T. ; NISHIURA, A. ; UENO, K.: MBBL diode: A novel soft recovery diode. In: *Proc. ISPSD'04* (2004), S. 433–436

[90] NEMOTO, M. ; NAKAZAWA, H.: 600 V / 100 A broad-buffer diode. In: *Proc. ISPSD'07* (2007), S. 105–108

[91] SCHULZE, H.-J. ; NIEDERNOSTHEIDE, F.-J. ; KELLNER-WERDEHAUSEN, U. ; SCHNEIDER, C.: Experimental and numerical investigations of 13-kV diodes and asymmetric light-triggered thyristors. In: *Proceedings of the 11th EPE* (2005)

[92] FUJIHIRA, T.: Theory of semiconductor superjunction devices. In: *Jpn. J. Appl. Phys.* 36 (1997), Nr. 10, S. 6254–6262

[93] DEBOY, G. ; MÄRZ, M. ; STENGL, J.-P. ; STRACK, H. ; TIHANYI, J. ; WEBER, H.: A new generation of high voltage MOSFETs breaks the limit line of silicon. In: *Proc. IEDM* (1998), S. 683–685

[94] RÜB, M. ; BÄR, M. ; NIEDERNOSTHEIDE, F.-J. ; SCHMITT, M. ; SCHULZE, H.-J. ; WILLMEROTH, A.: First study on superjunction high-voltage transistors with n-columns formed by proton implantation and annealing. In: *Proc. ISPSD'04* (2004), S. 181–184

[95] BUZZO, M. ; CIAPPA, M. ; RÜB, M. ; FICHTNER, W.: Characterization of 2D dopant profiles for the design of proton implanted high-voltage superjunction. In: *Proceedings of the 12th IPFA* IEEE, 2005, S. 285–289

[96] BARAKEL, D. ; ULYASHIN, A. ; PÉRICHAUD, I. ; MARTINUZZI, S.: n-p Junction formation in p-type silicon by hydrogen ion implantation. In: *Solar Energy Materials & Solar Cells* 72 (2002), S. 285–290

[97] BARAKEL, D. ; MARTINUZZI, S.: Donor behaviour of implanted hydrogen ions in silicon wafers. In: *Mater. Res. Soc. Symp. Proc.* 813 (2004), S. H7.3

[98] ROMANI, S. ; EVANS, J. H.: Platelet defects in hydrogen implanted silicon. In: *Nucl. Instr. and Meth. in Phys. Res. B* 44 (1990), Nr. 3, S. 313–317

[99] ASPAR, B. ; BRUEL, M. ; MORICEAU, H. ; MALEVILLE, C. ; POUMEYROL, T. ; PAPON, A. M. ; CLAVERIE, A. ; BENASSAYAG, G. ; AUBERTON-HERVÉ, A. J. ; BARGE, T.: Basic mechanisms involved in the Smart-Cut® process. In: *Microelectron. Eng.* 36 (1997), Nr. 1–4, S. 233–240

[100] CHU, W. K. ; KASTL, R. H. ; LEVER, R. F. ; MADER, S. ; MASTERS, B. J.: Distribution of irradiation damage in silicon bombarded with hydrogen. In: *Phys. Rev. B* 16 (1977), Nr. 9, S. 3851–3859

[101] AGARWAL, A. ; HAYNES, T. E. ; VENEZIA, V. C. ; HOLLAND, O. W. ; EAGLESHAM, D. J.: Efficient production of silicon-on-insulator films by co-implantation of He^+ with H^+. In: *Appl. Phys. Lett.* 72 (1998), Nr. 9, S. 1086–1088

[102] Schutzrecht US 5 374 564: Process for the production of thin semiconductor material films (1992). BRUEL, M. (Erfinder).

[103] BRUEL, M.: Silicon on insulator material technology. In: *Electron. Lett.* 31 (1995), Nr. 14, S. 1201–1202

[104] ZOHTA, Y. ; OHMURA, Y. ; KANAZAWA, M.: Shallow donor state produced by proton bombardment of silicon. In: *Jpn. J. Appl. Phys.* 10 (1971), Nr. 4, S. 532–533

[105] OHMURA, Y. ; ZOHTA, Y. ; KANAZAWA, M.: Electrical properties of n-type Si layers doped with proton bombardment induced shallow donors. In: *Solid State Commun.* 11 (1972), S. 263–266

[106] OHMURA, Y. ; ZOHTA, Y. ; KANAZAWA, M.: Shallow donor formation in Si produced by proton bombardment. In: *Phys. Status Solidi A* 15 (1973), Nr. 1, S. 93–98

[107] GORELKINSKIĬ, Yu. V. ; SIGLE, V. O. ; TAKIBAEV, Zh. S.: EPR of conduction electrons produced in silicon by hydrogen ion implantation. In: *Phys. Status Solidi A* 22 (1974), S. K55–K57

[108] CZOCHRALSKI, J.: Ein neues Verfahren zur Messung der Kristallisationsgeschwindigkeit der Metalle. In: *Z. Phys. Chem.* 92 (1918), S. 219–221

[109] Schutzrecht US 2683676: Production of germanium rods having longitudinal crystal boundaries (1950). LITTLE, J. B. ; TEAL, G. K. (Erfinder); Bell Telephone Labs, Inc. (Anmelder).

[110] KAUPPINEN, H. ; CORBEL, C. ; SKOG, K. ; SAARINEN, K. ; LAINE, T. ; HAUTOJÄRVI, P. ; DESGARDIN, P. ; NTSOENZOK, E.: Divacancy and resistivity profiles in n-type Si implanted with 1.15-MeV protons. In: *Phys. Rev. B* 55 (1997), Nr. 15, S. 9598–9608

[111] MENG, X.-T. ; XIONG, J.-W. ; QIN, G.-G. ; DU, Y.-C.: New Si–H infrared absorption peak corresponding to the hydrogen-defect shallow donors in silicon. In: *Phys. Scr.* 52 (1995), Nr. 1, S. 108–112

[112] HARTUNG, J. ; WEBER, J. ; GENZEL, L.: Photothermal ionization studies of effective mass-like hydrogen-related donors in silicon. In: *Mater. Sci. Forum* 65–66 (1990), S. 157–162

[113] HARTUNG, J. ; WEBER, J.: Defects created by hydrogen implantation into silicon. In: *Mater. Sci. Eng. B* 4 (1989), Nr. 1–4, S. 47–50

[114] HARTUNG, J. ; WEBER, J.: Shallow hydrogen-related donors in silicon. In: *Phys. Rev. B* 48 (1993), Nr. 19, S. 14161–14166

[115] HARTUNG, J. ; WEBER, J.: Detection of residual defects in silicon doped by neutron transmutation. In: *J. Appl. Phys.* 77 (1995), Nr. 1, S. 118–121

[116] SCHULZE, H.-J. ; BUZZO, M. ; NIEDERNOSTHEIDE, F.-J. ; RÜB, M. ; SCHULZE, H. ; JOB, R.: Hydrogen-related donor formation: Fabrication techniques, characterization, and application to high-voltage superjunction transistors. In: *ECS Trans.* 3 (2006), Nr. 4, S. 135–146

[117] JOB, R. ; NIEDERNOSTHEIDE, F.-J. ; SCHULZE, H.-J. ; SCHULZE, H.: Distribution of hydrogen- and vacancy-related donor and acceptor states in helium-implanted and plasma-hydrogenated float-zone silicon. In: *Mater. Res. Soc. Symp. Proc.* 1195 (2009), S. 1195–B11–02

[118] MARKEVICH, V. P. ; SUEZAWA, M. ; SUMINO, K. ; MURIN, L. I.: Radiation-induced shallow donors in Czochralski-grown silicon crystals saturated with hydrogen. In: *J. Appl. Phys.* 76 (1994), Nr. 11, S. 7347–7350

[119] MENG, X.-T. ; KANG, A.-G. ; BAI, S.-R.: Hydrogen-defect shallow donors in Si. In: *Jpn. J. Appl. Phys.* 40 (2001), Nr. 4A, S. 2123–2126

[120] TOKMOLDIN, S. Z. ; ISSOVA, A. T. ; ABDULLIN, Kh. A. ; MUKASHEV, B. N.: Shallow bistable non-effective-mass-like donors in hydrogen-implanted silicon. In: *Physica B* 376–377 (2006), S. 185–188

[121] HARTUNG, Joachim: *Infrarot-Untersuchungen an Wasserstoff-induzierten Defekten in Silizium.* Stuttgart, Max-Planck Institut für Festkörperforschung, Dissertation, 1991

[122] ISOVA, A. T. ; KLIMENOV, V. V. ; NEVMERZHITSKY, I. S. ; ZAKHAROV, M. A. ; YELEUOV, M. A. ; TOKMOLDIN, S. Z.: Isotope study of far IR absorption of bistable centers in hydrogen-implanted silicon. In: *Physica B* 404 (2009), Nr. 23–24, S. 5089–5092

[123] WILSON, S. R. ; PAULSON, W. M. ; KROLIKOWSKI, W. F. ; FATHY, D. ; GRESSETT, J. D. ; HAMDI, A. H. ; MCDANIEL, F. D.: Characterization of n-type layers formed in Si by ion implantation of hydrogen. In: *Mater. Res. Soc. Symp. Proc.* 27 (1984), S. 287–292

[124] ZHONG, L. ; WANG, Z. ; WAN, S. ; ZHU, J. ; SHIMURA, F.: Hydrogen-related donor in silicon crystals grown in a hydrogen atmosphere. In: *Appl. Phys. A* 55 (1992), Nr. 4, S. 313–316

[125] ABDULLIN, Kh. A. ; GORELKINSKIĬ, Yu. V. ; KIKKARIN, S. M. ; MUKASHEV, B. N. ; SERIKKANOV, A. S. ; TOKMOLDIN, S. Z.: Shallow hydrogen-induced donor in monocrystalline silicon and quantum wires. In: *Mater. Sci. Semicond. Proc.* 7 (2004), S. 447–451

[126] BARBOT, J. F. ; NTSOENZOK, E. ; BLANCHARD, C. ; VERNOIS, J. ; ISABELLE, D. B.: Defect levels of proton-irradiated silicon with doses ranging from $1 \times 10^{12}\,\mathrm{cm}^{-2}$ to $1 \times 10^{13}\,\mathrm{cm}^{-2}$. In: *Nucl. Instr. and Meth. in Phys. Res. B* 95 (1995), S. 213–218

[127] CHUN, M. D. ; KIM, D. ; HUH, J. Y.: Radiation-induced junction formation behavior of boron-doped Czochralski and float zone silicon crystals under 3 MeV proton irradiation. In: *J. Appl. Phys.* 94 (2003), Nr. 9, S. 5617–5622

[128] VÄYRYNEN, S. ; RÄISÄNEN, J.: Effect of proton energy on damage generation in irradiated silicon. In: *J. Appl. Phys.* 107 (2010), S. 084903

[129] GORELKINSKIĬ, Yu. ; NEVINNYI, N. N.: Metastable defect states in hydrogen-implanted silicon. In: *Radiat. Eff.* 71 (1983), S. 1–8

[130] GORELKINSKIĬ, Yu. ; NEVINNYI, N. N.: Reversible transformation of defects in hydrogen-implanted silicon. In: *Nucl. Instrum. and Meth.* 209–210 (1983), S. 677–682

[131] ABDULLIN, Kh. A. ; GORELKINSKIĬ, Yu. V. ; MUKASHEV, B. N. ; SERIKKANOV, A. S.: Electrical properties of nanoclusters in hydrogenized monocrystalline silicon. In: *Physica B* 340–342 (2003), S. 692–696

[132] GORELKINSKIĬ, Yu. V. ; NEVINNYI, N. N.: Electron paramagnetic resonance of hydrogen in silicon. In: *Physica B* 170 (1991), S. 155–167

[133] GORELKINSKIĬ, Yu. V. ; NEVINNYI, N. N. ; ABDULLIN, Kh. A.: Stress-induced alignment and reorientation of hydrogen-associated donors in silicon. In: *J. Appl. Phys.* 84 (1998), Nr. 9, S. 4847–4850

[134] TOKMOLDIN, S. Z. ; MUKASHEV, B. N.: Excited states of a hydrogen-intrinsic defect-related double donor in silicon. In: *Phys. Status Solidi B* 210 (1998), Nr. 2, S. 307–311

[135] BOHR, N.: On the theory of the decrease of velocity of moving electrified particles on passing through matter. In: *Phil. Mag. Ser. 6* 25 (1913), Nr. 145, S. 10–31

[136] Bohr, N.: On the decrease of velocity of swiftly moving electrified particles in passing through matter. In: *Phil. Mag. Ser. 6* 30 (1915), Nr. 178, S. 581–612

[137] Berger, M. J. ; Coursey, J. S. ; Zucker, M. A. ; Chang, J.: *ESTAR, PSTAR, and ASTAR: Computer programs for calculating stopping-power and range tables for electrons, protons, and helium ions (Version 1.2.3)*. Gaithersburg, MD., 1998–2005. – http://physics.nist.gov/Star

[138] Ziegler, J. F. ; Biersack, J. P. ; Littmark, U.: *The Stopping and Range of Ions in Solids*. New York : Pergamon Press, 1985

[139] Bethe, H.: Zur Theorie des Durchgangs schneller Korpuskularstrahlen durch Materie. In: *Ann. Phys.* 397 (1930), Nr. 3, S. 325–400

[140] Bethe, H.: Bremsformel für Elektronen relativistischer Geschwindigkeit. In: *Z. Phys.* 76 (1932), Nr. 5–6, S. 293–299

[141] Bloch, F.: Bremsvermögen von Atomen mit mehreren Elektronen. In: *Z. Phys.* 81 (1933), Nr. 5–6, S. 363–376

[142] Ziegler, J. F.: Stopping of energetic light ions in elemental matter. In: *J. Appl. Phys.* 85 (1999), Nr. 3, S. 1249–1272

[143] Lindhard, J.: Slowing-down of ions. In: *Proc. Roy. Soc. A* 311 (1969), Nr. 1504, S. 11–19

[144] Lindhard, J. ; Scharff, M.: Energy dissipation by ions in the keV region. In: *Phys. Rev.* 124 (1961), Nr. 1, S. 128–130

[145] Lindhard, J. ; Scharff, M. ; Schiøtt, H. E.: Range concepts and heavy ion ranges. In: *Mat.-fys. Meddel.* 33 (1963), Nr. 14, S. 1–42

[146] Demtröder, W.: *Experimentalphysik Bd. 3*. Berlin : Springer, 2000

[147] Bohr, N.: The penetration of atomic particles through matter. In: *Mat.-fys. Meddel.* 18 (1948), Nr. 8, S. 1–144

[148] Thomas, L. H.: The calculation of atomic fields. In: *Proc. Cambridge Phil. Soc.* 23 (1927), S. 542–548

[149] Sommerfeld, A.: Asymptotische Integration der Differentialgleichung des Thomas-Fermischen Atoms. In: *Z. Phys.* 78 (1932), Nr. 5–6, S. 283–308

[150] LENZ, W.: Über die Anwendbarkeit der statistischen Methode auf Ionengitter. In: *Z. Phys.* 77 (1932), Nr. 11–12, S. 713–721

[151] JENSEN, H.: Die Ladungsverteilung in Ionen und die Gitterkonstante des Rubidiumbromids nach der statistischen Methode. In: *Z. Phys.* 77 (1932), Nr. 11–12, S. 722–745

[152] MOLIÈRE, G.: Theorie der Streuung schneller geladener Teilchen I: Einzelstreuung am abgeschirmten Coulomb-Feld. In: *Z. Naturforsch.* 2a (1947), Nr. 3, S. 133–145

[153] WILSON, W. D. ; HAGGMARK, L. G. ; BIERSACK, J. P.: Calculations of nuclear stopping, ranges, and straggling in the low-energy region. In: *Phys. Rev. B* 15 (1977), Nr. 5, S. 2458–2468

[154] BIERSACK, J. P. ; ZIEGLER, J. F. ; RYSSEL, H. (Hrsg.) ; GLAWISCHNIG, H. (Hrsg.): *The stopping and the range of ions in solids.* Berlin : Springer, 1982 (Ion Implantation Techniques)

[155] O'CONNOR, D. J. ; BIERSACK, J. P.: Comparison of theoretical and empiric interatomic potentials. In: *Nucl. Instr. and Meth. in Phys. Res. B* 15 (1986), Nr. 1–6, S. 14–19

[156] ALONSO, M. ; FINN, E. J.: *Physics.* Harlow : Prentice Hall, 1992

[157] LINDHARD, J.: Influence of crystal lattice on motion of energetic charged particles. In: *Mat.-fys. Meddel.* 34 (1965), Nr. 14, S. 1–64

[158] KONONOV, B. A. ; STRUTS, V. K.: Proton channeling in silicon at various temperatures. In: *Sov. Phys. J.* 13 (1970), Nr. 6, S. 738–740

[159] RYSSEL, H. ; RUGE, I.: *Ion Implantation.* Chichester : Wiley, 1986

[160] PICHLER, P.: *Intrinsic point defects, impurities, and their diffusion in silicon.* Wien : Springer, 2004

[161] KINCHIN, G. H. ; PEASE, R. S.: The displacement of atoms in solids by radiation. In: *Rep. Progr. Phys.* 18 (1955), S. 1–51

[162] NORGETT, M. J. ; ROBINSON, M. T. ; TORRENS, I. M.: A proposed method of calculating displacement dose rates. In: *Nucl. Eng. Des.* 33 (1975), Nr. 1, S. 50–54

[163] Lindhard, J. ; Nielsen, V. ; Scharff, M. ; Thomsen, P. V.: Integral equations governing radiation effects. In: *Mat.-fys. Meddel.* 33 (1963), Nr. 10, S. 1–42

[164] Ziegler, J. F. ; Ziegler, M. D. ; Biersack, J. P.: *SRIM (Version 2008.03)*. 1984–2013. – http://www.srim.org

[165] Ziegler, J. F. ; Ziegler, M. D. ; Biersack, J. P.: SRIM — The stopping and range of ions in matter (2010). In: *Nucl. Instr. and Meth. in Phys. Res. B* 268 (2010), Nr. 11–12, S. 1818–1823

[166] Tokuda, Y. ; Nagae, Y. ; Sakane, H. ; Ito, J.: Enhancement of defect production rates in n-type silicon by hydrogen implantation near 270 K. In: *J. Electron. Mater.* 39 (2010), Nr. 6, S. 719–722

[167] Dannefaer, S. ; Avalos, V. ; Kerr, D. ; Poirier, R. ; Shmarovoz, V. ; Zhang, S. H.: Annealing of electron-, proton-, and ion-produced vacancies in Si. In: *Phys. Rev. B* 73 (2006), S. 115202–1–14

[168] Watkins, G. D. ; Corbett, J. W.: Defects in irradiated silicon: Electron paramagnetic resonance of the divacancy. In: *Phys. Rev.* 138 (1965), Nr. 2A, S. 543–555

[169] Chevallier, J. ; Pajot, B.: Interaction of Hydrogen with Impurities and Defects in Semiconductors. In: *Solid State Phenom.* 85–86 (2002), S. 203–284

[170] Monakhov, E. V. ; Avset, B. S. ; Hallén, A. ; Svensson, B. G.: Formation of a double acceptor center during divacancy annealing in low-doped high-purity oxygenated Si. In: *Phys. Rev. B* 65 (2002), Nr. 23, S. 2332074–1–4

[171] Alfieri, G. ; Monakhov, E. V. ; Avset, B. S. ; Svensson, B. G.: Evidence for identification of the divacancy-oxygen center in Si. In: *Phys. Rev. B* 68 (2003), Nr. 23, S. 233202–1–4

[172] Coutinho, J. ; Jones, R. ; Öberg, S. ; Briddon, P. R.: The formation, dissociation and electrical activity of divacancy-oxygen complexes in Si. In: *Physica B* 340–342 (2003), S. 523–527

[173] Mikelsen, M. ; Bleka, J. H. ; Christensen, J. S. ; Monakhov, E. V. ; Svensson, B. G. ; Härkönen, J. ; Avset, B. S.: Annealing

of the divacancy-oxygen and vacancy-oxygen complexes in silicon. In: *Phys. Rev. B* 75 (2007), Nr. 15, S. 155202–1–8

[174] PELLEGRINO, P. ; LÉVÊQUE, P. ; LALITA, J. ; ; HALLÉN, A. ; JAGADISH, C. ; SVENSSON, B. G.: Annealing kinetics of vacancy-related defects in low-dose MeV self-ion-implanted n-type silicon. In: *Phys. Rev. B* 64 (2001), Nr. 19, S. 195211–1–10

[175] SVENSSON, B. G. ; LINDSTRÖM, J. L.: Kinetic study of the 830- and 889-cm^{-1} infrared bands during annealing of irradiated silicon. In: *Phys. Rev. B* 34 (1986), Nr. 12, S. 8709–8717

[176] STAVOLA, M. ; PATEL, J. R. ; KIMERLING, L. C. ; FREELAND, P. E.: Diffusivity of oxygen in silicon at the donor formation temperature. In: *Appl. Phys. Lett.* 42 (1983), Nr. 1, S. 73–75

[177] JOHANNESEN, P. ; BYBERG, J. R. ; BECH NIELSEN, B. ; STALLINGA, P. ; BONDE NIELSEN, K.: Identification of VH in Silicon by EPR. In: *Mater. Sci. Forum* 258–263 (1997), S. 515–520

[178] LAVROV, E. V. ; WEBER, J. ; HUANG, L. ; BECH NIELSEN, B.: Vacancy hydrogen defects in silicon studied by Raman spectroscopy. In: *Phys. Rev. B* 64 (2001), Nr. 3, S. 035204–1–5

[179] MONAKHOV, E. V. ; ULYASHIN, A. ; ALFIERI, G. ; KUZNETSOV, A. Y. ; AVSET, B. S. ; SVENSSON, B. G.: Divacancy annealing in Si: Influence of hydrogen. In: *Phys. Rev. B* 69 (2004), S. 153202–1–4

[180] HALLÉN, A. ; FENYÖ, D. ; SUNDQVIST, B. U. R. ; JOHNSON, R. E. ; SVENSSON, B. G.: The influence of ion flux on defect production in MeV proton-irradiated silicon. In: *J. Appl. Phys.* 70 (1991), Nr. 6, S. 3025–3030

[181] LÉVÊQUE, P. ; HALLÉN, A. ; PELLEGRINO, P. ; SVENSSON, B. G. ; PRIVITERA, V.: Dose-rate influence on the defect production in MeV proton-implanted float-zone and epitaxial n-type silicon. In: *Nucl. Instr. and Meth. in Phys. Res. B* 186 (2002), S. 375–379

[182] KLUG, Jan Nicolas: *Technologie und physikalische Eigenschaften strahlungsinduzierter Zentren in Silizium*. Chemnitz, Technische Universität, Dissertation, 2012

[183] HALLÉN, A. ; KESKITALO, N. ; JOSYULA, L. ; SVENSSON, B. G.: Migration energy for the silicon self-interstitial. In: *J. Appl. Phys.* 86 (1999), Nr. 1, S. 214–216

[184] BLOOD, P. ; ORTON, J. W.: *The electrical characterisation of semiconductors: Majority carriers and electron states.* London : Academic Press, 1992

[185] SCHRODER, Dieter K.: *Semiconductor material and device characterization, Zweite Auflage.* New York : Wiley, 1998

[186] CLARYSEE, T. ; VANHAEREN, D. ; HOFLIJK, I. ; VANDERVORST, W.: Characterization of electrically active dopant profiles with the spreading resistance probe. In: *Mater. Sci. Eng. R* 47 (2004), S. 123–206

[187] AURET, F. D. ; DEENAPANRAY, P. N. K.: Deep level transient spectroscopy of defects in high-energy light-particle irradiated Si. In: *Crit. Rev. Solid State Mater. Sci.* 29 (2004), Nr. 1, S. 1–44

[188] DEEN, M. J. ; PASCAL, F.: Electrical characterization of semiconductor materials and devices—review. In: *J. Mater. Sci.: Mater. Electron.* 17 (2006), Nr. 8, S. 549–575

[189] MAZUR, R. G. ; DICKEY, D. H.: A spreading resistance technique for resistivity measurements on silicon. In: *J. Electrochem. Soc.* 113 (1966), Nr. 3, S. 255–259

[190] CLARYSSE, T. ; DE WOLF, P. ; BENDER, H. ; VANDERVORST, W.: Recent insights into the physical modeling of the spreading resistance point contact. In: *J. Vac. Sci. Technol. B* 14 (1996), Nr. 1, S. 358–368

[191] GOREY, E. F. ; SCHNEIDER, C. P. ; POPONIAK, M. R.: Preparation and evaluation of spreading resistance probe tip. In: *J. Electrochem. Soc.* 117 (1970), Nr. 5, S. 721–725

[192] MASETTI, G. ; SEVERI, M. ; SOLMI, S.: Modeling of carrier mobility against carrier concentration in arsenic-, phosphorus-, and boron-doped silicon. In: *IEEE Trans. Electron. Dev.* 30 (1983), Nr. 7, S. 764–769

[193] THURBER, W. R. ; MATTIS, R. L. ; LIU, Y. M. ; FILLIBEN, J. J.: Resistivity-dopant density relationship for phosphorus-doped silicon. In: *J. Electrochem. Soc.* 127 (1980), Nr. 8, S. 1807–1812

[194] THURBER, W. R. ; MATTIS, R. L. ; LIU, Y. M. ; FILLIBEN, J. J.: Resistivity-dopant density relationship for boron-doped silicon. In: *J. Electrochem. Soc.* 127 (1980), Nr. 10, S. 2291–2294

[195] ASTM STANDARD NO. F723-81–99: *Standard practice for conversion between resistivity and dopant density for boron-doped, phosphorus-doped, and arsenic-doped silicon.* Philadelphia : American Society for Testing and Materials, 1999

[196] JUND, C. ; POIRIER, R.: Carrier concentration and minority carrier lifetime measurement in semiconductor epitaxial layers by the MOS capacitance method. In: *Solid-State Electron.* 9 (1966), Nr. 4, S. 315–319

[197] RUGE, I. ; MADER, H.: *Halbleiter-Technologie, dritte Auflage.* Berlin : Springer, 1991

[198] FRENKEL, J.: On Pre-Breakdown Phenomena in Insulators and Electronic Semi-Conductors. In: *Phys. Rev.* 54 (1938), Nr. 8, S. 647–648

[199] LANG, D. V.: Deep-level transient spectroscopy: A new method to characterize traps in semiconductors. In: *J. Appl. Phys.* 45 (1974), Nr. 7, S. 3023–3032

[200] WEISS, S. ; KASSING, R.: Deep level transient fourier spectroscopy (DLTFS)—A technique for the analysis of deep level properties. In: *Solid-State Electron.* 31 (1988), Nr. 12, S. 1733–1742

[201] WEISS, Sieghard: *Halbleiteruntersuchungen mit dem DLTFS-Verfahren*, Universität Kassel, Dissertation, 1991

[202] KNACK, S. ; WEBER, J. ; LEMKE, H. ; RIEMANN, H.: Copper-hydrogen complexes in silicon. In: *Phys. Rev. B* 65 (2002), S. 165203–1–8

[203] ESTREICHER, S. K.: First-principles theory of copper in silicon. In: *Mater. Sci. Semicond. Proc.* 7 (2004), S. 101–111

[204] LINDSTRÖM, G. ; MOLL, M. ; FRETWURST, E.: Radiation hardness of silicon detectors — a challenge from high-energy physics. In: *Nucl. Instr. and Meth. in Phys. Res. A* 426 (1999), Nr. 1, S. 1–15

[205] PINTILIE, I. ; FRETWURST, E. ; LINDSTRÖM, G. ; STAHL, J.: Second-order generation of point defects in gamma-irradiated float-zone silicon, an explanation for "type inversion". In: *Appl. Phys. Lett.* 82 (2003), Nr. 13, S. 2169–2171. – siehe auch Ref. [327]

[206] LINDSTRÖM, G. ; *et al.* (RD48 ROSE COLLABORATION): Radiation hard silicon detectors—developments by the RD48 (ROSE) collaboration. In: *Nucl. Instr. and Meth. in Phys. Res. A* 466 (2001), Nr. 2, S. 308–326

[207] KOZŁOWSKI, R. ; KAMIŃSKI, P. ; NOSSARZEWSKA-ORŁOWSKA, E. ; FRETWURST, E. ; LINDSTROEM, G. ; PAWŁOWSKI, M.: Effect of proton fluence on point defect formation in epitaxial silicon for radiation detectors. In: *Nucl. Instr. and Meth. in Phys. Res. A* 552 (2005), Nr. 1–2, S. 71–76

[208] KIRNSTÖTTER, S.: *persönliche Mitteilung.* 26. Januar 2012

[209] HERRERO, C. P. ; STUTZMANN, M. ; BREITSCHWERDT, A. ; SANTOS, P. V.: Trap-limited hydrogen diffusion in doped silicon. In: *Phys. Rev. B* 41 (1990), Nr. 2, S. 1054–1058

[210] JOHNSON, N. M. ; HERRING, C.: Migration of the H_2^* complex and its relation to H^- in *n*-type silicon. In: *Phys. Rev. B* 43 (1991), Nr. 17, S. 14297–14300

[211] SOPORI, B. L. ; JONES, K. ; DENG, X. J.: Observation of enhanced hydrogen diffusion in solar cell silicon. In: *Appl. Phys. Lett.* 61 (1992), Nr. 21, S. 2560–2562

[212] SANTOS, P. V. ; JACKSON, W. B.: Trap-limited hydrogen diffusion in *a*-Si:H. In: *Phys. Rev. B* 46 (1992), Nr. 8, S. 4595–4606

[213] VAN DE WALLE, C. G.: Energies of various configurations of hydrogen in silicon. In: *Phys. Rev. B* 49 (1994), S. 4579–4585

[214] KOMARNITSKYY, Volodymyr: *Radiation defects for axial lifetime control in silicon.* Prag, České Vysoké Učení Technické (Tschechische Technische Universität), Dissertation, 2006

[215] ESTREICHER, S. K. ; HASTINGS, J. L. ; FEDDERS, P. A.: The ring-hexavacany in silicon: A stable and inactive defect. In: *Appl. Phys. Lett.* 70 (1997), Nr. 4, S. 432–434

[216] CHADI, D. J. ; CHANG, K. J.: Magic numbers for vacancy aggregation in crystalline Si. In: *Phys. Rev. B* 38 (1988), Nr. 2, S. 1523–1525

[217] KALYANARAMAN, R. ; HAYNES, T. E. ; HOLLAND, O. W. ; GOSSMANN, H.-J. L. ; RAFFERTY, C. S. ; GILMER, G. H.: Binding energy of vacancies to clusters formed in Si by high-energy ion implantation. In: *Appl. Phys. Lett.* 79 (2001), Nr. 13, S. 1983–1985

[218] VENEZIA, V. C. ; PELAZ, L. ; GOSSMANN, H.-J. L. ; HAYNES, T. E. ; RAFFERTY, C. S.: Binding energy of vacancy clusters generated by high-energy ion implantation and annealing of silicon. In: *Appl. Phys. Lett.* 79 (2001), Nr. 9, S. 1273–1275

[219] HATAKEYAMA, H. ; SUEZAWA, M. ; MARKEVICH, V. P. ; SUMINO, K.: Formation of Hydrogen-Oxygen-Vacancy Complexes in Silicon. In: *Mater. Sci. Forum* 196–201 (1995), S. 939–944

[220] KORSHUNOV, F. P. ; MARKEVICH, V. P. ; MEDVEDEVA, I. F. ; MURIN, L. I.: Electrically active hydrogenous defects in irradiated *n*-silicon. In: *Dokl. Akad. Nauk Belarusi* 38 (1994), Nr. 2, S. 35–39. – russisch

[221] KLUG, J. N. ; LUTZ, J. ; MEIJER, J. B.: *n*-type doping of silicon by proton implantation. In: *Proceedings of the 14th EPE* (2011)

[222] VORONKOV, V. V. ; FALSTER, R.: Vacancy-type microdefect formation in Czochralski silicon. In: *J. Cryst. Growth* 194 (1998), Nr. 1, S. 76–88

[223] Schutzrecht EP 0 769 809 A1: Verfahren zum Beseitigen von Kristallfehlern in Siliziumscheiben (1997). SCHULZE, H.-J. (Erfinder); Siemens AG (Anmelder).

[224] PFLUEGER, R. ; CORELLI, J. C. ; CORBETT, J. W.: Radiation-enhanced oxygen-related thermal donor formation in neutron-transmutation-doped floating-zone silicon. In: *Phys. Status Solidi A* 91 (1985), Nr. 1, S. K49–K54

[225] HAZDRA, P. ; KOMARNITSKYY, V.: Thermal donor formation in silicon enhanced by high-energy helium irradiation. In: *Nucl. Instr. and Meth. in Phys. Res. B* 253 (2006), Nr. 1–2, S. 187–191

[226] ESTREICHER, S. K.: Intersitial O in Si and its interactions with H. In: *Phys. Rev. B* 41 (1990), Nr. 14, S. 9886–9891

[227] Capaz, R. B. ; Assali, L. V. C. ; Kimerling, L. C. ; Cho, K. ; Joannopoulos, J. D.: Mechanism for hydrogen-enhanced oxygen diffusion in silicon. In: *Phys. Rev. B* 59 (1999), Nr. 7, S. 4898–4900

[228] Personnic, S. ; Bourdelle, K. K. ; Letertre, F. ; Tauzin, A. ; Laugier, F. ; Fortunier, R. ; Klocker, H.: Low temperature diffusion of impurities in hydrogen implanted silicon. In: *J. Appl. Phys.* 101 (2007), S. 083529–1–4

[229] Knights, A. P. ; Malik, F. ; Coleman, P. G.: The equivalence of vacancy-type damage in ion-implanted Si seen by positron annihilation spectroscopy. In: *Appl. Phys. Lett.* 75 (1999), Nr. 4, S. 466–468

[230] Kozlov, V. A. ; Kozlovski, V. V.: Doping of semiconductors using radiation defects produced by irradiation with protons and alpha particles. In: *Semicond.* 35 (2001), Nr. 7, S. 735–761

[231] Palmetshofer, L. ; Reisinger, J.: Defect levels in H^+-, D^+-, and He^+-bombarded silicon. In: *J. Appl. Phys.* 72 (1992), Nr. 6, S. 2167–2173

[232] Hazdra, P. ; Vobecký, J.: Nondestructive defect characterization and engineering in contemporary silicon power devices. In: *Solid State Phenom.* 69–70 (1999), S. 545–550

[233] Job, R. ; Niedernostheide, F.-J. ; Schulze, H.-J. ; Schulze, H.: Formation of doping profiles in float-zone silicon by helium implantation and plasma hydrogenation. In: *Mater. Res. Soc. Symp. Proc.* 1108 (2009), S. 237–242

[234] Job, R. ; Niedernostheide, F.-J. ; Schulze, H.-J. ; Schulze, H.: Formation and annihilation of hydrogen-related donor states in proton-implanted and subsequently plasma-hydrogenated n-type float-zone silicon. In: *ECS Trans.* 16 (2008), Nr. 6, S. 151–161

[235] Som, T. ; Rakshit, R. ; Kulkarni, V. N.: Diffusion study of plasma ion implanted H in silicon. In: *Nucl. Instr. and Meth. in Phys. Res. B* 161–163 (2000), S. 677–681

[236] Personnic, S. ; Tauzin, A. ; Bourdelle, K. K. ; Letertre, F. ; Kernevez, N. ; Laugier, F. ; Cherkashin, N. ; Claverie, A. ; Fortunier, R.: Time dependence study of hydrogen-induced defects

in silicon during thermal anneals. In: *AIP Conf. Proc.* 866 (2006), Nr. 1, S. 65–68

[237] BRUZZI, M. ; MENICHELLI, D. ; SCARINGELLA, M. ; HÄRKÖNEN, J. ; TUOVINEN, E. ; LI, Z.: Thermal donors formation via isothermal annealing in magnetic Czochralski high resistivity silicon. In: *J. Appl. Phys.* 99 (2006), Nr. 9, S. 093706–1–8

[238] WAGNER, P. ; HAGE, J.: Oxygen diffusion and thermal donor formation in silicon. In: *Appl. Phys. A* 49 (1989), S. 123–138

[239] NEWMAN, R. C.: Oxygen diffusion and precipitation in Czochralski silicon. In: *J. Phys.: Condens. Matter* 12 (2000), S. R335–R365

[240] MCQUAID, S. A. ; BINNS, M. J. ; LONDOS, C. A. ; TUCKER, J. H. ; BROWN, A. R. ; NEWMAN, R. C.: Oxygen loss during thermal donor formation in Czochralski silicon: New insights into oxygen diffusion mechanisms. In: *J. Appl. Phys.* 77 (1995), Nr. 4, S. 1427–1442

[241] GÖTZ, W. ; PENSL, G. ; ZULEHNER, W. ; NEWMAN, R. C. ; MCQUAID, S. A.: Thermal donor formation and annihilation at temperatures above 500 °C in Czochralski-grown Si. In: *J. Appl. Phys.* 84 (1998), Nr. 7, S. 3561–3568

[242] NEWMAN, R. C. ; TUCKER, J. H. ; SEMALTIANOS, N. G. ; LIGHTOWLERS, E. C. ; GREGORKIEWICZ, T. ; ZEVENBERGEN, I. S. ; AMMERLAAN, C. A. J.: Infrared absorption in silicon from shallow thermal donors incorporating hydrogen and a link to the NL10 paramagnetic resonance spectrum. In: *Phys. Rev. B* 54 (1996), Nr. 10, S. R6803–R6806

[243] NEWMAN, R. C. ; ASHWIN, M. J. ; PRITCHARD, R. E. ; TUCKER, J. H.: Shallow thermal donors in silicon: The roles of Al, H, N, and point defects. In: *Phys. Status Solidi B* 210 (1998), S. 519–525

[244] NAVARRO, H. ; GRIFFIN, J. ; WEBER, J. ; GENZEL, L.: New oxygen related shallow thermal donor centres in Czochralski-grown silicon. In: *Solid State Commun.* 58 (1986), Nr. 3, S. 151–155

[245] SUEZAWA, M. ; SUMINO, K. ; HARADA, H. ; ABE, T.: Nitrogen-oxygen complexes as shallow donors in silicon crystals. In: *Jpn. J. Appl. Phys.* 25 (1986), Nr. 10, S. L859–L861

[246] GÖSELE, U. ; TAN, T. Y.: Oxygen diffusion and thermal donor formation in silicon. In: *Appl. Phys. A* 28 (1982), Nr. 2, S. 79–92

[247] COUTINHO, J. ; JONES, R. ; BRIDDON, P. R. ; ÖBERG, S.: Oxygen and dioxygen centers in Si and Ge: Density-functional calculations. In: *Phys. Rev. B* 62 (2000), Nr. 16, S. 10824–10840

[248] JONES, R. ; COUTINHO, J. ; ÖBERG, S. ; BRIDDON, P. R.: Thermal double donors in Si and Ge. In: *Physica B* 308–310 (2001), S. 8–12

[249] ULYASHIN, A. G. ; BUMAY, Y. A. ; JOB, R. ; FAHRNER, W. R.: Formation of deep p–n junctions in p-type Czochralski grown silicon by hydrogen plasma treatment. In: *Appl. Phys. A* 66 (1998), Nr. 4, S. 399–402

[250] SIMOEN, E. ; CLAEYS, C. ; JOB, R. ; ULYASHIN, A. G. ; FAHRNER, W. R. ; DE GRYSE, O. ; CLAUWS, P.: Hydrogen plasma-enhanced thermal donor formation in n-type oxygen-doped high-resistivity float-zone silicon. In: *Appl. Phys. Lett.* 81 (2002), Nr. 10, S. 1842–1844

[251] SIMOEN, E. ; CLAEYS, C. ; JOB, R. ; ULYASHIN, A. G. ; FAHRNER, W. R. ; TONELLI, G. ; DE GRYSE, O. ; CLAUWS, P.: Deep levels in oxygenated n-type high-resistivity FZ silicon before and after a low-temperature hydrogenation step. In: *J. Electrochem. Soc.* 150 (2003), Nr. 9, S. G520–G526

[252] SIMOEN, E. ; HUANG, Y. L. ; MA, Y. ; LAUWAERT, J. ; CLAUWS, P. ; RAFÍ, J. M. ; ULYASHIN, A. ; CLAEYS, C.: What Do We Know about Hydrogen-Induced Thermal Donors in Silicon? In: *J. Electrochem. Soc.* 156 (2009), Nr. 6, S. L434–L442

[253] MARKEVICH, V. P. ; MEDVEDEVA, I. F. ; MURIN, L. I. ; SEKIGUCHI, T. ; SUEZAWA, M. ; SUMINO, K.: Metastability and negative-U properties for hydrogen-related radiation-induced defect in silicon. In: *Mater. Sci. Forum* 196–201 (1995), S. 945–950

[254] MARKEVICH, V. P. ; MURIN, L. I. ; SEKIGUCHI, T. ; SUEZAWA, M.: Emission and capture kinetics for a hydrogen-related negative-U center in silicon: Evidence for metastable neutral charge state. In: *Mater. Sci. Forum* 258–263 (1997), S. 217–222

[255] Markevich, V. P. ; Mchedlidze, T. ; Suezawa, M.: Silicon incorporation in a shallow donor center in hydrogenated Czochralski-grown Si crystals: An EPR study. In: *Phys. Rev. B* 56 (1997), Nr. 20, S. R12695–R12697

[256] Markevich, V. P. ; Suezawa, M. ; Murin, L. I.: Infrared absorption study of a DX-like hydrogen-related center in silicon. In: *Mater. Sci. Eng. B* 58 (1999), Nr. 1–2, S. 104–107

[257] Yarykin, N. ; Weber, J.: Formation of the D1-center in irradiated silicon by room-temperature hydrogenation. In: *Physica B* 340–342 (2003), S. 701–704

[258] Hatakeyama, H. ; Suezawa, M.: Hydrogen-oxygen-vacancy complexes in Czochralski-grown silicon crystal. In: *J. Appl. Phys.* 82 (1997), Nr. 10, S. 4945–4951

[259] Langhanki, B. ; Greulich-Weber, S. ; Spaeth, J. M. ; Markevich, V. P. ; Murin, L. I. ; Mchedlidze, T. ; Suezawa, M.: Magnetic resonance studies of shallow donor centers in hydrogenated Cz-Si crystals. In: *Physica B* 302–303 (2001), S. 212–219

[260] Langhanki, B. ; Greulich-Weber, S. ; Spaeth, J. M. ; Markevich, V. P. ; Clerjaud, B. ; Naud, C.: Magnetic resonance and FTIR studies of shallow donor centers in hydrogenated Cz-silicon. In: *Physica B* 308–310 (2001), S. 253–256

[261] Coutinho, J. ; Jones, R. ; Briddon, P. R. ; Öberg, S. ; Murin, L. I. ; Markevich, V. P. ; Lindström, J. L.: Interstitial carbon-oxygen center and hydrogen related shallow thermal donors in Si. In: *Phys. Rev. B* 62 (2001), Nr. 1, S. 014109–1–11

[262] Ewels, C. P. ; Jones, R. ; Öberg, S. ; Miro, J. ; Deák, P.: Shallow thermal donor defects in silicon. In: *Phys. Rev. Lett.* 77 (1996), Nr. 5, S. 865–868

[263] Watkins, G. D. ; Brower, K. L.: EPR observation of the isolated interstitial carbon atom in silicon. In: *Phys. Rev. Lett.* 36 (1976), Nr. 22, S. 1329–1332

[264] Panteleev, V. A. ; Ershov, S. N. ; Chernyakhovskii, V. V. ; Nagornykh, S. N.: Determination of the migration energy of vacancies

and of intrinsic interstitial atoms in silicon in the temperature interval 400–600 °K. In: *J. Exp. Theor. Phys.* 23 (1976), Nr. 12, S. 688–691

[265] HÄCKER, R. ; HANGLEITER, A.: Intrinsic upper limits of the carrier lifetime in silicon. In: *J. Appl. Phys.* 75 (1994), Nr. 11, S. 7570–7572

[266] HALL, R. N.: Germanium rectifier characteristics. In: *Phys. Rev.* 83 (1951), S. 228

[267] HALL, R. N.: Electron-hole recombination in germanium. In: *Phys. Rev.* 87 (1952), Nr. 2, S. 387

[268] SHOCKLEY, W. ; READ, W. T.: Statistics of the recombinations of holes and electrons. In: *Phys. Rev.* 87 (1952), Nr. 5, S. 835–842

[269] KIMERLING, L. C. ; BENTON, J. L.: Oxygen-related donor states in silicon. In: *Appl. Phys. Lett.* 39 (1981), Nr. 5, S. 410–412

[270] LEFÈVE, H.: Annealing behavior ot trap-centers in silicon containing A-swirl defects. In: *Appl. Phys. A* 29 (1982), Nr. 2, S. 105–111

[271] HUANG, Yuelong: *Hydrogen diffusion and hydrogen related electronic defects in hydrogen plasma treated and subsequently annealed crystalline silicon.* Hagen, FernUniversität, Dissertation, 2005

[272] SIMOEN, E. ; CLAEYS, C. ; RAFÍ, J. M. ; ULYASHIN, A. G.: Thermal donor formation in direct-plasma hydrogenated n-type Czochralski silicon. In: *Mater. Sci. Eng B* 134 (2006), Nr. 2–3, S. 189–192

[273] IRMSCHER, Klaus: *Kapazitätsspektroskopische Analyse tiefer Störstellen in ionenbestrahltem Silizium.* Berlin, Humboldt-Universität, Dissertation, 1985

[274] IRMSCHER, K. ; KLOSE, H. ; MAASS, K.: Hydrogen-related deep levels in proton-bombarded silicon. In: *J. Phys. C: Solid State Phys.* 17 (1984), Nr. 35, S. 6317–6329

[275] WALKER, J. W. ; SAH, C. T.: Properties of 1.0-MeV-electron-irradiated defect centers in silicon. In: *Phys. Rev. B* 7 (1973), Nr. 10, S. 4587–4605

[276] KIMERLING, L. C.: New developments in defect studies in semiconductors. In: *IEEE Trans. Nucl. Sci.* 23 (1976), Nr. 6, S. 1497–1505

[277] Wang, K. L. ; Lee, Y. H. ; Corbett, J. W.: Defect distribution near the surface of electron-irradiated silicon. In: *Appl. Phys. Lett.* 33 (1978), Nr. 6, S. 547–548

[278] Hallén, A. ; Sundqvist, B. U. R. ; Paska, Z. ; Svensson, B. G. ; Rosling, M. ; Tirén, J.: Deep level transient spectroscopy analysis of fast ion tracks in silicon. In: *J. Appl. Phys.* 67 (1990), Nr. 3, S. 1266–1271

[279] Hallén, A. ; Keskitalo, N. ; Masszi, F. ; Nágl, V.: Lifetime in proton irradiated silicon. In: *J. Appl. Phys.* 79 (1996), Nr. 8, S. 3906–3914

[280] Hazdra, P. ; Vobecký, J. ; Dorschner, H. ; Brand, K.: Axial lifetime control in silicon power diodes by irradiation with protons, alphas, low- and high-energy electrons. In: *Microelectron. J.* 35 (2004), S. 249–257

[281] Watkins, G. D. ; Corbett, J. W.: Defects in irradiated silicon. I. Electron spin resonance of the Si-*A* center. In: *Phys. Rev.* 121 (1961), Nr. 4, S. 1001–1014

[282] Corbett, J. W. ; Watkins, G. D. ; Chrenko, R. M. ; McDonald, R. S.: Defects in irradiated silicon. II. Infrared absorption of the Si-*A* center. In: *Phys. Rev.* 121 (1961), Nr. 4, S. 1015–1022

[283] Hüppi, M. W.: Proton irradiation of silicon: Complete electrical characterization of the induced recombination centers. In: *J. Appl. Phys.* 68 (1990), Nr. 6, S. 2702–2707

[284] Hazdra, P. ; Komarnitskyy, V.: Local lifetime control in silicon power diode by ion irradiation: Introduction and stability of shallow donors. In: *IET Circuits, Devices & Systems* 1 (2007), Nr. 5, S. 321–326

[285] Komarnitskyy, V. ; Hazdra, P.: Proton implantation in silicon: evolution of deep and shallow defect states. In: *J. Optoelectron. Advanced Mater.* 10 (2008), Nr. 6, S. 1374–1378

[286] David, M.-L. ; Oliviero, E. ; Blanchard, C. ; Barbot, J. F.: Generation of defects induced by MeV proton implantation in silicon - Influence of nuclear losses. In: *Nucl. Instr. and Meth. in Phys. Res. B* 186 (2002), S. 309–312

[287] PINTILIE, I. ; FRETWURST, E. ; KRAMBERGER, G. ; LINDSTRÖM, G. ; LI, Z. ; STAHL, J.: Second-order generation of point defects in highly irradiated float zone silicon—annealing studies. In: *Physica B* 340–342 (2003), S. 578–582

[288] MARKEVICH, V. P. ; PEAKER, A. R. ; LASTOVSKII, S. B. ; MURIN, L. I. ; LINDSTRÖM, J. L.: Defect reactions associated with divacancy elimination in silicon. In: *J. Phys.: Condens. Matter* 15 (2003), Nr. 39, S. S2779–S2789

[289] MONAKHOV, E. V. ; ALFIERI, G. ; AVSET, B. S. ; HALLÉN, A. ; SVENSSON, B. G.: Laplace transform transient spectroscopy study of a divacancy-related double acceptor centre in Si. In: *J. Phys.: Condens. Matter* 15 (2003), Nr. 39, S. S2771–S2777

[290] EVWARAYE, A. O. ; SUN, E.: Electron-irradiation-induced divacancy in lightly doped silicon. In: *J. Appl. Phys.* 47 (1976), Nr. 9, S. 3776–3780

[291] BROTHERTON, S. D. ; BRADLEY, P.: Defect production and lifetime control in electron and γ-irradiated silicon. In: *J. Appl. Phys.* 53 (1982), Nr. 8, S. 5720–5732

[292] DEENAPANRAY, P. N. K.: DLTS of low-energy hydrogen ion implanted n-Si. In: *Physica B* 340–342 (2003), S. 719–723

[293] KIM, J. H. ; LEE, D. U. ; KIM, E. K. ; BAE, Y. H.: Electrical characterization of proton irradiated p^+-n-n^+ Si diode. In: *Physica B* 376–377 (2006), S. 181–184

[294] SCHMIDT, D. C. ; BARBOT, J. F. ; BLANCHARD, C. ; NTSOENZOK, E.: Defect levels of proton-irradiated silicon with a dose of 3.6×10^{13} cm^{-2}. In: *Nucl. Instr. Meth. Phys. Res. B* 132 (1997), S. 439–446

[295] LÉVÊQUE, P. ; PELLEGRINO, P. ; HALLÉN, A. ; SVENSSON, B.G. ; PRIVITERA, V.: Hydrogen-related defect centers in float-zone and epitaxial n-type proton implanted silicon. In: *Nucl. Instr. and Meth. in Phys. Res. B* 174 (2001), Nr. 3, S. 297–303

[296] COUTINHO, J. ; TORRES, V. J. B. ; JONES, R. ; ÖBERG, S. ; BRIDDON, P. R.: Electronic structure of divacancy–hydrogen complexes in silicon. In: *J. Phys.: Condens. Matter* 15 (2003), Nr. 39, S. S2809–S2814

[297] SVENSSON, B. G. ; HALLÉN, A. ; SUNDQVIST, B. U. R.: Hydrogen-related electron traps in proton-bombarded float zone silicon. In: *Mater. Sci. Eng. B* 4 (1989), Nr. 1–4, S. 285–289

[298] TOKUDA, Y. ; SHIMADA, H. ; ITO, A.: Light-illumination-induced transformation of electron traps in hydrogen-implanted n-type silicon. In: *J. Appl. Phys.* 86 (1999), Nr. 10, S. 5630–5635

[299] FEKLISOVA, O. V. ; YARYKIN, N. A.: Transformation of deep-level spectrum of irradiated silicon due to hydrogenation under wet chemical etching. In: *Semicond. Sci. Technol.* 12 (1997), Nr. 6, S. 742–749

[300] PEAKER, A. R. ; EVANS-FREEMAN, J. H. ; KAN, P. Y. Y. ; RUBALDO, L. ; HAWKINS, I. D. ; VERNON-PARRY, K. D. ; DOBACZEWSKI, L.: Hydrogen reactions with electron irradiation damage in silicon. In: *Physica B* 273–274 (1999), S. 243–246

[301] JOHANNESEN, P. ; NIELSEN, B. B. ; BYBERG, J. R.: Identification of the oxygen-vacancy defect containing a single hydrogen atom in crystalline silicon. In: *Phys. Rev. B* 61 (2000), Nr. 7, S. 4659–4666

[302] FEKLISOVA, O. ; YARYKIN, N. ; YAKIMOV, E. B. ; WEBER, J.: On the nature of hydrogen-related centers in p-type irradiated silicon. In: *Physica B* 308–310 (2001), S. 210–212

[303] SIEMIENIEC, R. ; NIEDERNOSTHEIDE, F.-J. ; SCHULZE, H.-J. ; SÜDKAMP, W. ; KELLNER-WERDEHAUSEN, U. ; LUTZ, J.: Irradiation-induced deep levels in silicon for power device tailoring. In: *J. Electrochem. Soc.* 153 (2006), Nr. 2, S. G108–G118

[304] GULDBERG, J.: Electron trap annealing in neutron transmutation doped silicon. In: *Appl. Phys. Lett.* 31 (1977), Nr. 9, S. 578–579

[305] SVENSSON, B. G. ; MOHADJERI, B. ; HALLÉN, A. ; SVENSSON, J. H. ; CORBETT, J. W.: Divacancy acceptor levels in ion-irradiated silicon. In: *Phys. Rev. B* 43 (1991), Nr. 3, S. 2292–2298

[306] PEAKER, A. R. ; EVANS-FREEMAN, J. H. ; KAN, P. Y. Y. ; HAWKINS, I. D. ; TERRY, J. ; JEYNES, C. ; RUBALDO, L.: Vacancy-related defects in ion implanted and electron irradiated silicon. In: *Mater. Sci. Eng. B* 71 (2000), Nr. 1–3, S. 143–147

[307] SVENSSON, B. G. ; JAGADISH, C. ; HALLÉN, A. ; LALITA, J.: Generation of vacancy-type point defects in single collision cascades during swift-ion bombardment of silicon. In: *Phys. Rev. B* 55 (1997), Nr. 16, S. 10498–10507

[308] ANDERSEN, Ole Sinkjær: *Electrical properties of hydrogen-related defects in crystalline silicon*, University of Manchester, Dissertation, 2002

[309] BONDE NIELSEN, K. ; DOBACZEWSKI, L. ; GOSCINSKI, K. ; BENDESEN, R. ; ANDERSEN, O. ; BECH NIELSEN, B.: Deep level of vacancy-hydrogen centers in silicon studies by Laplace DLTS. In: *Physica B* 273-274 (1999), S. 167–170

[310] BLEKA, J. H. ; PINTILIE, I. ; MONAKHOV, E. V. ; AVSET, B. S. ; SVENSSON, B. G.: Rapid annealing of the vacancy-oxygen center and the divacancy center by diffusing hydrogen in silicon. In: *Phys. Rev. B* 77 (2008), Nr. 7, S. 073206–1–4

[311] BROWER, K. L.: Jahn-Teller-distorted nitrogen donor in laser-annealed silicon. In: *Phys. Rev. Lett.* 44 (1980), Nr. 24, S. 1627–1629

[312] KAKUMOTO, K. ; TAKANO, Y.: Deep level induced by diffused N_2 and vacancy complex in Si. In: *Advanced Science and Technology of Silicon Materials, Proceedings* (1996), S. 437–442

[313] MURPHY, J. D. ; ALPASS, C. R. ; GIANNATTASIO, A. ; SENKADER, S. ; EMIROGLU, D. ; EVANS-FREEMAN, J. H. ; FALSTER, R. J. ; WILSHAW, P. R.: Nitrogen-doped Si: Mechanical, transport and electrical properties. In: *ECS Trans.* 3 (2006), Nr. 4, S. 239–253

[314] NAUKA, K. ; GOORSKY, M. S. ; GATOS, H. C. ; LAGOWSKI, J.: Nitrogen-related deep electron traps in float zone silicon. In: *Appl. Phys. Lett.* 47 (1985), Nr. 12, S. 1341–1343

[315] GOSS, J. P. ; HAHN, I. ; JONES, R. ; BRIDDON, P. R. ; ÖBERG, S.: Vibrational modes and electronic properties of nitrogen defects in silicon. In: *Phys. Rev. B* 67 (2003), Nr. 4, S. 045206–1–11

[316] VORONKOV, V. V. ; FALSTER, R.: Nitrogen diffusion and interaction with oxygen in Si. In: *Solid State Phenom.* 95–96 (2004), S. 83–92

[317] JONES, R. ; ÖBERG, S. ; BERG RASMUSSEN, F. ; BECH NIELSEN, B.: Identification of the dominant nitrogen defect in silicon. In: *Phys. Rev. Lett.* 72 (1994), Nr. 12, S. 1882–1885

[318] STEIN, H. J.: Nitrogen in crystalline Si. In: *Mater. Res. Soc. Symp. Proc.* 59 (1986), S. 523–525

[319] JONES, R. ; HAHN, I. ; GOSS, J. P. ; BRIDDON, P. R. ; ÖBERG, S.: Structure and electronic properties of nitrogen defects in silicon. In: *Solid State Phenom.* 95–96 (2004), S. 93–98

[320] PINTILIE, I. ; FRETWURST, E. ; LINDSTRÖM, G. ; STAHL, J.: Close to midgap trapping level in ^{60}Co gamma irradiated silicon detectors. In: *Appl. Phys. Lett.* 81 (2002), Nr. 1, S. 165–167

[321] AURET, F. D. ; DEENAPANRAY, P. N. K. ; GOODMAN, S. A. ; MEYER, W. E. ; MYBURG, G.: A deep level transient spectroscopy characterization of defects induced in epitaxially grown *n*-Si by low-energy He-ion bombardment. In: *J. Appl. Phys.* 83 (1998), Nr. 10, S. 5576–5578

[322] HARRIS, R. D. , NEWTON, J. L. , WATKINS, G. D.: Negative-U defect: Interstitial boron in silicon. In: *Phys. Rev. B* 36 (1987), Nr. 2, S. 1094–1104

[323] SUGIYAMA, T. ; TOKUDA, Y. ; KANAZAWA, S. ; ISHIKO, M.: Characterization of metastable defects in hydrogen-implanted *n*-type silicon. In: *Eur. Phys. J. Appl. Phys.* 27 (2004), Nr. 1–3, S. 137–139

[324] TOKUDA, Y. ; NAKAMURA, W. ; TERASHIMA, H.: Isothermal deep-level transient spectroscopy study of metastable defects in hydrogen-implanted *n*-type silicon. In: *Mater. Sci. Semicond. Proc.* 9 (2006), S. 288–291

[325] WATKINS, G. D.: Negative-U properties for defects in solids. In: *Festkörperprobleme XXIV*. Braunschweig : Vieweg, 1984, S. 163–189

[326] WILLIAMS, T. ; KELLEY, C. ; *et al.*: *Gnuplot (Version 4.4.2)*. 1986–1993, 1998, 2004, 2007–2013. – `http://www.gnuplot.info/`

[327] PINTILIE, I. ; FRETWURST, E. ; LINDSTRÖM, G. ; STAHL, J.: Erratum zu Ref. [205]. In: *Appl. Phys. Lett.* 83 (2003), Nr. 15, S. 3216

Eigene Veröffentlichungen

Teile der vorliegenden Arbeit sind bereits in nachfolgend genannten Referenzen [330–334, 336, 338, 341] veröffentlicht:

[328] Stollenwerk, L. ; Gurevich, S. V. ; Laven, J. G. ; Purwins, H.-G.: Transition from bright to dark dissipative solitons in dielectric barrier gas-discharge. In: *Eur. Phys. J. D* 42 (2007), Nr. 2, S. 273–278

[329] Stollenwerk, L. ; Laven, J. G. ; Purwins, H.-G.: Spatially resolved surface-charge measurement in a planar dielectric-barrier discharge system. In: *Phys. Rev. Lett.* 98 (2007), Nr. 25, S. 255001–1–4

[330] Laven, J. G. ; Job, R. ; Schulze, H.-J. ; Niedernostheide, F.-J. ; Häublein, V. ; Schulze, H. ; Schustereder, W. ; Ryssel, H. ; Frey, L.: The impact of helium co-implantation on hydrogen induced donor profiles in float zone silicon. In: *ECS Trans.* 33 (2010), Nr. 11, S. 51–62

[331] Laven, J. G. ; Schulze, H.-J. ; Häublein, V. ; Niedernostheide, F.-J. ; Schulze, H. ; Ryssel, H. ; Frey, L.: Dopant profiles in silicon created by MeV hydrogen implantation: Influence of annealing parameters. In: *Phys. Status Solidi C* 8 (2011), Nr. 3, S. 697–700

[332] Laven, J. G. ; Schulze, H.-J. ; Häublein, V. ; Niedernostheide, F.-J. ; Schulze, H. ; Ryssel, H. ; Frey, L.: Deep doping profiles in silicon created by MeV hydrogen implantation: Influence of implantation parameters. In: *AIP Conf. Proc.* 1321 (2011), Nr. 1, S. 257–260

[333] Laven, J. G. ; Job, R. ; Schustereder, W. ; Schulze, H.-J. ; Niedernostheide, F.-J. ; Schulze, H. ; Frey, L.: Conversion efficiency of radiation damage profiles into hydrogen-related donor profiles. In: *Solid State Phenom.* 178–179 (2011), S. 375–384

[334] JOB, R. ; LAVEN, J. G. ; NIEDERNOSTHEIDE, F.-J. ; SCHULZE, H.-J. ; SCHULZE, H. ; SCHUSTEREDER, W.: Defect engineering for modern power devices. In: *Phys. Status Solidi A* 209 (2012), Nr. 10, S. 1940–1949

[335] KIRNSTÖTTER, S. ; FACCINELLI, M. ; HADLEY, P. ; JOB, R. ; SCHUSTEREDER, W. ; LAVEN, J. G. ; SCHULZE, H.-J.: Imaging superjunctions in CoolMOS™ devices using electron beam induced current. In: *ECS Trans.* 49 (2012), Nr. 1, S. 475–481

[336] LAVEN, J. G. ; JOB, R. ; SCHULZE, H.-J. ; NIEDERNOSTHEIDE, F.-J. ; SCHUSTEREDER, W. ; FREY, L.: The thermal budget of hydrogen-related donor profiles: Diffusion-limited activation and thermal dissociation. In: *ECS Trans.* 50 (2012), Nr. 5, S. 161–175

[337] KIRNSTÖTTER, S. ; FACCINELLI, M. ; HADLEY, P. ; JOB, R. ; SCHUSTEREDER, W. ; LAVEN, J. G. ; SCHULZE, H.-J.: Investigation of doping type conversion and diffusion length extraction of proton implanted silicon by EBIC. In: *ECS Trans.* 50 (2012), Nr. 5, S. 115–120

[338] LAVEN, J. G. ; JOB, R. ; SCHULZE, H.-J. ; NIEDERNOSTHEIDE, F.-J. ; SCHUSTEREDER, W. ; FREY, L.: Activation and dissociation of proton-induced donor profiles in silicon. In: *ECS J. Solid State Sci. Technol.* 2 (2013), Nr. 9, S. P389–P394

[339] KIRNSTÖTTER, S. ; FACCINELLI, M. ; JELINEK, M. ; SCHUSTEREDER, W. ; LAVEN, J. G. ; SCHULZE, H.-J. ; HADLEY, P.: Multiple proton implantations into silicon: A combined EBIC and SRP study. In: *Solid State Phenom.* 205–206 (2014), S. 311–316

[340] KIRNSTÖTTER, S. ; FACCINELLI, M. ; SCHUSTEREDER, W. ; LAVEN, J. G. ; SCHULZE, H.-J. ; HADLEY, P.: Hydrogen Decoration of Radiation Damage Induced Defect Structures. In: *AIP Conf. Proc.* 1583 (2014), Nr. 1, S. 51–55

[341] LAVEN, J. G. ; JELINEK, M. ; JOB, R. ; SCHUSTEREDER, W. ; SCHULZE, H.-J. ; ROMMEL, M. ; FREY, L.: DLTS-characterization of proton-implanted silicon under varying annealing conditions. In: *Phys. Status Solidi C* (im Druck)

[342] KIRNSTÖTTER, S. ; FACCINELLI, M. ; SCHUSTEREDER, W. ; LAVEN, J. G. ; SCHULZE, H.-J. ; HADLEY, P.: Depletion Behavior of Superjunction Power MOSFETs Visualized by Electron Beam Induced Current

and Voltage Contrast Measurements. In: *Phys. Status Solidi C* (im Druck)

[343] KIRNSTÖTTER, S. ; FACCINELLI, M. ; JELINEK, M. ; SCHUSTEREDER, W. ; LAVEN, J. G. ; SCHULZE, H.-J. ; HADLEY, P.: High Dose Proton Implantations into Silicon: A Combined EBIC, SRP and TEM Study. In: *Phys. Status Solidi C* (im Druck)

[344] JELINEK, M. ; LAVEN, J. G. ; SCHUSTEREDER, W. ; KIRNSTÖTTER, S. ; SCHULZE, H.-J. ; ROMMEL, M. ; FREY, L.: MeV-Proton Channeling in Crystalline Silicon. In: *AIP Conf. Proc.* (eingereicht)

[345] KIRNSTÖTTER, S. ; FACCINELLI, M. ; JELINEK, M. ; SCHUSTEREDER, W. ; LAVEN, J. G. ; SCHULZE, H.-J. ; HADLEY, P.: Differences of H^+ Implantation Effects in m:Cz and FZ Silicon. In: *AIP Conf. Proc.* (eingereicht)

Kurzfassung

Die Protonendotierung weist mit ihrer vergleichsweise hohen Eindringtiefe und dem geringen notwendigen thermischen Budget zur Aktivierung der Wasserstoffdonatorenprofile wesentliche Vorteile gegenüber klassischen Dotierstoffen bei der Herstellung beispielsweise von Leistungshalbleiterbauelementen auf. Diese Methode ist jedoch in vielen zentralen Aspekten, wie der Dotierungseffizienz, der thermischen Stabilität, der Bildungsmechanismen oder parasitärer Dotierungseffekte, bislang nur unzureichend untersucht. Die vorliegende Arbeit befasst sich daher detailliert mit der Bildung und Vernichtung von Wasserstoffdonatorenprofilen und deren Parameterabhängigkeiten in zonengeschmolzenen sowie tiegelgezogenen Siliziumproben. Die hier untersuchten Protonenenergien liegen im Bereich von Megaelektronenvolt und die Protonendosen im Bereich von 10^{13}–$10^{15}\,p^{+}cm^{-2}$. Die anschließenden Temperungen erfolgen für die Dauer einiger Stunden bei Temperaturen um 300–500 °C. Die Ausbildung der Wasserstoffdonatorenprofile ist durch die Diffusion des implantierten Wasserstoffs durch die strahlengeschädigte Schicht begrenzt und wird hier erstmalig mit Hilfe eines analytischen Diffusionsmodells mit einer effektiven Aktivierungsenergie von 1,2 eV beschrieben. Bei einem erhöhtem thermischem Budget dissoziieren die gebildeten Wasserstoffdonatoren wieder. Die Dissoziationenergien der gebildeten Wasserstoffdonatorenspezies mit 2,6 eV und etwa 3 eV werden hier erstmalig angegeben. Die thermisch stabilere der beiden gebildeten Wasserstoffdonatorenspezies weist eine wurzelförmige Abhängigkeit ihrer Maximalkonzentration von der implantierten Protonendosis auf. Zudem weicht ihre Tiefenverteilung deutlich von der Verteilung der erzeugten Primärdefekte ab. Als Ursache für die sublineare Dosisabhängigkeit dieser Donatorenspezies wird eine passivierende Überdekoration mit dem verfügbaren Wasserstoff vorgeschlagen. In tiegelgezogenem Silizium wird zudem eine zusätzliche sauerstoffkorrelierte Donatorenspezies gebildet. Die Konzentration dieser Spezies ist unabhängig von der Protonendosis und heilt zwischen den beiden Wasserstoffdonatorenspezies aus. Mit transienter Störstellenspektroskopie werden verschiedene Haftstellen identifiziert, deren Vorkommen durch die hohen Protonendosen zu deutlich höheren als den bisher bekannten Ausheiltemperaturen verschoben ist. Schließlich wird ein analytisches Modell vorgestellt, welches protoneninduzierte Wasserstoffdonatorenprofile unter Berücksichtigung der Implantationsparameter Energie und Dosis sowie des thermischen Budgets aus Temperatur und Zeit erstmalig überhaupt vorhersagen kann.

Abstract

The high penetration of protons in silicon and the low thermal budget necessary for the activation of proton-induced donor profiles pose a great benefit of proton-implantation doping over classical dopants in the manufacture of power semiconductor devices. This thesis discusses proton-induced donor profiles in crystalline silicon. Hydrogen-related donor profiles are investigated in both float-zone and Czochralski semiconductor grade silicon using spreading resistance probe measurements. For the first time, generation and dissociation of the hydrogen-related donor profiles are analyzed systematically with respect to their dependencies on the implantation and annealing parameters. The investigated implantation parameter regime in this thesis lies in the range of proton fluences form several $10^{13}\,\mathrm{p^+cm^{-2}}$ to above $1 \times 10^{15}\,\mathrm{p^+cm^{-2}}$ and energies in the megaelectronvolt-range. The post-implantation annealing is carried out at temperatures from below 300 °C to above 500 °C. The development of the proton-induced donor profiles after the implantation of protons with high energies is limited by the diffusion of the implanted hydrogen through the radiation damaged layer. This process is described for the first time. For this, an analytic diffusion model using an effective activation energy of 1.2 eV is used. For increasing thermal budgets, the hydrogen-related donors begin to dissociate. The dissociation energies of 2.6 eV and about 3 eV for the two relevant hydrogen-related donor species are reported for the first time. The more stable of the two proton-induced donor species exhibits a square-root dependence of the maximum concentration of its depth profile on the implanted proton fluence. Furthermore, the depth distribution of this donor species shows a significant deviation from the radiation-induced damage profile for increasing proton fluences. A passivation of the hydrogen-related donor defects by an over-decoration with the available hydrogen is proposed as an explanation for this observation. In Czochralski silicon an oxygen-related donor species is induced additionally to the two donor species in float-zone silicon. The concentration of this donor species exhibits no significant correlation with the proton fluence and anneals out at temperatures between the two other species. Using DLTS measurements, several deep-levels are identified. The removal temperatures of many of these defects are increased considerably due to the comparatively high proton fluences. In conclusion, an analytical model is introduced, by which it becomes possible to predict proton-induced donor profiles in dependence of the implantation and annealing parameters for the first time.